全国部分名优绿茶图谱

U0219870

（一）干茶、杯中茶舞与叶底

安吉白茶（龙形）干茶

安吉白茶（龙形）杯中茶舞

安吉白茶（龙形）叶底

安吉白茶（凤形）干茶

安吉白茶（凤形）杯中茶舞

安吉白茶（凤形）叶底

开化龙顶（芽形）干茶

开化龙顶（芽形）杯中茶舞

开化龙顶（芽形）叶底

竹叶青（扁芽形）干茶

竹叶青（扁芽形）杯中茶舞

竹叶青（扁芽形）叶底

洞庭碧螺春（卷曲形）干茶

洞庭碧螺春（卷曲形）杯中茶舞

洞庭碧螺春（卷曲形）叶底

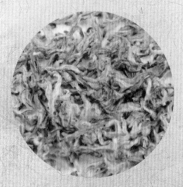
蒙顶甘露（卷曲形）干茶

蒙顶甘露（卷曲形）杯中茶舞

蒙顶甘露（卷曲形）叶底

临海蟠毫（盘花形）干茶　　临海蟠毫（盘花形）杯中茶舞　　临海蟠毫（盘花形）叶底

（二）名优绿茶举例

特级龙井（干茶）　　　　西湖龙井（干茶）　　　　浙江龙井（干茶）

太平猴魁（干茶）　　　　黄山绿牡丹（干茶）　　　　瓜片（干茶）

恩施玉露（一级，干茶）　　　恩施玉露叶底（一芽二叶）　　　绿茶粉（产于江苏金坛）

全国部分黄茶图谱

（一）黄茶举例

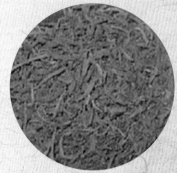

君山银针"金镶玉"　　　　　　霍山黄大茶　　　　　　　　广东大叶青
（干茶，产于湖南岳阳）　（干茶，"火功较足"，叶大梗长）　（干茶，老嫩均匀，叶张完整）

（二）黄茶与绿茶的茶汤比较

君山银针汤色　　　　　　　君山银针杯中茶舞　　　　　　扁形绿茶杯中茶舞

高等职业教育茶叶生产与加工技术专业教材

茶文化传播

陈 林 李丽霞 主 编
罗学平 张 京 副主编

中国轻工业出版社

图书在版编目（CIP）数据

茶文化传播/陈林，李丽霞主编．—北京：中国轻工业出版社，2024.1
高等职业教育茶叶生产加工技术专业系列教材
ISBN 978 – 7 – 5184 – 0151 – 2

Ⅰ．①茶…　Ⅱ．①陈…②李…　Ⅲ．①茶叶—文化—高等职业教育—
教材　Ⅳ．①TS971

中国版本图书馆 CIP 数据核字（2014）第 291609 号

责任编辑：贾　磊　　责任终审：劳国强　　封面设计：锋尚设计
版式设计：王超男　　责任校对：吴大朋　　责任监印：张京华

出版发行：中国轻工业出版社（北京鲁谷东街 5 号，邮编：100040）
印　　刷：北京君升印刷有限公司
经　　销：各地新华书店
版　　次：2024 年 1 月第 1 版第 5 次印刷
开　　本：720×1000　1/16　印张：17.75
字　　数：360 千字　插页：2
书　　号：ISBN 978 – 7 – 5184 – 0151 – 2　定价：38.00 元
邮购电话：010-85119873
发行电话：010-85119832　010-85119912
网　　址：http://www.chlip.com.cn
Email：club@ chlip.com.cn
如发现图书残缺请与我社邮购联系调换
232103J2C105ZBW

高等职业教育茶叶生产与加工技术专业教材

编委会

主　任

罗建平　张　毅

副主任

赵先明　成　洲　罗学平　陈　林

委　员（按姓氏笔画排序）

邓小林　王　赛　刘兆斌　李丽霞
李金贵　李　清　杨凤山　杨双旭
张　京　周炎花　唐　洪　蔡红兵
廖　茜　颜泽文

本书编委会

主　编

陈　林（宜宾职业技术学院）
李丽霞（宜宾职业技术学院）

副 主 编

罗学平（宜宾职业技术学院）
张　京（四川省茶文化协会）

前　言

　　茶，一片树叶。从华夏始祖发现它的功效开始，经历了从药（食）用到饮用的过程。茶从钟灵毓秀的山中，经历火与水的洗礼来到尘间，成了华夏儿女的生命之饮，一代代传承下来。而从茶衍生出来的丰富多彩的茶文化，融入了华夏文明史，融入了华夏儿女的血脉，并世代传承。

　　随着社会经济的发展和人们生活品位的提高，越来越多的人喜欢茶，爱上茶，茶文化具有的知识性、趣味性和康乐性让人们在品尝名茶、茶点，观看茶俗茶艺的同时得到一种美的享受。也正因为如此，社会对茶艺从业人员的要求越来越高。人力资源和社会保障部将茶艺师设为新兴的职业，对弘扬茶文化起到积极作用。

　　"茶文化传播"是高职高专茶叶类专业的核心课程之一，本教材参照《茶艺师》国家职业标准，结合中、高级茶艺师职业岗位的知识和技能需求，着眼于培养学生在掌握茶文化知识、茶叶知识、茶艺知识的基础上，强化专业技能的培训，促进学生掌握茶艺师职业能力，养成良好的职业素质和职业习惯，使学生成为高素质技能型的茶艺人才，为将来进入茶叶产业就业打下坚实的基础。

　　本教材共分七章。内容包括中外茶文化、茶艺基础、冲泡技艺、茶艺编创、茶会的举办等相关知识。本教材适用于茶叶类专业学生和茶艺爱好者学习参考。

　　本教材由陈林、李丽霞担任主编，罗学平、张京担任副主编，最后由陈林负责统稿。具体编写分工如下：陈林编写第一章中国茶文化、第三章茶艺基础知识的第三节泡茶用水和第四节茶艺礼仪、第四章冲泡技艺、第五章茶艺编创的第一节茶艺编创的基本要求、第二节茶艺程序设计和解说词编写、第四节茶艺编排案例；李丽霞编写第二章国外茶文化、第五章茶艺编创的第三节茶席设计、第六章茶会；罗学平编写第三章茶艺基础知识的第一节茶叶知识、第二节茶具知识；张京编写第七章四川长嘴壶茶艺。

本教材在编写过程中，参阅了大量的茶叶类专著和期刊，除了尽可能在书后列出所参考的文献外，有的资料甚至未能获知原作者姓名，在此向所有被参考的书刊等资料的作者表示诚挚的谢意。

由于编写时间仓促，加之编者水平有限，教材难免有疏漏和错误之处，恳请读者不吝赐教，便于今后修订完善。

编者

目　录

第一章　中国茶文化

我国著名茶学家、茶学教育家庄晚芳教授曾讲到："茶的传播就是中国文化的传播"。

香港华侨茶艺发展研究基金会副理事长关博文则说："你肚子里没有茶，你就没有文化，我不知道 3000 年后会不会有其他饮料，但我相信茶依然会存在"。

茶文化是一片树叶的文化，其实质是饮茶文化，即饮茶活动过程中形成的文化现象，包涵哲学、经济、宗教、民俗礼仪历史、旅游、教育、科研、医学、陶瓷、食品等诸多方面的文化内涵。作为一种文化现象，茶由药用、民食到艺术，经历了漫长岁月的洗礼，陆羽《茶经》融合了多少时光的积淀和文化的光华，"琴棋书画诗酒茶"显示了中国古代文人志士的情趣风雅。茶文化的出现，把人类的精神和智慧带到了更高的境界。

世界著名科技史学家李约瑟博士将中国茶叶作为中国四大发明（火药、造纸、指南针和印刷术）之后对人类的第五个重大贡献。目前世界上有 160 多个国家饮茶，50 多个国家种茶。世界各国的茶树栽培、茶叶加工技术、以及"茶"字的发音都是直接或间接从中国传去的。茶叶在传播过程中，各国结合本国的生活习惯、历史文化、人文风俗等形成了风格独特的饮茶文化，但其根都在中国，其源都在中华。

第一节　茶文化、茶道与茶艺

一、茶文化的概念与性质

茶文化是饮茶活动过程中形成的文化，涉及面很广，内容也很丰富，既有精神文明的体现，又有意识形态的延伸。茶文化在形成和发展中，融合了儒家、释家和道家的哲学色彩，并演变为各民族的礼俗，成为优秀传统文化的组成部分和独具特色的一种文化模式。

（一）茶文化的定义和结构

茶文化是以茶为载体的物质文化、制度文化、精神文化的集合，是茶和传统文化的融合，是茶以其物质形式出现且渗透至其他人文科学而形成的文化。

广义——指人类在整个茶叶发展历程中有关茶物质和精神财富的总和。

狭义——专指"精神财富"部分，是研究茶在被应用过程中所产生的文化和社会现象。

茶文化结构
- 物质文化——从事茶叶生产的活动方式和产品总和。
- 制度文化——人们从事茶叶生产和消费过程中所形成的（茶政）社会行为规范，如税收、茶马互市、以茶治边。
- 行为文化——人们在茶叶生产和消费过程中约定俗成的行为模式，如茶礼、茶俗、茶艺的形式表现，如客来敬茶、茶与婚俗、以茶敬佛、以茶祭祀。
- 心态文化——应用茶叶过程中所孕育出来的价值观念、审美情趣、思维方式等主观因素，这是茶文化的核心部分。

（二）茶文化的性质

茶文化包含作为载体的茶和使用茶的人群因茶而有的各种观念、形态两个方面，具有其自然属性和社会属性两个方面的形式：自然属性——茶的产品、茶的功能；社会属性——人对茶的利用、对茶的寄托（即茶本身及利用它的人所产生的一系列物质的、精神的、习俗的、心理的、行为的现象）。

茶文化着重于茶的人文科学，主要指茶对精神和社会的功能。茶的境界既有普度众生的公益性，也有曲高凤雅的尚义。作为一种文化现象，归纳起来茶文化具有以下五种特性：社会性、群众性、民族性、区域性和国际性。

1. 社会性

茶文化的社会功能主要表现在发扬传统美德、展示文化艺术、修身养性、陶冶情操、促进民族团结、表现社会进步和发展经济贸易等。传统美德是经过几千年积淀下来的被历代人们所推崇的美好道德，是民族精神和社会风尚的体现。茶文化具有的传统美德主要有热爱祖国、无私奉献、坚韧不拔、谦虚礼貌、勤奋节俭和相敬互让等。

2. 群众性

中国是茶的故乡，几千年来，茶的身姿依然是"上得了厅堂，下得了厨房"。从宫廷贵族到普通百姓，从文人雅士到僧侣，社会的各个阶层都要饮茶，茶文化与我国各地社会生活、文化相融合。

3. 民族性

据史料记载，茶文化始于中国古代的巴蜀族人，在发展过程中逐渐成了以汉族茶文化为主体的茶文化，并由此传播扩展。中国是一个多民族的国家，各民族酷爱饮茶，茶与民族文化生活相结合，形成各民族多姿多彩的茶俗，如藏族的酥油茶、白族的三道茶、土家族的擂茶、蒙古族的奶茶等，表现出饮茶的多样性和丰富多彩的生活情趣。

4. 区域性

中国地广人多，因为受历史文化、社会风情的影响，中国茶文化形成了区域性。千里不同风，百里不同俗，在饮茶过程中，以烹茶方法而论，有煮茶、点茶和泡茶之分；对茶叶品种的需求，在一定的区域内也是相对一致的。南方人喜欢饮绿茶，北方人崇尚花茶，福建、广东、台湾人喜欢乌龙茶，西南地区一带推崇普洱茶，边疆少数民族爱喝紧压茶等。

5. 国际性

古老的中国传统茶文化同各国的历史、文化、经济及人文相结合，衍生出英国茶文化、日本茶文化、韩国茶文化、俄罗斯茶文化、摩洛哥茶文化等。在英国，饮下午茶成为生活的重要部分，是英国人表现绅士风度的一种礼仪，也是英国女王生活中必不可少的程序和重大社会活动中必需的议程。日本茶道源于中国，结合本土浓郁的民族风情，形成独特的茶道体系、流派和礼仪。韩国的茶礼受中国儒家思想的影响，形成独特的饮茶文化，成为韩国民族文化的根，每年 5 月 24 日为全国茶日。茶人不分国界、种族和信仰，茶文化可以把全世界茶人联合起来，切磋茶艺、开展学术交流和经贸洽谈。

（三）茶文化的社会功能

茶文化是高雅文化，社会名流和知名人士愿意参加；茶文化也是大众文化，民众广为参与。茶文化覆盖全民，影响到整个社会。

茶有两种，一种是"柴米油盐酱醋茶"的茶；另一种是"琴棋书画诗酒茶"的茶。第一种茶可满足人们"养身"的需求，比如解渴、提神、祛火、消食等；第二种茶则可以满足人们"养心"的需求，比如抒情、礼仪、悟道等。茶对人来说最大的价值是养心为主、养身为辅。

唐代刘贞亮《饮茶十德》提到：以茶散闷气，以茶驱腥气，以茶养生气，以茶除病气，以茶利礼仁，以茶表敬意，以茶尝滋味，以茶养身体，以茶可雅心，以茶可行道。

茶文化的社会功能简化归纳为以下三个方面：

以茶雅心——陶冶个人情操，在当今，品茶已是一种意境、一种文化。茶文化以德为中心，重视修身养德，主张义重于利，倡导无私奉献，提倡对人尊敬，提高人的文化素质。

以茶敬客——协调人际关系。茶文化是应对人生挑战的益友，在激烈的社会竞争下，紧张的工作、应酬和复杂的人际关系，以及各类依附在人们身上的压力不小。参与茶事活动，可以使人的精神和身心得到放松，有利于人的心态平衡，帮助解决现代人的精神困惑，协调人际关系。

以茶行道——净化社会风气。现代化社会需要与之相适应的精神文明，需要发掘优秀传统文化的精神资源。改革开放后茶文化的传播表明，茶文化有改变社会不正当消费活动、创建精神文明、促进社会进步的作用。

茶文化对提高人们生活质量，丰富文化生活的作用明显。茶文化具有知识性、趣味性和康乐性，品尝名茶、茶具、茶点，观看茶俗茶艺，都给人一种美的享受。茶文化促进开放，推进国际文化交流。随着不同地方、不同国家茶文化节的举办，促进了国际茶文化的频繁交流，使茶文化跨越国界，广交天下，成为人类文明的共同精神财富。

（四）茶文化的内涵

中国茶文化融合了儒、释、道各家优秀思想，负载着儒、释、道三教文化的内涵。

1. 融合儒家思想观念

儒家思想的核心是"仁"，提倡"中庸"之道，以"和为贵"。在几千年的茶事活动中，儒家思想有着深刻的影响，特别是在茶礼、茶俗、茶德的功能方面，影响更为深远。在茶礼方面，有贡茶、赠茶、赐茶、敬茶、奉茶等；在茶俗方面，有用茶祭天祀祖、做丧葬等。至于在精神领域、思想道德方面，儒家学说更是与茶相融，并引领茶文化的发展，如儒家主张以茶利礼仁、以茶表敬意、以茶雅志、以茶培养廉洁之风，并用于明伦理、倡教化等。

2. 融合释家思想观念

释家以"普度众生"为宗旨，主张最大限度地用茶的雨露浇开人们心中的块垒，使人明心见性，不要浑浑噩噩地生活。茶使人清清醒醒地看世界，也清清醒醒地看自己。中国禅宗认为佛在人心，主张顿悟，只要认真修行，佛随时向你开启门户，"放下屠刀，立地成佛"。修行的关键是坐禅，主张通过身体的修炼达到精神的升华。

3. 融合道家思想观念

道家"天人合一"的思想，使人们感悟到：道法自然，返璞归真，才能获得身心的解放。道家又认为，人生在世界上是件快乐的事情，主张"乐生"、"重生"。茶是使人清净的媒介和助力，在烹茶的过程中，静心修习，摒弃各种妄念，使自己的心境，得到清静、恬淡、寂寞、无为，使自己的心灵随茶香弥漫，仿佛自己与宇宙融合，升华到"无我"的境界。

二、茶道的概念与精神理念

（一）茶道一词的来源

中国是茶道的发源地，"茶道"一词首见于中唐时期，是中国茶人的发明。

从古今各家对"茶道"的阐述来看，大体分三类：一类认为茶道是饮茶品茗中所得到的精神升华，是一种艺术和美的享受，是一种修身养性的途径，如皎然、周作人所说；另一类认为茶道只是茶的物质层面的至高要求，如封演、张源、董日铸所说；再一类认为"道"包含了精神和物质两个方面，如苏轼所说。

唐诗僧皎然（公元704—785年）和封演《封氏闻见记》（八世纪末）提出过"茶道"。皎然善烹茶，作有茶诗多篇，与陆羽交往甚笃，常有诗文酬赠唱和，是唐代著名的诗僧、茶僧。"茶道"一词，最早见之于唐代诗僧、茶僧皎然的《饮茶歌诮崔石使君》，诗中说："一饮涤昏寐，情思爽朗满天地；再饮清我神，忽如飞雨洒轻尘；三饮便得道，何须苦心破烦恼。此物清高世莫知，古人饮酒多自欺。愁看毕卓瓮间夜，笑向陶潜篱下时。崔侯啜之意不已，狂歌一曲惊人耳。孰知茶道全尔真，唯有丹丘得如此。""三饮便得道"，将品茶进入一种妙不可言的精神状态，谓之"得道"。

唐代封演的《封氏闻见记》卷六"饮茶"记载："楚人陆鸿渐为茶论，说茶之功效并煎茶炙茶之法，造茶具二十四式以都统笼贮之，远近倾慕，好事者家藏一副。有常伯熊者，又因鸿渐之论广润色之，于是茶道大行，王公朝士无不饮者"。封演的"茶道大行"指的是饮茶的方式、方法以及饮茶习俗的广为流传。

宋代苏轼在《书黄道辅〈品茶要录〉后》一文中称"黄道辅博学能及，淡然精深，有道之士也。"黄儒（字道辅）著有《品茶要录》，对建安团饼茶采制得失，依次列十说，所论精绝。苏轼评述说："非至静无求，虚中不留，乌能察物之情如其详哉！昔张机有精理而韵不能高，故卒为名医；今道辅无所发其辩而寓之于茶，为世外淡泊之好，以此高韵辅精理者。"苏轼认为：黄儒提出建茶采制的十大得失，看似技术问题，其实是一个"道"的问题。

明代张源在《茶录》中最后列"茶道"一节说到："造时精，藏时燥，泡时洁。精、燥、洁，茶道尽矣。"

现代说到"茶道"的有周作人，他在《泽泻集·吃茶》中说："茶道的意思，用平凡的话来说，可以称作'忙里偷闲，苦中作乐'，在不完全的现世享受一点美与和谐，在刹那间体会永久"。他还说："喝茶当于瓦屋纸窗下，清泉绿茶，用素雅的陶瓷茶具，同二三人共饮，得半之闲，可抵十年的尘梦。喝茶之后，再去继续修各人的胜业，无论为名为利，都无不可，但偶然的片刻的优游乃正亦断不可少。"

（二）中国茶道的概念

吴觉农先生认为：茶道是"把茶视为珍贵、高尚的饮料，饮茶是一种精神上的享受，是一种艺术，或是一种修身养性的手段。"

庄晚芳："茶道是通过饮茶的形式，对人们进行礼法教育，道德修养的一种形式。"

陈香白先生的茶道理论可简称为"七艺一心"。陈香白先生认为"中国茶道包含茶艺、茶德、茶礼、茶理、茶情、茶学说、茶道引导七种义理，中国茶道精神的核心是'和'"。中国茶道就是通过饮茶过程，引导个体在美的享受过程中走向完成品格修养以实现全人类和谐安乐之道。

中国茶道就是茶在品饮过程中所产生和形成的技、艺、道的一个文化集合体。

（三）中国的茶道精神

茶文化的精神内涵是通过饮茶习俗与中华传统文化内涵、礼仪相结合形成的一种具有鲜明中国文化特征的一种文化现象，也可以说是一种礼节现象。

庄晚芳 1990 年主张"发扬茶德、妥用茶艺，为茶人修养之道"，他提出中国的茶德为"廉、美、和、敬"，即廉俭育德、美真康乐、和诚处世、敬爱为人。

廉——推行清廉、勤俭有德。以茶敬客，以茶代酒。

美——品茗为主，共尝美味，共闻清香，共叙友情。

和——德重茶礼，和诚相处，搞好人际关系。

敬——敬人爱民，助人为乐，器净水甘。

三、茶艺的概念、内容与分类

（一）茶艺一词的来历、定义

1. 茶艺一词的来历

茶艺起源于中国，茶艺与中国文化的各个层面有着密不可分的关系。自古以来，插花、挂画、点茶、焚香并称四艺。

陆羽《茶经》讲到"凡艺而不实，植而罕茂，法如种瓜，三岁可采"，此处的"艺"指种植。

宋代陈师道《茶经序》讲到"茶为之艺"，此处的艺为烹茶、饮茶之意。

1930 年安徽人傅洪编印过一本《茶艺文录》，1977 年台湾著名民俗学家娄子匡教授提出"茶艺"，并成立"台北市茶协会"，1982 年改名为"中华茶艺协会"。1977 年台湾管寿龄小姐挂出第一家"茶艺馆"卖美术品和茶。以后台湾有茶艺馆 2000 多家，著名的茶艺馆有"陆羽茶艺中心""紫藤庐""白云轩"等。

2. 茶艺的概念

茶艺是茶文化的精粹和典型的物化形式，茶艺并非是空洞的概念，而是生活内涵改善的实质性表现，饮茶可以提高生活品质，扩展艺术领域，这也是以"茶"载"艺"的主要原因。

范增平先生在《中华茶艺学》一书中认为茶艺有广义和狭义之分。

广义的定义是研究茶叶的生产、制造、经营和饮用的方法和探讨茶叶原理，以达到物质和精神享受的学问。

狭义的定义是研究如何泡好一壶茶的技艺和如何享受一杯茶的艺术。

《中国茶叶大辞典》中茶艺的定义为泡茶与饮茶的技艺。

（二）茶艺的内容

茶艺包括茶叶的产、制、销、用等一系列的过程。如参观生态茶园、体验制茶过程、选购茶叶、泡好一壶茶、享用一杯茶、茶与茶具的关系、茶叶经营、茶艺美学等，都属于茶艺活动的范围。

茶艺的具体内容包含技艺、礼法和道三个部分：技艺是指茶艺中泡茶和品茶的技巧；礼法是指礼仪和规范；道是指一种修行，一种生活的道路、方向，是人生哲学。

技艺和礼法属于形式部分，而道属于精神部分。

茶艺是多姿多彩、充满情趣的艺术，是高品质生活的重要象征之一。茶艺生活可促使人们涉足艺术、文学等文化领域。学了茶艺之后，往往就会想要学插花、书法、陶艺、香道、音乐等，这些都是与茶艺相关的艺术。很多时候，茶叶只是一种载体，对于茶艺师来说，要能够运用好背景、服饰、配乐、演说等烘托出一种文化。泡出一杯好茶来，细细品味，慢慢咀嚼，让人们更加深切地感受茶、了解茶，让人们在浮躁、快节奏的生活中感受到宁静、淡泊的氛围，提升精神生活的境界，认识茶艺美学的内涵，使生活更有品位。

（三）茶艺的分类

从时间上，茶艺可分为古代茶艺和现代茶艺；从形式上，茶艺可分为表演茶艺和生活茶艺；从地域上，茶艺可分为民俗茶艺和民族茶艺；从社会阶层上，茶艺可分为宫廷茶艺、官府茶艺和寺庙茶艺等；从茶类上，茶艺分为乌龙茶艺、绿茶茶艺、红茶茶艺、花茶茶艺等；从主泡饮茶具上，茶艺可分为壶泡法和杯泡法两大类；从习茶法上，中国古代茶艺形成了煎茶道（艺）、点茶道（艺）、泡茶道（艺）。日本在吸收中国茶道的基础上结合民族文化形成了"抹茶道"、"煎茶道"两大类。

四、茶艺与茶道的关系

茶道就是精神、道理、规律、本质。茶道三义，即饮茶之道、饮茶修道、饮茶即道。

饮茶之道是饮茶的艺术，且是一门综合性的艺术。它与诗文、书画、建筑、自然环境相结合，把饮茶从日常的物质生活上升到精神文化层次；饮茶修道是把修行落实于饮茶的艺术形式之中，重在修炼身心、了悟大道；饮茶即道是中国茶道的最高追求和最高境界，煮水烹茶，无非妙道。

茶艺和茶道二者的关系："艺"是泡茶、饮茶之术，是茶道的物化形式。茶艺是茶道精神的载体，是茶道思想的表现形式；"道"是艺茶过程中所贯彻的精神，茶道是茶文化的灵魂，是茶艺的指导思想。有道无艺，是空洞的理论，有艺无道，艺则无精、无神。

因此茶艺所传播的是人与自然的交融，启发人们走向更高层次的生活境界。人之和睦，人与茶、人与自然之和谐。

第二节　中华茶文化简史

茶是中国人对地球人健康的巨大贡献。茶，发乎神农，闻于鲁周公，兴于唐代，盛于宋代。中国茶文化既融合了儒家"中庸和谐"的思想观念，也融合了道家"天人合一"的思想观念，还融合了释家"普度众生"的思想，独成一体，是中国传统文化的一朵奇葩。

一、茶的发现与饮茶方式的变迁

茶是一种深沉而隽永的文化，中国茶已是华夏文明的一个组成部分，已成为流淌在这个古老民族躯体里的血液。

（一）茶的发现

1. 饮茶起源

唐代陆羽《茶经》："茶之为饮，发乎神农氏，闻于鲁周公"。东汉《神农本草经》："神农尝百草，日遇七十二毒，得茶而解之"。

茶的发源始于中国，其历史可以追溯到远古时期。茶的发现时间大约在公元前 2737—前 2697 年的神农时期，神农被称为茶神。按照东汉《神农本草经》中的记载来推算，中国对茶的利用至少已有五六千年的历史了。

东晋常璩《华阳国志·巴志》记载："武王既克殷，以其宗姬于巴，爵之以子……丹、漆、茶、蜜……皆纳贡之"。说明在公元前 1066 年时，茶已作为贡品。

宋代王象之在《舆地纪胜》中关于"西汉有僧从岭表来，以茶实植蒙山"的记载，这是我国在西汉时即有人工种植茶树的最早记录，四川名山县蒙山甘露寺在明熹宗二年（公元 1622 年）重修时所作"碑记"中关于"西汉有吴氏法名理真，俗奉甘露大师者，自岭表挂锡兹土，随携灵茗之种而植之五峰"的记载，则表明最早人工种植茶树者为四川雅安名山的吴理真。

2. 中国——茶的原产地

山茶科山茶属植物起源于 6000 万～7000 万年前。茶树是一种多年生的木本、常绿植物。茶树在植物学分类系统中，属被子植物门（Angiospermate），双子叶植物纲（Dicotyledoneae），原始花被亚纲（Ar. Chlamydeae），山茶目（Theales），山茶科（Theaceae），山茶属（*Camellia*），茶种（*Camellia sinensis*）。

茶树的最初学名是 *Camellia sinensis*（L.）。1950 年，中国植物学家钱崇澍根据国际命名法和茶树特性的研究，确定以 *Camellia sinensis*（L.）O. Kuntze 为茶树学名，迄今在中国通用。

关于茶树的原产地，根据史料记载和实地调查，多数学者已经确认中国是茶树的原产地，中国西南地区的云南、贵州、四川是茶树原产地的中心。

中国是茶的故乡有以下四项证明：

（1）陆羽《茶经》成书于公元 780 年，是世界上第一部茶叶百科全书，陆羽被称为茶圣。

（2）中国发现许多野生大茶树。

陆羽《茶经》一之源"茶者，南方之嘉木也，一尺、二尺乃至数十尺，其巴山峡川有两人合抱者，伐而掇之"。表明在唐代野生大茶树早已存在。

全国有 10 个省区 198 处发现野生大茶树，至今在我国云、贵、川一带，仍然生长着许多参天的野生大茶树，树龄最高的达 2700 多年，人工栽培的大茶树也有 800 多年之久的树龄。

（3）世界上山茶科植物共有 23 属 380 余种，中国有 15 属 260 余种，大部分分布在云南、贵州和四川。

（4）世界各国对茶的称呼均来源于我国。

由陆地传播的"茶之路"，对茶的称呼来源于我国的华北语系"cha"，如日语 cha、蒙古语 chai、伊朗语 cha、土耳其语 chay、希腊语 te－ai、阿拉伯语

chay、俄语 chai、波兰语 chai、葡萄牙语 cha。

由海上传播的"茶之路"，对茶的称呼来源于我国的闽南语系"te"，如英语 tea、马来语 the、斯里兰卡语 thay、南印度语 tey、荷兰语 thee、德语 tee、法语 the、意大利语 te、西班牙语 te、丹麦语 te、芬兰语 tee、瑞典语 ted 等。

（二）饮茶方式的变迁

1. 饮茶方法的演变

中国西南地区的云南、贵州和四川是世界上最早发现、利用和栽培茶树的地方。从生煮羹饮到晒干收藏、从蒸青造形到龙团凤饼、从团饼茶到散叶茶、从蒸青到炒青、从绿茶发展至其他茶类，中国的饮茶方法发生了很大变化。中国先后产生了煎茶道、点茶道、泡茶道。煎茶道、点茶道在中国本土早已消亡，唯有泡茶道延续至今。从唐代到清代，中国的煎茶道、点茶道、泡茶道先后传入日本，经日本茶人的改良，形成了日本的"抹茶道""煎茶道"。

茶叶生产：生煮羹饮→晒干收藏→蒸青造形（龙团凤饼）→绿茶散叶茶（蒸青、炒青）→六大茶类。

饮茶方式有药用、煮作羹饮、煎茶、点茶、泡茶、饮料。

（1）神农氏药用　东汉《神农本草经》："神农尝百草，日遇七十二毒，得茶而解之"。

（2）春秋时期煮作羹饮（菜食）　茶叶煮熟后，与饭菜调和一起食用。

（3）西汉时期茶叶已成为士大夫阶层的饮料　南北朝时期，佛教盛行，释家利用饮茶来解除坐禅的困倦，于是在寺院庙旁的山谷间遍种茶树。

三国时魏国张辑（公元 230 年前后）的《广雅》记载："荆巴间，采叶作饼，叶老者，饼成以米膏出之。欲煮茗饮，先炙令赤色，捣末置瓷器中，以汤浇覆之，用葱、姜、橘子芼（掺和之意）之。其饮醒酒，令人不眠"。已经明确指出茶叶是作为醒酒的饮料饮用的。

从《广雅》记载中的"欲煮茗饮"看来，当时的饮茶方法是"煮"，是将"采叶作饼"的饼茶烤炙之后捣成粉末，掺和葱、姜、橘子等调料，再放到锅里烹煮。

这种方法一直延续至唐代且更加讲究，宋代以后又有许多变化。

《三国志·吴书·韦曜传》："（孙）皓每飨宴，……坐席无能否率以七升为限，虽不悉入口，皆浇灌取尽。曜素饮酒不过二升，初见礼异时，或密赐茶荈以当酒"。既然是以茶代酒，说明当时茶已成为单纯的饮料了。

（4）隋唐烹茶　隋代将茶加调味品烹煮汤饮，加入薄荷、盐、红枣调味，改善茶叶苦涩味。

唐代所制的茶叶，主要是饼茶，也有粗茶、散茶和末茶，煎茶法沏茶处于主导地位，末茶也用点茶法沏茶。

唐代煎茶法是将饼茶先在火上灼成"赤色"，然后斫开打碎，研成细末，过罗倒入釜中，加盐用水煎煮。

（5）宋代点茶　宋代点茶比唐代煎茶法更为讲究，包括将团饼炙、碾、罗，以及候汤、点茶等一整套规范的程序（图1-1）。

宋代点茶法和唐代的烹茶法最大不同之处就是不再将茶末放到锅里去煮，而是放在茶盏里，用瓷瓶烧开水注入，再加以击拂，产生泡沫后再饮用，也不添加食盐，保持茶叶的真味。

图1-1　点茶

（6）明代泡茶　明太祖朱元璋于1391年下诏，废龙团兴散茶，使得蒸青散茶大为盛行，从此贡茶由团饼茶改为芽茶（散茶），对炒青茶的发展起到了积极作用。烹茶方法由原来的煎煮为主逐渐向冲泡为主发展。如文震亨《长物志》说："简便异常，天趣悉备，可谓尽茶之真味。"茶具也相对简化，茶碾、茶筛终于成为历史。明代紫砂茶壶成为饮茶中最重要的茶具，到了明代末期茶壶流行以小为贵，以保持香气氤氲。

2. 古代主要饮茶方法

神农时期到春秋药用和食用，西汉到三国时代为宫廷的高级饮料（只有四川一带饮茶）；从西晋到隋唐、宋遂为"人家一日不可无"的饮料。

（1）唐代——煎茶、痷茶　唐代人视茶为"越众而独高"，对茶和水的选择、烹煮方式以及饮茶环境和茶的质量也越来越讲究，逐渐形成了茶道，是我国茶叶文化的一大飞跃。

中国茶道形成于八世纪中叶的中唐时期，陆羽为中国茶道的奠基人和煎茶道的创始人。煎茶道的代表人物有陆羽、常伯熊、皎然、卢仝、白居易、皮日休、陆龟蒙等。唐代茶人对茶道的主要贡献在于完善了煎茶茶艺，确立了饮茶修道的思想。煎茶道鼎盛于中晚唐时代，历五代十国、北宋、南宋末而亡，为时约500年。

陆羽《茶经·六之饮》指出："饮有粗、散茶、末茶、饼茶者"。因存在不同种类的茶叶，其饮用方法自然也就不同。唐代用茶方式主要有煎茶、痷茶法。

①烹茶即煮茶，也称煎茶，为饼茶的饮用方法。

陆羽《茶经》记载，唐代的茶叶生产过程是"晴，采之，蒸之，捣之，拍之，焙之，穿之，封之，茶之干矣。"

饼茶加工工艺：采茶→摊放→蒸叶→捣碎→压模成形→穿孔→脱模→初次烘干→再烘至干。

唐代煎茶法程序（图1-2）：备器→选水→取火→候汤→炙茶→碾茶→罗茶→煎茶（投茶、搅拌）→酌茶→品茶。

图1-2　唐代煎茶程序

备器：陆羽《茶经》"四之器"列茶器二十四事，即风炉（含灰承）、筥、炭挝、火筴、镄、交床、纸囊、碾拂末、罗、合、则、水方、漉水囊、瓢、竹筴、鹾簋揭、碗、熟、盂、畚、札、涤方、滓方、巾、具列，另有统贮茶器的都篮。

封演撰于八世纪末的《封氏闻见记》卷六饮茶条载："楚人陆鸿渐为茶论，说茶之功效，并煎茶炙茶之法，造茶具二十四事，以都统笼贮之。远近倾慕，好事者家藏一副。有常伯熊者，又因鸿渐之论广润色之，于是茶道大行，王公朝士无不饮者。"

选水：《茶经》"五之煮"云："其水，用山水上，江水中，井水下。""其山水，拣乳泉、石池漫流者上。""其江水，取去人远者。井，取汲多者。"

取火：《茶经》"五之煮"云："其火，用炭，次用劲薪。其炭经燔炙，为膻腻所及，及膏木败器，不用之。"

温庭筠撰于公元860年前后的《采茶录》记载："李约，汧公子也。一生不近粉黛，性辨茶。尝曰：'茶须缓火炙，活火煎'。活火谓炭之有焰者，当使汤无妄沸，庶可养茶。"

候汤：《茶经》"五之煮"云："其沸，如鱼目，微有声为一沸，缘边如涌泉连珠为二沸，腾波鼓浪为三沸，已上水老不可食。"候汤是煎茶的关键。

煮水：水珠像鱼眼一样，并"微有声"，称为一沸，加盐调味。

习茶：习茶包括藏茶、炙茶、碾茶、罗茶、煎茶、酌茶、品茶等。

煎茶：一沸以后，当再烧至"缘边如涌泉连珠"为第二沸，舀出一瓢水备用，并用竹夹在锾中转成水涡，再用"则"量出茶末放入水涡，茶汤煮至"腾波鼓浪"为第三沸。将茶汤表面的一层"色如黑云母"的水膜舀出倒掉，再舀出一瓢茶汤称"隽永"放在"熟盂"里。待锾中茶汤出现"势若奔涛溅沫"时，将舀出的第一瓢水倒进，使茶汤稍冷，抑止沸腾，以孕育"沫饽"。沫饽是茶之精华。何谓沫饽？薄者曰沫，厚者曰饽，细者曰花。待"沫饽"（汤面之上白色的沫子），如雪似花，茶香满室，一锅茶汤就算煮好了。

茶礼：《茶经》"五之煮"云："夫珍鲜馥烈者，其碗数三，次之者，碗数五。若坐客数至五，行三碗。至七，行五碗。若六人已下，不约碗数，但阙一人，而已其隽永补所阙人。"若有五位客人时，可分三碗，七位客人时可酌分五碗，六人亦按碗计。

茶境：唐代茶道，对环境的要求重在自然，多选在林间石上、泉边溪畔、翠竹摇曳，树影横斜幽雅的自然环境中。或在道观僧寮、书院会馆、厅堂书斋，四壁常悬挂条幅。

钱起《与赵莒茶宴》诗云："竹下忘言对紫茶，全胜羽客醉流霞。尘心洗尽兴难尽，一树蝉声片影斜。"

陆羽煮茶法要把握好三个关键点：第一，煮茶前先烤茶，烤茶讲究远近、茶色和时间，以保证饼茶香高味正。第二，碾茶要适度。饼茶烘干冷却后，敲成小块，倒入碾钵碾碎，用罗筛选出粗细适中的茶颗粒，这样煮出的茶汤清明，茶味纯正，不会生苦涩味。最后，最重要的是煮茶时要掌握好火候，协调好茶、水、盐三者用量的比例。

②痷茶：也称为茶粥。这种饮茶方法是将末茶倒入瓶子或细口容器中，用沸水冲泡，有的还将葱、姜、枣、橘皮、茱萸、薄荷等配料同茶放在同一容器中煮成茶粥。

"乃斫、乃熬、乃炀、乃舂，贮于瓶缶之中，以汤沃焉，谓之痷茶"即是将饼茶舂成粉末放在茶瓶中，再用开水冲泡，而不用烹煮，这是末茶的饮用方法。就是《广雅》所记述的荆巴地区的煮茗方法，从三国时期到唐代数百年间一直在民间流传着被陆羽视为"斯沟渠间弃水耳，而习俗不已"。

（2）宋代——点茶

①宋代点茶法的发展：宋代茶人在唐代痷茶法的基础上创立了点茶法。点茶法约始于唐代末期，从五代十国时期到北宋时期，越来越盛行，鼎盛于北宋后期至明代前期，亡于明代后期，历时约600年。点茶道代表人物是蔡襄、赵佶、梅尧臣、苏轼、黄庭坚、陆游、审安老人等。点茶法是我国宋代斗茶常用

的方法，从宋代开始传入日本，流传至今，现在日本茶道中的抹茶道采用的就是点茶法。

十一世纪中叶，蔡襄著《茶录》两篇，上篇论茶，色、香、味、藏茶、炙茶、碾茶、罗茶、候汤、盏、点茶，下篇论茶器、茶焙、茶笼、砧椎、茶钤、茶碾、罗茶、茶盏、茶匙、汤瓶。蔡襄是北宋著名的书法家，同时又是文学家、茶叶专家、荔枝专家，其《茶录》奠定了点茶茶艺的基础。

十二世纪初，宋徽宗赵佶著《大观茶论》二十篇：地产、天时、采择、蒸压、制造、鉴辨、白茶、罗碾、盏、筅、瓶、勺、水、点、味、香、色、藏焙、品名、包焙。赵佶是杰出的艺术家，书画、诗文皆佳，且精于茶道。

②宋代点茶道程序：点茶道茶艺包括备器、选水、取火、候汤、习茶五大环节。其关键在候汤和击拂。

点茶工艺：炙茶→碾碎成粉末→用茶罗将茶末筛细（罗细则茶浮，罗粗则末浮）→烘盏→茶粉放盏里先注汤调膏，继之量茶注汤，边注边用茶筅击拂。

根据宋代蔡襄的《茶录》记载，宋代的点茶方法是："先将饼茶烤炙，再敲碎碾成细末，用茶罗将茶末筛细，罗细则茶浮，罗粗则末浮"、"钞茶一钱匕，先注汤调令极匀。又添注入，环回击拂，汤上盏可四分则止。视其面色鲜白，着盏无水痕为绝佳"。即将饼茶炙烤碾碎过罗（筛），罗下茶放入茶盏中待用。以釜或者汤瓶烧水，水初沸时注入少量沸水调成糊状，然后再注入沸水，或者直接向茶碗中注入沸水，竹制的茶筅（类似小竹刷子）反复击打，使之产生泡沫（称为汤花），达到茶盏边壁不留水痕者为最佳状态。

备器：《茶录》、《茶论》、《茶谱》等书对点茶用器都有记录。宋元之际的审安老人作《茶具图赞》，对点茶道主要的十二件茶器列出名、字、号，并附图及赞。归纳起来，点茶道的主要茶器有：茶炉、汤瓶、砧椎、茶钤、茶碾、茶磨、茶罗、茶匙、茶筅、茶盏等。

选水：宋人选水继承唐人观点，用山水上、江水中、井水下。但宋徽宗赵佶《大观茶论》认为"水以清轻甘洁为美，轻甘乃水之自然，独为难得。首取山泉之清洁者，其次，则井水之常汲者为可用，若江河之水，则鱼鳖之腥、泥泞之汗，虽轻甘无取。"

取火：宋人取火基本同于唐人。

候汤：候汤即烧开水。煎水不再用敞口的釜，而用细颈的瓶，也就是前人所称的"汤瓶"。这时因以目辨汤较困难，故蔡襄认为候汤最难。宋代人认为，水初沸时，水声如阶下虫声唧唧而鸣，又如远处的蝉噪声响成一片。过一会儿，当水声像满载而来的大车，吱吱呀呀不绝于耳时，已是二沸了。到了三沸之时，则水声已如同林间松涛，或溪流的喧闹。这时便应赶紧提起茶瓶，将水注入已放茶末的盏中。因为宋代人点茶与唐代人煎茶不同，所以"候汤"要定在三沸之初，这种方法也为后人所接受。

汤的老嫩视茶而论，茶嫩则以蔡说为是，茶老则以赵说为是。宋徽宗赵佶认为水烧至鱼目蟹眼连绎迸跃为度。

蔡襄《茶录》"候汤"条载："候汤最难，未熟则沫浮，过熟则茶沉。前世谓之蟹眼者，过熟汤也。沉瓶中煮之不可辨，故曰候汤最难。"蔡襄认为蟹眼汤已是过熟，且煮水用汤瓶，气泡难辨，故候汤最难。赵佶《大观茶论》"水"条记："凡用汤以鱼目蟹眼连绎迸跃为度，过老则以少新水投之，就火顷刻而后用。"

现代科学已经证实，水的温度不同，茶叶中营养成分的浸出程度不同，因而茶的色和味也就有很大的差别。水滚沸过久，水中所溶解的空气会全部逸出，从而影响茶味，同时会破坏水中特别是上等水中所含的有利于茶性的物质。用这种被称为"老汤"的水泡茶，茶汤颜色会不鲜明，味不醇厚；而水温过低，前人称为"嫩汤"，用这种水泡茶，茶性也不易发出，因而滋味淡薄，汤色不美。

习茶：习茶程序主要有藏茶、洗茶、炙茶、碾茶、磨茶、罗茶、温盏、点茶（调膏、击拂）、品茶等。

③茶礼：朱权《茶谱》载："童子捧献于前，主起举瓯奉客曰：为君以泻清臆。客起接，举瓯曰：非此不足以破孤闷。乃复坐。饮毕，童子接瓯而退。话久情长，礼陈再三。"朱权点茶道注重主、客间的端、接、饮、叙礼仪，且礼陈再三，颇为严肃。

④茶境：点茶道对饮茶环境的选择与煎茶道相同，大致要求自然、幽静、清静。苏轼诗有"一瓯林下记相逢"，陆游诗有"自挈风炉竹下来"，"旋置风炉清樾下。"

⑤修道：赵佶《大观茶论》载："至若茶之有物，擅瓯闽之秀气，钟山川之灵禀。祛襟涤滞、致清导和，则非庸人孺子可得而知矣：冲淡闲洁、韵高致静，则百遑遽之时可得而好尚之。""缙绅之士，韦布之流，沐浴膏泽，熏陶德化，盛以雅尚相推，从事茗饮。"宋代茶人承前启后，发展了饮茶修道的思想。

赵佶贵为帝王，亲撰茶书，倡导茶道，进一步完善了唐代茶人的饮茶修道思想，赋予了茶清、和、淡、洁、韵、静的品性。

（3）明清时期——泡茶道 泡茶法大约始中唐，南宋末至明代初年，泡茶多用于末茶。明清时期，由于废除了饼茶进贡，社会上盛行炒青的条形散茶，因此不再将茶叶碾成粉末，泡茶用叶茶。十六世纪末的明代后期正式形成泡茶道，鼎盛于明代后期至清代前中期，绵延至今。这是我国饮茶史上的一次革命。

十六世纪末的明代后期，张源《茶录》和许次纾的《茶疏》共同奠定了泡茶道的基础。十七世纪初，程用宾撰《茶录》，罗廪撰《茶解》；十七世纪中期，冯可宾撰《岕茶笺》；十七世纪后期，清代冒襄撰《岕茶汇钞》。这些茶书进一步补充、发展、完善了泡茶道。泡茶道代表人物有张源、许次纾、程用宾、罗廪、冯可宾、冒襄、陈继儒、徐渭、田艺衡、徐献忠、张大复、张岱、陆树声、周高起、屠本俊、闻龙袁枚等人。

明清茶人对茶道的贡献，其一在于创立了泡茶茶艺，且有撮泡、壶泡、工夫茶三种形式；其二在于为茶道设计了专用的茶室——茶寮。

张源《茶录》有藏茶、火候、汤辨、泡法、投茶、饮茶、品泉、贮水、茶具、茶道等篇；许次纾著《茶疏》，其书有择水、贮水、舀水、煮水器、火候、烹点、汤候、瓯注、荡涤、饮啜、论客、茶所、洗茶、饮时、宜辍、不宜用、不宜近、良友、出游、权宜、宜节等篇。

泡茶道茶艺包括备器、选水、取火、候汤、习茶五大环节。

①备器：泡茶道茶艺的主要器具有茶炉、汤壶（茶铫）、茶壶、茶盏（杯）等。

②选水：明清茶人对水的讲究比唐宋有过之而无不及。明代，田艺衡撰《煮泉小品》，徐献忠撰《水品》，专书论水。明清茶书中，也多有择水、贮水、品泉、养水的内容。

③取火：张源《茶录》"火候"条载："烹茶要旨，火候为先。炉火通红，茶瓢始上。扇起要轻疾，待有声稍稍重疾，新文武之候也。"

④候汤：《茶录》"汤辨"条载："汤有三大辨十五辨。一日形辨，二日声辨，三日气辨。形为内辨，声为外辨，气为捷辨。如虾眼、蟹眼、鱼眼、连珠皆为萌汤，直至涌沸如腾波鼓浪，水气全消，方是纯熟；如初声、转声、振声、骤声，皆为萌汤，直至无声，方是纯熟；如气浮一缕、二缕、三四缕，及缕乱不分，氤氲乱绕，皆是萌汤，直至气直冲贵，方是纯熟。"又"汤用老嫩"条称："今时制茶，不假罗磨，全具元体，此汤须纯熟，元神始发。"

⑤习茶：分为壶泡法、撮泡法、工夫茶等。

壶泡法。据《茶录》、《茶疏》、《茶解》等书，壶泡法的一般程序有：藏茶、洗茶、浴壶、泡茶（投茶、注汤）、涤盏、酾茶、品茶。

撮泡法。直接抓一撮茶叶放入茶壶或茶杯用开水沏泡，即可饮用。这种方法也称为撮泡法，不仅简便，而且保留了茶叶的清香味，受到讲究品茶情趣的文人欢迎。陈师道撰于十六世纪末的《茶考》记："杭俗烹茶用细茗置茶瓯，以沸汤点之，名为撮泡。"撮泡法简便，主要有涤盏、投茶、注汤、品茶。

工夫茶。工夫茶形成于清代，流行于广东、福建和台湾，是用小茶壶泡青茶（乌龙茶），主要程序有治壶、投茶、出浴、淋壶、烫杯、酾茶、品茶等，分别为孟臣沐霖、乌龙入宫、悬壶高冲、春风拂面、重洗仙颜、若琛出浴、游山玩水、关公巡城、韩信点兵、鉴赏三色、喜闻幽香、品啜甘露、领悟神韵。

据清代寄泉《蝶阶外史工夫茶》记载，其具体冲泡程序如下："壶皆宜兴砂质。龚春、时大彬不一式。每茶一壶，需炉铫三候汤，初沸蟹眼，再沸鱼眼，至连珠沸则熟矣。水生汤嫩，过熟汤老，恰到好处颇不易。故谓天上一轮好月，人间中火候一瓯，好茶亦关缘法。不可幸致也。第一铫水熟，注空壶中荡之泼去（"孟臣淋霖"）；第二铫水已熟，预用器置茗叶，分两若于立下，壶中注水，覆以盖，置壶铜盘内；第三铫水又熟，从壶顶灌之周四面（类似今天福建工夫茶艺的"重洗仙颜"——淋壶），则茶香发矣。瓯如黄酒卮，客至每人一瓯，含其涓滴咀嚼而玩味之；若一鼓而牛饮，即以为不知味。肃客出矣。"

茶礼：中国茶道注重自然，不拘礼法，茶书对此多有省略。

茶境：十六世纪后期，陆树声撰《茶寮记》，其"煎茶七类"篇"茶候"条有"凉台静室、曲几明窗、僧寮道院、松风竹月"等。徐渭也撰有《煎茶七类》，内容与陆树声所撰相同。《徐文长秘集》又有"品茶宜精舍、宜云林、宜寒宵兀坐、宜松风下、宜花鸟间、宜清流白云、宜绿鲜苍苔、宜素手汲泉、宜红装扫雪、宜船头吹火、宜竹里瓢烟。"

许次纾《茶疏》"明窗净几、风日晴和、轻阴微雨、小桥画舫、茂林修竹、课花责鸟、荷亭避暑、小院焚香、清幽寺院、名泉怪地石"等二十四宜。又"茶所"条记："小斋之外，别置茗寮。高燥明爽，勿令闭寒。壁边列置两炉，炉以小雪洞覆之，止开一面，用省灰尘脱散。寮前置一几，以顿茶注、茶盂为临时供具。别置一几，以顿他器。旁列一架，巾帨悬之。"

屠隆《茶说》"茶寮"条记："构一斗室，相傍书斋，内设茶具，教一童子专主茶设，以供长日清谈，寒宵兀坐。幽人首务，不可少废者。"张谦德《茶经》中也有"茶寮中当别贮净炭听用"、"茶炉用铜铸，如古鼎形，……置茶寮中乃不俗。"

明清茶人品茗修道环境尤其讲究，设计了专门供茶道用的茶室——茶寮，使茶事活动有了固定的场所。茶寮的发明、设计是明清茶人对茶道的一大贡献。

修道：明清茶人继承了唐宋茶人的饮茶修道思想，创新不多。

明代朱权《茶谱》序："予尝举白眼而望青天，汲清泉而烹活火。自谓与天语以扩心志之大，符水火以副内炼之功。得非游心于茶灶，又将有裨于修养之道矣，其惟清哉！"又曰："茶之为物，可以助诗兴而云顿色，可以伏睡魔而天地忘形，可以倍清淡而万象惊寒。……乃与客清谈款话，探虚玄而参造化，清心神而出尘表。……卢仝吃七碗，老苏不禁三碗，予以一瓯，足可通仙灵矣。"活火烹清泉。助诗兴，倍清淡。探虚玄大道，参天地造化，清心出尘，一瓯通仙。

（4）罐装茶　撮泡法自明代以来在中国流行600多年，直到今天仍是大众饮茶的主要方式。但随着人们生活节奏加快，追求快速、简便、易于操作和携带的茶叶产品及其饮茶方式。于是出现了袋泡茶、速溶茶、浓缩茶和罐装饮料茶等新产品。

速溶茶是利用现代科学技术，以各种成品茶叶为原料，用热水萃取茶叶中的水可溶物，过滤弃去茶渣，获得茶汤，经浓缩、干燥制成固态的速溶茶。也可不经干燥阶段直接制成液态的浓缩茶，兑水即可饮用，或者直接将茶汤装入瓶、罐制成液态的罐装茶饮料，即开即饮，非常方便。

罐装茶饮料是工业化的产品，科技含量较高。这是饮茶史上自600多年前朱元璋废除饼茶改散茶冲泡以来的又一次革命，具有重要意义。

二、茶在中国的传播

我国西南是茶树的原产地，茶的利用已有五六千年的历史。秦代以后由于政治的统一、宗教的兴起、经济的发展、文化的繁荣促进了茶叶生产的发展。

（一）茶叶和茶树的传播

茶叶和茶树在国内的传播首先从四川传入当时的政治经济文化中心陕西、甘肃一带，但自然条件限制了茶树的大量栽培。随着经济、文化的交流日渐密切，茶树传到长江中下游一带，由于长江中下游地理气候上的有利条件，唐、宋代以后逐渐取代了巴蜀在茶业上的中心地位。

巴蜀茶树栽培发展→陕西传播（川陕栈道）→河南→安徽→湖北→湖南→江苏、福建、广东。

台湾由福建及广东移民传入。

1. 秦汉以前

秦汉以前，我国古籍中关于茶的记载很少，有也是一字半句。

东晋常璩在公元350年左右所著的《华阳国志·巴志》记载："周武王伐纣，实得巴蜀之师，着乎尚书……其地东至鱼复，西至僰道，北接汉中，南极黔涪。土植五谷，牲具六畜，桑蚕麻苎，鱼盐铜铁，丹漆茶蜜……皆纳贡之"。上述记载表明商周时期约公元前1066年周武王伐纣时，蜀国茶叶作贡品的最早记载。

春秋战国时期，茶叶传至黄河中下游地区。到战国末期，黄河流域饮茶之风开始流行。成书于战国时期记载齐国政治家晏婴的《晏子春秋》中有关于齐竟公"食脱粟之饭，炙三弋五卵，茗茶而已"的记载，表明茶叶已作为菜肴汤料。

秦国时，"自秦人取蜀而后，始有茗饮之事"（引自明末清初著名学者顾炎武《日知录》）。秦人取蜀是惠文王九年（公元前 314 年）的事情，说明在秦始皇统一六国以前，秦国已有饮茶。

到汉代时，茶的保健作用已日益受到重视，已经有专门的茶市，茶叶已经成为人们日常所需的商品。茶作为四川的特产，通过进贡的渠道，首先传到京都长安，逐渐向陕西、河南等北方地区传播，沿水路顺长江而传播到长江中下游地区。西汉时期茶的生产加工已经传到了湘、粤、赣毗邻地区。

《四川通志》卷四十记："汉时名山县西十五里的蒙山甘露寺祖师吴理真，修活民之行，种茶蒙顶。"说明西汉初期（公元前 53 年）吴理真已经开始人工种植茶树，吴理真被称为茶祖。

2. 魏晋南北朝

该时期又称三国两晋南北朝，在中国历史上只有 37 年，是朝代替换很快并有多国并存的时代。魏晋南北朝时期，饮茶之风流传到长江中下游，茶叶已成为日常饮料，宴会、待客、祭祀都会用茶。文人雅士多喜喝茶，并有诗文反映茶事。

三国制茶工艺的萌芽。魏代张揖《广雅》中已最早记载了饼茶的制法和饮用："荆巴间采叶作饼，叶老者饼成，以米膏出之"。说明三国已出现了茶叶的简单加工，采来的叶子先做成饼，晒干或烘干。

西晋时期正如杜育《荈赋》所形容的"灵山惟岳，奇产所钟，厥生荈草，弥谷被岗"，南方栽种茶树的规模和范围有很大发展。

东晋时期，茶叶生产有了一定的发展。茶与东晋士族中有识之士倡导的"素业"精神上相通，成了这些人附庸风雅、励志清白的尚好之物，于是出现了不少"以茶养廉"的茶事。

南北朝时期，佛教盛行，释家利用饮茶来解除坐禅的困倦，于是在寺院庙旁的山谷间遍种茶树。

3. 隋、唐

隋统一全国并修凿了沟通南北的运河，饮茶之风盛行。隋文帝（杨坚）患病，遇俗人告以烹茗草服之，果然见效。于是人们竞相采之，并逐渐由药用演变成社交饮料，但主要还是在社会的上层中饮用。

唐代的茶叶产地达到了我国近代茶区相当的局面，有八大茶区 43 州郡。划分为八大茶区：山南茶区、淮南茶区、浙西茶区、浙东茶区、剑南茶区（四川）、黔中茶区、江西茶区、岭南茶区。

中唐时期以后，中国人饮茶"殆成风俗"，形成"比屋之饮"。封演《封氏闻见记》载："古人亦饮茶耳，但不如今人溺之甚；穷日尽夜，殆成风俗，始自中地，流于塞外"。

唐太宗大历五年（公元 770 年）开始在顾渚山（今浙江长兴）建贡茶院

（3 万人），每年清明前兴师动众督制"顾渚紫笋"饼茶，进贡皇朝。

德宗李适统治期间的建中三年（公元 782 年）开始征收茶税。

公元 780 年由陆羽所编的世界第一部茶叶专著《茶经》问世。

4. 宋代

茶兴于唐而盛于宋。宋代的茶区基本上已与现代茶区范围相符。宋代，长江流域和淮南一带有 66 个州 242 个县产茶，形成片茶和散茶两大生产中心。宋代，茶叶已成为日常不可缺少的物品。茶叶产区遍及四川、陕西、湖南、湖北、福建、江苏、浙江、安徽、河南、广东、广西、云南、贵州等省区，几乎与近代茶区相当，达到了有史以来的兴盛阶段；同时，茶叶从一种地区性的小农生产变成了一种全国性的社会经济、社会文化的产物。统治阶级制定了各种制度控制茶叶的生产。

宋代茶业重心由东向南移。从五代十国和宋代初年起，全国气候由暖转寒，致使中国南方的茶业较北部更加迅速发展了起来，并逐渐取代长江中下游茶区，成为宋代茶业的重心。主要表现在贡茶从顾渚紫笋改为福建建安茶，建安和闽南、岭南茶业明显地活跃和发展起来。

5. 元代

元代茶区又有新的拓展，主要分布在长江流域、淮南及广东、广西一带，全国茶叶产量约 10 万吨。

6. 明清及以后

明代茶树栽培面积继续扩大。公元 1405—1433 年，郑和把茶籽带到台湾栽种，开辟了我国台湾茶区。从云南向北绵延一直到了山东的莱阳。种茶技术有了新的发展，如：茶树繁殖除用种子直播外，还采用育苗移栽法；提出了茶园间作。基本上各个地区都形成了主要的茶叶产地和代表性名茶。自此，茶的生产作为一种产业逐渐普及、发展起来。

清代茶叶产区更加扩大，茶园面积达 40 ~ 46.7 万亩（1 亩 ≈ 667 平方米），1886 年产量达 22.5 万吨，出口量 13.4 万吨。

新中国成立前夕，全国仅有 15.4 万公顷，产茶 4.1 万吨，出口茶 0.89 万吨。

新中国成立后，我国目前有茶园面积 4000 多万亩，居世界第一，产量近 200 万吨，居世界第一，出口第二。

（二）茶字的起源与传播演变

1. 茶的名称

在古代史料中，茶的名称很多，常用的有茶、槚、荈、茗、瓜芦木、皋芦。

陆羽在《茶经》中也提到"其名，一曰茶，二曰槚，三曰蔎，四曰茗，五曰荈"。该著作对茶的提法不下 10 种，其中用得最多、最普遍的是茶。

《茶经》提出："其字，或从草，或从木，或草木并"。注中指出："从草，当作茶，其字出《开元文字音义》；从木，当作搽，其字出《本草》；草木并，作茶，其字出《尔雅》"。

茶——最早见之于《诗经》，在《诗·邶风·谷风》中记有："谁谓茶苦？其甘如荠"。《诗·豳风·七月》中记有："采茶、薪樗，食我农夫"。《诗经》"茶"是茶还是"苦菜"，至今看法不一。"茶"至"茶"简化的萌芽始于汉代，长沙马王堆中出土的湖南茶陵县的印章为证。

《神农本草经》（约成于汉代）中，称之为"茶草"或"选"。

槚——我国最早的一部字书《尔雅》（约公元前二世纪秦汉时期成书），其中记有："槚，苦茶"。

荈——荈是指粗老茶叶，因而苦涩味较重。陆羽《茶经》"五之煮"载："其味甘，槚也；不甘而苦，荈也；啜苦咽甘，茶也。"

陆德明《经典释文·尔雅音义》则载："荈、茶、茗，其实一也。"

西汉司马相如的《凡将篇》中提到的"荈诧"就是茶，荈为茶的可靠记载见于《三国志·吴书·韦曜传》："曜饮酒不过二升，皓初礼异，密赐茶荈以代酒"，茶荈代酒，荈应是茶饮料。晋杜育作《荈赋》，五代十国时期宋初的陶谷《清异录》中有"荈茗部"。"荈"字除指茶外没有其他意义，可能是在"茶"字出现之前的茶的专有名字，但南北朝以后就很少使用了。

茗——《魏王花木志》："茶，叶似栀子，可煮为饮。其老叶谓之荈，嫩叶谓之茗。"

东晋郭璞在《尔雅注》中认为茶树"树小如栀子。冬生（意为常绿）叶，可煮作羹饮。今呼早采者为茶，晚取者为茗。"

蔎——西汉末年扬雄的《方言》中，称茶为"蔎"。

茶——据清代学者顾炎武考证，"茶"字是从唐会昌元年（公元 841 年）柳公权书写《玄秘塔碑铭》、大中九年（公元 855 年）裴休书写《圭峰禅师碑》时开始，因此他确定"茶"字的形、音、义才固定下来。

陆羽《茶经》注云："从草当作茶，其字出《开元文字音义》"。《开元文字音义》系唐玄宗李隆基御撰的一部分，已失传。陆羽在写《茶经》（公元 758 年左右）时，将"茶"字减少一画，改写为"茶"。从此，在古今茶学书中，茶字的形、音、义也就固定下来了。

2. 茶的别称

据其他古籍中的记载，茶的别称还有诧、皋芦、瓜芦、水厄、过罗、物罗、选、姹、葭茶、苦茶、酪奴。

3. 茶的雅号

（1）"不夜侯" 晋张华《博物志》称"饮真茶，令人少眠，故茶美称不夜侯，美其功也"。

（2）"清友" 据宋苏易简《文房四谱》言，"叶嘉字清友，号玉川先生。清友为茶也"。

（3）"余甘氏" 据李郛《纬文琐语》称，"世称橄榄为余甘子，亦称茶为余甘子，因易一字，改称茶为余甘氏"。

（4）"森伯"、"涤烦子"。

三、中国历代茶文化的特征

从文献记载来说，汉代以前乃至三国时期的茶史资料十分稀少，以至于对这时的茶，只能称为一种只流传巴蜀的区域性的简单饮料文化。两晋以后，随着茶叶文化与我国各地社会生活和其他文化的进一步相会、相融和相互影响，也随着文献记载的增多，这才初步显示和构建出了我国古代茶文化的特点及系统。

（一）三国以前茶文化的启蒙

茶的发现时间被确定为公元前 2737—前 2697 年，其历史可推到三皇五帝。巴蜀是中国茶文化的摇篮。六朝以前的茶史资料表明，中国的茶业最初兴起于巴蜀，巴蜀在周朝已将茶叶作为贡品，"自秦人取蜀而后，始有茗饮之事"，秦统一巴蜀之后才慢慢传播开来，战国时期巴蜀已形成一定规模的茶区。巴蜀茶业在中国早期茶业史上的突出地位直到西汉成帝时的王褒《僮约》中，才见诸记载。现在绝大多数学者认同中国和世界的茶叶文化最初是在巴蜀发展为业的。

西周（公元前 1046—前 771 年）：约公元前 1000 年周武王伐纣时，巴蜀一带用所产的茶叶作为"纳贡"珍品，是茶作为贡品的最早记述。据东晋常璩《华阳国志·巴志》中谈到："武王既克殷，以其宗姬于巴，爵之以子，古者远国虽大，爵不过于，故吴楚及巴皆曰子……上植五谷，牲具六畜，桑、蚕、麻、纻、鱼、盐、铜、铁，丹、漆、茶、蜜……皆纳贡之"。

东周（公元前 770—前 256 年）：据《晏子春秋》记载，春秋时期晏婴相齐景公时（公元前 547—前 490 年）"食脱粟之饭，炙三弋五卵，茗茶而已"。表明茶叶已作为菜肴汤料，供人食用。

西汉（公元前 206—25 年）：西汉时期茶的功能已经由之前的食用与药用转为药用与饮料，不仅饮茶成风，而且茶叶已经商品化。这一时期，茶叶的简单加工开始出现，鲜叶用木棒捣成饼状茶团，再晒干或烘干以便存放。饮法采用煮茶法，即先将茶团捣碎放入壶中，注入开水并加上葱姜和橘子调味。文人饮茶之风大兴，相关的茶文陆续问世，除王褒外，四川人司马相如的《凡将篇》和杨雄的《蜀都赋》分别从药物和文字语言角度谈到茶。文人与茶的紧密联系，使茶作为一种精神文化现象开始萌芽。

公元前 59 年，四川资中人王褒著《僮约》，是我国现存最早和最珍贵的茶叶文献，《僮约》有"烹茶尽具"、"武阳买茶"的记载，反映了成都一带在西汉时不但饮茶已成风尚，而且在地主富豪家里还出现了专门的饮茶器具。后面的一句则反映成都附近由于茶的消费和贸易需要，茶叶已经商品化，出现了如"武阳"（今成都彭山）一类的茶叶市场，为我们展现了一幅四川茶业生机盎然的情景，是茶叶进行商贸的最早记载。

西汉已将茶的产地县命名为"荼陵"，即现在的湖南茶陵。

东汉（公元 25—220 年）：东汉末年、三国时代的医学家华佗《食论》中提出了"苦荼久食，益意思"，是茶叶药理功效的第一次记述。

东汉出现了专用青瓷茶具。1990 年浙江上虞出土了一批东汉时期的碗、杯、壶、盏等器具，在一个青瓷储茶瓮底座上有"茶"字，经北京故宫博物院及上海、浙江的考古单位鉴定，认为这是世界上最早的瓷茶器。这对研究古代青瓷茶具有重要价值。所以专用茶具的出现最早始于汉代。

三国（公元 220—280 年）：史书《三国志》述吴国君主孙皓（孙权的后代）"密赐荼荈以代酒"，是"以茶代酒"的最早记载。孙吴据有现在苏、皖、赣、鄂、湘、桂一部分和广东、福建、浙江全部陆地的东南半壁江山，这一地区也是这时我国茶业传播和发展的主要区域。此时，南方栽种茶树的规模和范围有很大的发展，而茶的饮用也流传到了北方的豪门贵族。

三国时魏国张揖的《广雅》（公元 230 年前后）记载："荆巴间采叶作饼，叶老者，饼成以米膏出之。欲煮茗饮，先炙令赤色，捣末置瓷器中，以汤浇覆之，用葱、姜、橘子芼（掺和之意）之。其饮醒酒，令人不眠。"这是现在所知"瓷"字最早的出处，也是文献中作为茶具的最早记载，反映出巴蜀地区特殊的制茶方法和饮茶方式。

（二）晋代、南北朝茶文化的萌芽

魏晋南北朝时期，饮茶作为一种习俗，已经深入到人们的生活之中。社会的各个阶层都出现饮茶现象，并且和魏晋特殊的历史时期结合，初步作为一种茶精神开始萌芽。

1. 晋代（西晋公元 265—317 年、东晋公元 317—420 年）

魏晋时期，茶饮已被一些王公显贵和文人雅士看作是高雅的精神享受和表达志向的手段，并开始与宗教思想结合起来。虽说这一阶段还是茶文化的萌芽期，但茶饮在民间的发展过程中，也逐渐被赋予了浓浓的文化色彩，显示出其独特的魅力。

（1）以茶代酒——待客方式　南朝宋代刘义庆《世说新语》记载了这样一件事：东晋初年，颇负才名的北方文士任瞻渡江来到石头城（今南京）。丞相王导亲自率一批名流到石头城迎接他。在接风会上，没有浓烈的酒，只有清香的茶。当任瞻喝了茶水后，问道"这是茶，还是茗？"名流们听了这句问话颇觉可笑，任瞻看到人们异样的目光时，赶紧用"刚才问是热的还是冷的？"来掩盖，更引起大家一阵哄笑。王导仍然按照昔日在北方时一样，对他热情相待，反映了王导的待人之道，容人之量。可以看出当时的名流必须具备饮茶的基本常识，饮茶之举成为品评人物举止风度的一项手段。

（2）崇茶之风——养廉示俭　饮茶开始有了社会功能，以茶待客成为一种情操手段、清廉不俗的操守。饮茶已不完全是以其自然使用价值为人所用，而是开始进入了精神领域，成为一种文化现象。

如陆纳以茶待客、恒温以茶代酒宴、南齐世祖武皇帝以茶示俭，茶成了节俭生活作风的象征，体现了当权者和有识之士的思想导向：以茶倡廉抗奢。儒家提倡温、良、恭、俭、让与和为贵，修养途径是穷独兼达、正己正人，既要积极进取，又要洁身自好，这使茶从另外一个角度越出了自然功效的范围，通过与儒家思想的联系，进入了人的精神生活，并开启了"以茶养廉"的茶文化传统。

南朝宋代何法盛《晋中兴书》记载了一件茶事，有一次宰相谢安要拜访吴兴太守陆纳。陆纳招待谢安的"所设唯茶果而已"，既清雅又俭朴，可以说是君子之交。陆纳的侄子陆俶见叔叔没有准备丰盛的食品，就擅自准备了一桌丰盛的馔肴献了上来。事后，陆纳大为光火，说：你既然不能为我增光添彩也就罢了，可是为什么还要"秽我素业？"

觉得侄子的行为玷污了自己的清名，狠狠打了陆俶四十大板。陆纳上承父辈陆玩的素风，仅用茶果待客，并非吝啬，也不是清高简便，而是在实践清操节俭。

《晋书·桓温列传》中也记载（桓）温性俭，每宴唯下七奠，拌茶果而已。

（3）以茶为祭——民间礼俗　茶为祭品蕴含着人类对茶的崇拜美，这些对茶之美的原始认识正是茶美学思想之源。当人类还处在蒙昧阶段时，容易将一些可以带来益处或是带来灾难的事物神化，而茶因其独特的功效，被人们认为是未知世界的神秘力量，从而对其产生了原始的崇拜美。

在《异苑》一书中记有一则传说：剡县陈务妻，年轻时和两个儿子寡居。院子里有一座古坟，每次饮茶时，都要先在坟前浇祭茶水。两个儿子对此很讨厌，想把古坟平掉，母亲苦苦劝说才止住。一天梦中，陈务妻见到一个人，说：我埋在此地已有 300 多年了，蒙你竭力保护，又赐我好茶，我虽然是地下朽骨，但不会忘记报答你的。等到天亮，在院子中发现有十万钱。母亲把这事告诉两个儿子，二人很惭愧，自此以后，祭祷就更勤了。后来，到了南北朝时期，以茶作祭，进入了上层社会。

（4）以茶养生——道佛结缘　从晋代开始，佛教、道教徒与茶结缘，以茶养生，以茶助修行。

魏晋时期，受到道教的影响，社会上有吃药以求长生的风气，人们认为饮茶可以养生、长寿，还能修仙，茶由此开始进入宗教领域。如《陶弘景新录》："茶茗轻身换骨。昔丹丘子黄山君服之"，《壶居士食忌》："苦茶久食羽化，与韭同食令人体重"等。而道家修炼气功要打坐、内省，茶对清醒头脑、舒通经络有一定作用，于是出现一些饮茶可羽化成仙的故事和传说。这些故事和传说在《续搜神记》《杂录》等书中均有记载。

（5）文人赞颂——文化萌芽　晋代初步构建出我国古代茶文化系统。魏晋时，茶开始成为文化人赞颂、吟咏的对象，有的是完整意义上的茶文学作品，也有的是在诗中赞美了茶饮。另外，文人名士既饮酒又喝茶，以茶助兴，开了清谈饮茶之风，出现一些文化名士饮茶的佚文趣事，从而提高了茶饮在文化上的品位。

如杜育的《荈赋》、孙楚的《出歌》、左思的《娇女诗》、张载的《登成都白菟楼》等。

晋代诗人杜育的《荈赋》是中国最早的茶诗赋作品，《荈赋》标志着中国茶道文化的萌芽。《荈赋》有四个第一：第一次写到"弥谷被岗"的植茶规模；第一次写到秋茶的采掇；第一次写到陶瓷的宜茶；第一次写到"沫沉华浮"的茶汤特点。这足以使《荈赋》在中国茶文化发展史上的地位令人刮目相看。

左思的《娇女诗》："心为茶荈剧，吹嘘对鼎砺。"这"鼎砺"属茶具。

西晋张载《登成都白菟楼》："芳茶冠六清，溢味播九区"。"六清"即《周礼》中的"六饮"，即供天子用的 6 种饮料，有水、浆、醴、凉、医、酏。说明四川茶在当时的地位，已居所有饮料之冠，比"六清"还要好，茶味传遍全中国，饮茶之风向全国各地蔓延。

茶叶成为歌咏的内容，最早见于西晋的孙楚《出歌》。《出歌》有"姜桂茶荈出巴蜀"，这里所说的"茶荈"都是指茶，说明了茶的原产地在巴蜀，晋代的产茶中心在四川。

东晋（公元 317—420 年）常璩的《华阳国志·巴志》中有："园有芳蒻、香茗"，描述了茶作为贡品和茶树的最早栽培是在周武王时期，即茶的栽培历史已有 3000 多年了。

2. 南北朝 （公元420—589年）

随着佛教传入、道教兴起，饮茶已与佛、道教联系起来。此时尚未形成完整的宗教饮茶仪式和阐明茶的思想原理，但茶既有饮食的物态形式，又有显著的社会、文化功能，中国茶文化初见端倪。道家认为，茶可以帮助炼"内丹"，轻身换骨，是修成长生不老之体的好办法。释家认为，茶是禅定入静的必备之物。

《南齐书·武帝本纪》载：永明十一年（公元493年）七月，齐武帝下了一封诏书，诏曰："我灵上慎勿以牲为祭，唯设饼、茶饮、干饭、酒脯而已，天下贵贱，咸同此制"。齐武帝萧颐是南朝比较节俭的少数统治者之一。他立遗嘱，以茶饮等物作祭，把民间的礼俗用于统治阶级的丧礼之中，无疑推广和鼓励了这种制度。

（三）隋唐时期茶文化的形成

1. 隋代茶文化 （公元581—618年）

茶的饮用逐渐开始普及，隋文帝（杨坚）患病，遇俗人告以烹茗草服之，果然见效。于是人们竞相采之，并逐渐由药用演变成社交饮料，但主要还是在社会的上层。

南北运河的开凿对促进隋代的经济、文化以及茶业的发展起到了积极的作用。随着文人饮茶之风兴起，有关茶的诗词歌赋逐渐问世，茶已经脱离作为一般形态的饮食走入文化圈，起着一定的精神、社会作用。

2. 唐代茶文化 （公元618—907年）

茶文化的形成还与当时佛教的发展、科举制度、诗风大盛、贡茶的兴起、禁酒有关。唐朝陆羽自成一套的茶学、茶艺、茶道思想及其所著《茶经》，是茶文化形成的标志。

（1）寺庙崇尚饮茶和制茶　我国佛、道二教自汉代起，经南北朝的发展，到唐代，达到了极其兴盛的阶段。唐代茶文化的形成与禅教的兴起有关，僧人认为茶的作用有三德："一为提神益思、二助消化、三是不思淫欲"，故寺庙崇尚饮茶，制定茶礼、设茶堂、茶头，专呈茶事活动。并在寺院周围植茶树、加工茶，从而推动了寺院经济和茶叶的发展。《封氏闻见记》所记："开元时，泰山灵岩寺大兴禅教，学禅务于不寐，又不夕食，唯许饮茶，人自怀挟，到处煮饮，相效成俗"，不但促进了北方饮茶的普及，也直接推动了我国整个茶业的发展。

在唐代形成的中国茶道分宫廷茶道、寺院茶礼、文人茶道。

（2）贡茶和茶税的征收　唐代开始，贡茶有了进一步的发展，除土贡外，还专门在重要的名茶产区设立贡茶院，由官府直接管理，细采精制，督造各种贡茶。在浙江盛产紫笋茶的顾诸山建立了首座3万役的贡茶院。贡茶院由"刺史主之，观察使总之"，是中央官工业的一个组成部分。每年春光明媚季节，张灯结彩，常州、湖州刺史率领百官先祭"碧泉涌出，灿若金星"的金沙泉，然后开山采茶，朝廷规定第一批贡茶要赶上清明祭祖大典。雅州蒙顶茶号称第一，名曰"仙茶"，常州阳羡茶，湖州紫笋茶同列第二，荆州团黄茶名列第三。

唐德宗建中元年（公元780年）纳赵赞议，开始征收茶税。文宗李昂太和九年（公元835年），为抗议榷茶制度，江南茶农打死了榷茶使王涯，这就是茶农斗争史上著名的"甘露事变"。

（3）茶诗文　诗因茶而诗兴更浓，茶因诗而茶名愈远。

唐代诗人爱茶写茶的很多，李白、杜甫、白居易、卢仝等多人写了400余篇涉及茶事的诗歌。如白居易的"琴里知闻唯渌水，茶中故旧是蒙山"，杜甫的"落日平台上，春风啜茗时"。

在大唐群星璀璨的茶文化名人中，卢仝是仅次于茶圣陆羽而被后世尊为茶馆祖师的人。其《走笔谢孟谏议寄新茶》（世称《七碗茶诗》）被史家当作唐代茶业最有影响的三件事之一。

公元八世纪陆羽《茶经》的问世，标志着茶文化的正式形成。《茶经》概括了茶的自然和人文科学双重内容，探讨了饮茶艺术，把儒、佛、道三教融入饮茶中，首创中国茶道精神。陆羽被称为"茶圣"。以后出现了大量茶书、茶诗，有《茶述》、《煎茶水记》、《采茶记》、《十六汤品》等。

唐代文成公主和亲西藏，带去了香茶，此后，藏民饮茶成为时尚。

唐顺宗永贞元年（公元805年）日本僧人最澄大师从中国带茶籽、茶树回国，是茶叶传入日本最早的记载。

唐代茶文化的最大特点表现在以下五个方面：

①确定了以煮茶法为核心的一整套茶艺技术，强调了艺茶时的美学、意境和氛围。

②将人的精神与茶事相结合，强调人的品格和思想情操，注重人茶合一。

③奠定了将茶事活动与儒、道、佛思想文化相结合的中国茶道精神基本框架。

④将茶道精神与自然山水相联系，强调茶人在大自然中抒发心志，以宽广、包容之心去接纳万物。

⑤文人以茶作诗，记茶喻志，大量茶诗问世。

（四）宋代茶文化的兴盛　（公元960—1279年）

宋代茶文化进一步向上向下拓展。在文人中出现了专业品茶社团，有官员组成的"汤社"、佛教徒的"千人社"等。宋代人拓宽了茶文化的社会层面和文化形式，茶事十分兴旺，但茶艺走向繁复、琐碎、奢侈，失去了唐代茶文化的思想精神。

1. 皇帝写茶书

宋太祖赵匡胤是位嗜茶之士，在宫廷中设立茶事机关，宫廷用茶已分等级。茶仪已成礼制，赐茶已成皇帝笼络大臣、眷怀亲族的重要手段，还赐给外国使节。宋太宗太平兴国年间（公元976年）开始在建安（今福建建瓯）设宫焙，专造北苑贡茶，从此龙凤团茶有了很大发展。

宋徽宗赵佶在大观元年间（公元1107年）亲著《大观茶论》一书，以帝王之尊，倡导茶学，弘扬茶文化。这部茶论虽然只有2800多字，内容却非常广泛，首为绪论，次分地产、天时、采择、蒸压、制造、鉴辨、白茶、罗碾、盏、筅、瓶、勺、水、点、味、香、色、藏焙、品名、外焙共20目。《大观茶论》详述茶树的种植、茶叶的制作、茶品的鉴别，对于地宜、采制、烹试、品质等，讨论相当切实。

在宋代茶叶著作中，比较著名的有叶清臣的《述煮茶小品》、蔡襄的《茶录》、宋子安的《东溪试茶录》、沈括的《本朝茶法》、赵佶的《大观茶论》等，还有至今都不知其真实姓名的隐士审安老人的《茶具图赞》。

2. 别具一格的贡茶

北宋太平兴国初，为有别于民间产茶，特置"龙凤模"，以龙凤为型，制成团茶，即历史上有名的"龙团凤饼"，色、香、味均为上品，名冠天下。当时的"大小龙团"为宋代著名贡茶。"大龙团"每八饼为一斤（1斤＝500克），创制人为丁谓，江苏苏州人；小龙团二十饼为一斤，创制人为蔡襄，福建仙游人。两人均在福建督造贡茶任上时创制。

蔡襄（公元1012—1067年），字君谟，北宋著名书法家，为"宋四家"之一。蔡襄以督造小龙团茶和撰写《茶录》一书而闻名于世，且《茶录》本身就是一件书法杰作。苏东坡在《荔枝叹》中讥刺道："君不见：武夷溪边粟米芽，前丁后蔡相笼加。争新买宠各出意，今年斗品充官茶。"

民间茶文化更是生机活泼，王安石："夫茶之用，等于米盐，不可一日以无"。有人迁徙，邻里要"献茶"；有客来，要敬"元宝茶"；订婚时要"下茶"，结婚时要"定茶"，同房时要"合茶"等。

3. 斗茶品、行茶令、茶百戏

斗茶，唐代称"茗战"，宋代称"斗茶"，即比赛茶的好坏之意。斗茶源于唐代，而盛于宋代。它是在茶宴基础上发展而来的一种风俗。以茶代酒宴请宾客始于三国吴孙皓"密赐茶荈以代酒"，但不是正式的茶宴。茶宴的原型是《晋书·桓温传》里记载的东晋大将军桓温每设宴"唯下七奠茶果而已"。南北朝时期，山谦之《吴兴记》有"每岁吴兴、毗陵二郡太守采茶宴于此"。

"茶宴"一词正式出现。

每年春季新茶制成后，茶农、茶客们开展比新茶优劣排名顺序的一种比赛活动。

宋徽宗赵佶《大观茶论》记述造诣最深、描述最精者，还是程序繁复、要求严格、技巧细腻的宋代斗茶。

斗茶需要了解茶性、水质及煎后效果。宋代范仲淹有首《斗茶歌》说得好："斗茶味兮轻醍醐，斗茶香兮薄芝兰，其间品第胡能欺，十目视而十手指"。

斗茶品：二人或多人共斗，斗茶茶品以"新"为贵，斗茶用水以"活"为上。

斗茶胜负的决定标准：一是斗色，二是斗水痕。

斗色：看茶汤汤色和汤花的均匀度。汤色即茶水的颜色，标准是以纯白为上，青白、灰白、黄白者稍逊。汤色能反映茶的采制技艺，茶汤纯白，表明采茶肥嫩，制作恰到好处；色偏青，说明蒸茶火候不足；色泛灰，说明蒸茶火候已过；色泛黄，说明采制不及时；色泛红，则说明烘焙过了火候。汤花是指汤面泛起的泡沫。决定汤花的色泽与汤色密切相关，因此汤花的色泽也以鲜白为上。

斗水痕：汤花泛起后，看茶盏内的汤花与盏内壁相接处水痕出现的早晚，早者为负，晚者为胜。可以"紧咬"盏沿，久聚不散，这种最佳效果，名曰"咬盏"。

斗茶时所使用的茶盏是黑色的，它更容易衬托出茶汤的白色，茶盏上是否附有水痕也更容易看出来。宋徽宗曾说："盏以青绿为贵，兔毫为上。"因此，当时福建生产的兔毫盏、黑釉茶盏最受欢迎。

公元 970 年出现"注汤幻茶"——茶百戏。将装有茶末的茶盏注入少量沸水调成糊状，再注入沸水用茶筅搅动，茶末上浮，形成粥面。在茶盏搅拌"击拂"时，茶汤表面泛起之乳花，给文人茶人以想象创造的灵感。善于分茶之人，可以利用茶碗中的水脉，创造许多善于变化的书画来，此茶之变也，时人谓之茶百戏，又称水丹青。北宋初年陶《清异录》有记载："近世有下汤运匕，别施妙诀，使茶纹水脉成物象者，禽兽虫鱼花草之属纤巧如画，但须臾即就幻灭。"浙东僧人福全是分茶高手，他作诗曰："生成盏里水丹青，巧画工夫学不成，欲笑当年陆鸿渐，煎茶赢得好名声。"

与点茶相比，"分茶"更有一种淡雅的文人气息。杨万里《澹庵坐上观显上人分茶》说："煎茶不似分茶巧"、"怪怪奇奇真善幻"。分茶成功与否与茶汤的泡沫有很大关系。梅尧臣《以韵和永叔尝新茶杂言》载"银瓶煎汤银梗打，粟粒铺面人惊嗟"，说的是使用银质汤瓶煎汤，使用银质的梗棒击搅，使得茶汤的表面形成小米粒般的泡沫。蔡襄在《茶录》中就介绍了茶匙："茶匙要重，击拂有力。黄金为上，人间以银铁为之。竹者轻，建茶不取。"

要创造出点茶的最佳效果，一要注意调膏，二要有节奏地注水，三是茶筅击拂需视情况有轻重缓急的运用。只有这样，才能点出最佳效果的茶汤来。而这种高明的点茶能手，被称为"三昧手"。北宋苏轼《送南屏谦师》诗曰："道人晓出南屏山，来试点茶三昧手"，说的就是这个意思。

被称为"中国茶百戏现代第一人"的章志峰毕业于福建农学院（福建农林大学前身）茶学系。自 1984 年以来一直致力于茶文化研究和交流，多年来通过对团饼茶制作、抹茶加工和分茶技巧的几百次试验，终于初步恢复了茶百戏，现已被列为武夷山非物质文化遗产。

茶令是宋代斗茶的演变产物，行茶令所举故事及吟诗作赋皆与茶有关。茶令如同酒令，用以助兴增趣。宋代人唐庚《斗茶记》记载，斗茶之初乃是"二三人聚集一起，煮水烹茶，对斗品论长道短，决出品次"。随着斗茶之风遍及朝野，尤其是文人更为嗜好，斗茶由论水道茶演变出一种新的形式和内容，即行茶令。

茶令的首创者当推著名的女词人李清照。茶令之行，让女词人李清照在中国的茶文化上浓浓地添上了一笔。李清照（公元 1084—1155 年），号易安居士，她与金石考据学家赵明诚结为伉俪后，以才智协助赵明诚编撰《金石录》。李清照博闻强记、才思敏捷，在夫妇诗词唱和中颇为自负，忽发奇想赌书泼茶，通过行一种与酒令之行大相径庭的茶令，互考经中典故，赢者可先饮茶一杯，输则后饮茶。以后在江南地区盛行起来。

茶会时，由一人作令官，令在座者如令行事，失误者受罚。南宋龙图阁学士王十朋，精文通诗，又好茶令，他曾在诗中写道："搜我肺肠著茶令"，还介绍行茶令的形式，注道："余归，与诸子讲茶令，每会茶，指一物为题，各举故事，不通者罚。"

4. 各种茶饮方式的兴盛

宋代民间饮茶最典型的是在南宋时期的临安（今杭州）。宋代喝茶的地方称茶坊、茶肆、茶楼。茶肆多招雇熟悉茶技艺人，称为"茶博士"。

宋代风俗，"客至则啜茶，去则啜汤"，一般茶坊中都会备有各种茶汤供应顾客。南宋临安的大茶坊"四时卖奇茶异汤"，据《武林旧事》载，茶坊中所卖的冷饮有甜豆沙、椰子酒、豆儿水、鹿梨浆、卤梅水、姜蜜儿、木瓜汁、沉香水等。妇孺皆知的《水浒传》中提及的茶汤亦是多姿多彩。《水浒传》中西门庆想见潘金莲，到隔壁王婆（王干娘）处喝茶，他们精彩的对话中提到了含有深意的四种茶汤："梅汤（乌梅十茶）、姜茶、宽煮叶儿茶、合汤（一种甜茶）"。

（1）绣茶艺术　绣茶艺术是宫廷内的秘玩。据南宋周密的《乾淳风时记》中记载，在每年仲春上旬，北苑所贡的第一纲茶就列到了宫中，这种茶的包装很精美，共有百夸，都是用雀舌水芽所造。据说一只可冲泡几盏。大概是太珍贵的缘故，一般舍不得饮用，于是一种只供观赏的玩茶艺术就产生了。这种绣茶方法，据周密记载为："禁中大庆会，则用大镀金，以五色韵果簇龙凤，谓之绣茶，不过悦目。亦有专其工者，外人罕见。"

（2）漏影春玩茶艺术　漏影春玩茶艺术是先观赏，后品尝。漏影春的玩法大约出现于五代或唐末，到宋代时，已作为一种较为时髦的茶饮方式。宋代陶谷《清异录》中比较详细地记录了这种做法：漏影春法，用镂纸贴盏，糁茶而去纸，伪为花身。别以荔肉为叶，松实、鸭脚之类珍物为蕊，沸汤点搅。绣茶和漏影春是以干茶为主的造型艺术，相对于此，斗茶和分茶则是一种茶叶冲泡艺术。

5. 茶马互市

《新唐书·陆羽传》中载："羽嗜茶，著经三篇，言茶之源、之法、之具尤备，天下益知饮茶矣……其后尚茶成风，时回纥入朝始驱马市茶"。

中国古代有以官茶换取青海、甘肃、四川、西藏等地少数民族马匹的政策和贸易制度。茶马交易，最早出现于唐代，但直到宋代才成为定制。宋神宗熙宁七年（公元1074年）行茶马法，于成都置都大提举茶马司主其政。

（五）元代茶文化的延续　（公元1206—1368年）

元代时期茶文化的发展并不如唐宋时期，这与元代时的社会经济与统治文化有一定的关联。一方面，北方少数民族虽喜欢茶，但主要是出于生活、生理上的需要，从文化上却对品茶煮茗之事兴趣不大；另一方面，汉族文化人面对故国破碎，异族压迫，也无心再以茶事表现自己的风流倜傥，而希望通过饮茶表现自己的情操，磨砺自己的意志。在茶文化中这两种思潮却暗暗契合，形成元代茶文化的特征：一是茶艺简约化，返璞归真；二是茶文化精神与自然契合，以茶表现自己的苦节。

元代官府编印《农书》、《农桑辑要》中，把茶树栽培和茶叶制造作为重要内容来介绍。这表明元代统治者对茶业还是支持和倡导的。元代在茶叶生产上的另一成就是用机械来制茶叶，据元代王祯《农书》记载，当时有些地区采用了水转连磨，即利用水力带动茶磨和椎具碎茶，显然较宋代的碾茶又前进了一步。《农书》所载的蒸青技术，虽已完整，但尚粗略。

元代没有产生茶学专著，涉茶的诗词、文章也很少，只有极个别的文人的茶诗、茶画比较有名。如赵孟頫的《斗茶图》中仍然是一派宋代时的景象。蒙族文人耶律楚材的诗十分明白地表达了自己的饮茶审美观："积年不啜建溪茶，心窍黄尘塞五车。碧玉瓯中思雪浪，黄金碾畔忆雷芽。卢仝七碗诗难得，谂老三瓯梦亦赊。敢乞君侯分数饼，暂教清兴绕烟霞。"

元代茶饮中，除了民间的散茶继续发展、贡茶仍然延用团饼之外，在烹煮和调料方面有了新的方式产生，这是蒙古游牧民族的生活方式和汉族人民的生活方式相互影响的结果。在茶叶饮用时，特别是在朝廷的日常饮用中，茶叶添加辅料，似乎已经相当普遍。元代忽思慧在《饮膳正要》中集中地记述了当时的各种茶饮。与加料茶饮相比，汉族文人们的清饮仍然占有相当大的比例。在饮茶方式上他们也与蒙古人有很大的差别，他们仍然钟情于茶的本色本味，钟情于古鼎清泉，钟情于幽雅的环境。

（六）明代和清代茶文化的普及 （公元 1368—1911 年）

如果说我国的茶叶生产和饮茶的第一个高峰期是唐代的话，那么宋代则是第二个高峰期，明清则是第三个高峰期。从明代开始，被元蒙时代冷落的茶叶生产和饮茶得以复兴与昌盛。传统的茶学、茶业及至茶文化，经过宋、元时期的社会动荡，发生了很大的变化，形成了自己的特色。

1. "茶马司"的设立

朝廷明初于洮（今甘肃临潭）、秦（今甘肃天水）、河（今甘肃临夏）、雅（今四川雅安）等州设立了"茶马司"。清代于陕西、甘肃皆置茶马司，有大使、副使等官，清初又曾于陕、甘二省置御史专管其事，通称茶马御史，负责管理与北方民族用茶换马匹等事宜。这就意味着茶叶生产关系到对外贸易和军队建设，非同于一般的为满足饮茶消遣与作乐了。

2. 茶类的新发展

明代是我国制茶历史的变革时期。明代茶业在技术革新、各种茶类的全面发展以及名茶的繁多上形成了自己的时代特色。明太祖朱元璋在洪武二十四年（公元 1391 年）9 月发布诏令，废团茶，兴叶茶。从此贡茶由团饼茶改为芽茶（散叶茶）。

明清两代在散茶、叶茶发展的同时，其他茶类也得到了全面发展。包括黑茶、花茶、青茶和红茶等。如黑茶，洪武初年在四川便有生产，后来随茶马交易的不断扩大，至万历年间，湖南许多地区也开始改产黑茶。至清代后期，黑茶已成为湖南安化的一种特产。

开始摒弃唐宋时期以来对茶叶加工的做法，提倡制作"精于炒焙，不损本真"的"炒青法"，重视茶叶原有的香气和滋味。始于宋代的花茶，经过了元蒙时期的冷落，到明代又得到提倡。如朱权《茶谱》、钱椿年《茶谱》等茶书中记载，明代除了用茉莉窨花之外，更扩展到用木樨玫瑰、蔷薇、兰蕙、橘花、栀子、木香、梅花和莲花等十多种花来作为窨茶香源，也使花茶得到普及。

明代《事物绀珠》提到的名茶有 97 种之多，而且遍及从云南到山东的广大地域，基本各个地区都有自己的主要茶叶产地和代表名茶，从而也奠定了中国近代茶文化的大致格局和风貌。

3. 饮茶的器具之美

明代饮散茶成为主流。散茶因为易冲泡、操作简单而成为普通百姓日常生活中不可缺少的一部分。饮茶方法虽然简化了，但因为泡茶法对茶量、水温等十分讲究，故而对沏茶的重要器物——茶壶有了更高的要求。紫砂壶就这样兴盛起来，而且形成了不同的流派，成为了一门独立的艺术。明代万历年间，紫砂壶的制造出现了许多名家，如董翰、赵梁、元畅、时朋"四家"，后又出现时大彬、李仲芳、徐友泉"三大妙手"。紫砂艺术的兴起也是明代茶叶文化的一个丰硕果实。

茶盏也由黑釉瓷变成了白瓷和青花瓷，目的是更好地衬托茶的色彩。明代除了生产白瓷的定窑、汝窑、官窑、哥窑、宣德窑等各领风骚外，景德镇的青花茶具异军突起，达到了一个高峰，在青花的基础上，成化年间又创造出平彩；嘉靖万历年间又创造出五彩、填彩等新瓷。景德镇的这些瓷器烧制技术主要就是在制作茶具中发展起来的。

在明代，陶瓷茶具、紫砂茶具、金属质茶具等种类非常多，很多茶具上都刻有铭文，作装饰用，且越来越多的文人雅士都喜爱这样的茶器，很多爱茶人士都有一套自己钟爱的饮茶器具。

4. 品饮方式的艺术性

明代人的饮茶艺术性表现在追求饮茶环境美，这种环境包括饮茶者的人数和自然环境。正如罗廪《茶解》中所说的"山堂夜坐，吸泉煮茗，至水火相战，如听松涛，清芬满怀，云光潋滟。此时幽趣，故难与俗人言矣。"明代以自然为茶的美，山、石、松、竹、烟、泉、云、风、鹤等字频繁出现，对于自然环境，则最好在清静的山林、俭朴的柴房、清溪、松涛，无喧闹嘈杂之声。

对饮茶的人数有：一人得神，二人得趣，三人得味，七八人是施茶之说。田艺蘅《煮泉小品》专有"宜茶"一章，对饮茶环境及茶人做了规定："茶如佳人，此论虽妙，但恐不宜山林间耳。……若欲称之山林，当如毛女麻姑，自然仙风道骨，不浇烟霞可也。必若桃脸柳腰，宜亟屏之销金帐中，无俗我泉石"。

明代人饮茶崇尚天趣，因而很重视对泉水的选择，张大复《梅花草堂笔谈》中认为："茶性必发于水，八分之茶，遇十分之水，茶亦十分矣。八分之水，试十分之茶，茶只八分耳。"许次纾《茶疏》认为："精茗蕴香，借水而发，无水不可与论茶也"。明泡茶用水要求很高，认为宜茶之水应清洁、甘洌。

为求好水，可以不辞千里，如李梦阳《谢友送惠山泉》诗中写到："故友何方来，来自锡山谷。暑行四千里，致我泉一斛"。所以明代人有"不易致茶，尤难得水"之说。

5. 泡茶道形成

明代末期和清代中期，一些茶学专家，如张源、许次纾、程用宾、张岱、袁枚等人在他们的茶著中发扬了泡茶茶艺，总结出撮泡（烹茶用细茗置茶瓯，以沸汤点之）、壶泡和工夫茶等形式的泡茶道。撮泡法在明代使用无盖的盏、瓯来泡茶，清代在宫廷和豪门富户中用有盖和托的盖碗冲泡，便于保温、端接和品饮。

6. 茶馆盛行

明清之际，特别是清代，中国的茶馆作为一种平民式的饮茶场所，如雨后春笋，发展很迅速。茶馆盛行也充分说明茶已经"飞入寻常百姓家"，成为普通百姓喜爱认可的饮品了。

清代是我国茶馆的鼎盛时期。据记载，仅北京有名的茶馆已达 30 多座，清代末期上海更多，达到 66 家。在康乾时期，仅杭州城内，就有大小茶馆 800 多家。

茶馆里，茶客一边品茶，一边赏戏听曲或听书，得到充分的艺术熏陶，客主同乐，气氛活跃。茶馆有时还兼赌博场所，再者，茶馆有时也充当"纠纷裁判场所"，这就是"吃讲茶"，邻里乡间发生了各种纠纷后，双方常常邀上主持公道的长者或中间人，至茶馆去评理调解，以求圆满解决。

7. 对外贸易兴盛

1610 年荷兰人自澳门贩茶，并转运入欧洲。1618 年，明代皇朝派钦差大臣入俄，并向俄皇馈赠茶叶。1657 年中国茶叶在法国市场销售。

康熙八年（公元 1669 年）荷兰东印度公司开始直接从万丹运华茶入英。康熙二十八年（公元 1689 年）福建厦门出口茶叶 150 担（1 担 = 50 千克），开中国内地茶叶直接销往英国市场之先河。

1690 年中国茶叶获得美国波士顿出售特许执照。1773 年波士顿人为抑制英国强行倾销东印度公司积压的茶叶，发动了著名的"波士顿倾茶事件"，从而揭开了美国独立战争的序幕。1783 年美利坚合众国宣告独立。

光绪三十一年（公元 1905 年）中国首次组织茶叶考察团赴印度、锡兰（今斯里兰卡）考察茶叶产制，并购得部分制茶机械，宣传茶叶机械制作技术和方法。

1896 年福州市成立机械制茶公司，是中国最早的机械制茶业。

8. 嗜茶如命的乾隆皇帝

乾隆皇帝一生与茶结缘，品茶鉴水有许多独到之处，也是历代帝王中写作茶诗最多的一个。有几十首御制茶诗存世，他晚年退位后，还在北海镜清斋内专设"焙茶坞"，悠闲品茶。

9. 清代小说蕴含丰富的茶文化

据统计，明、清两代共出茶书 66 种，而唐、宋、元三代仅为 32 种，中国茶文化在明清时期仍是高峰。

诗文、歌舞、戏曲等文艺形式中描绘茶的内容很多。清代是我国小说创作极为繁荣的时期，不但数量大，而且反映了清代政治、经济以及文化的各个方面。在众多小说话本如《镜花缘》、《儒林外史》、《红楼梦》等中，茶文化的内容都得到了充分展现，成为当时社会生活最为生动、形象的写照。

《清稗类钞》由清末民初的徐珂编著。该书记载清代茶事辑录有 54 则之多，如"端茶送客"、"请上坐泡好茶"、"茶礼"、"合合茶"、"新妇端茶敬客"、"叶仰之嗜茶酒"、"茶癖"、"烹茶须先验水"、"以花点茶"、"祝斗岩咏煮茶"、"李客山与客啜茗"、"杨道士善煮茶"、"静参品茶"、"吴我鸥喜雪水茶"、"宋燕生饮猴茶"、"邱子明嗜工夫茶"、"某富翁嗜工夫茶"、"顾石公好茗饮"、"孙月泉饮普洱茶"、"以松柴活火煎茶"、"茶肆品茶"、"茗饮时食肴"、"长沙人食茶"。

（七）民国时期 （公元 1911—1949 年）

这时期我国大量外派茶学专业人员到国外考察茶学知识，其中吴觉农就是最有代表性的一代茶叶大师。这时期的中国茶叶在战争状态下起到了非常重要的作用，中国远征军由陈诚将军指挥的很多战场都是靠茶叶代替药物完成药物紧张的使命。

（八）现代茶业再现辉煌 （公元 1949 年至今）

新中国成立后，政府高度重视经济复苏，茶叶生产有了飞速发展，我国的茶园面积 260 多万公顷，年产量近 200 万吨，均占世界第一位，出口量占世界第二位。

改革开放以后，茶文化开始复兴，以中国茶文化为核心的东方茶文化在世界范围内掀起一个热潮，而且内涵更为博大精深。它既有人文历史，又有科学技术；既有学术理论，又有生活实践；既有传统文化，又有推陈出新，这是继唐宋时期以来，茶文化出现的又一个新高潮，被称为"再现辉煌期"。它主要表现在以下五个方面。

1. 茶产业大发展

茶及茶衍生品呈多元化格局，茶叶生产、精深加工、出口、茶文化、茶包装、茶馆业、茶休闲、茶旅游产业正在大踏步全面推进。茶叶生产的快速发展，促进了相关文化的兴起，近年来兴起的茶旅游文化、陶瓷文化、茶与歌舞、茶与诗词、茶与书画、茶与音乐、茶与摄影等，特别是禅茶文化的兴起令人鼓舞。

2. 茶艺交流蓬勃发展，茶馆业兴旺发达

20 世纪 80 年代末以来，茶艺交流活动在全国各地蓬勃发展，特别是城市茶艺活动场所迅猛涌现，使茶艺馆已成为一种新兴产业，全国有茶艺馆 7 万余家，茶艺师也于 1999 年成为一种新兴职业。因此茶文化的弘扬必然拉动相关文化的兴旺，并且相互融合、相得益彰。

3. 文化节和国际茶会不断举办

每年许多省市都举办规模不等的茶文化节和国际茶会或学术研讨会，有的活动是定期举行的，如西湖国际茶会、上海国际茶文化节、武夷岩茶节、普洱茶国际研讨会、法门寺国际茶会等，都已经举办过多次。有的从茶文化不同侧面举办专题性国际学术研讨，如中国杭州和上海，美国、日本、韩国等相继围绕以茶养生专题举行"茶－品质－人体健康"等学术研讨会，这种茶学界与科研、医学界的对话，充分显示了茶学与医学相结合所取得的可喜成果。

4. 茶文化教研机构相继建立

目前，中国已有多所农业院校设有茶学专业，培养茶业专门人才，有的高等院校还设有茶文化专门课程或茶文化研究所。在一些主要的产茶区也设有相应的省级茶叶研究所。除了原有综合性博物馆有茶文化展示外，上海"当代茶圣"吴觉农纪念馆、四川茶叶博物馆、杭州中国茶叶博物馆等一批博物馆舍也相继建成。

同时，世界茶文化，特别是东方茶文化的发展也已进入一个新的发展时期。日本的中国茶沙龙和日本中国茶协会，韩国的韩国茶道协会、韩国茶人联合会和韩国陆羽茶经研究会，以及北美茶科学文化交流协会等茶文化团体应运而生。它们与业已存在的各国茶文化团体一起积极活动，为茶文化的普及和提高做出了积极的贡献。

1982 年，在杭州成立了第一个以宏扬茶文化为宗旨的社会团体——茶人之家，1983 年湖北成立"陆羽茶文化研究会"，1990 年"中国茶人联谊会"在北京成立，1993 年"中国国际茶文化研究会"在湖州成立。

5. 茶文化书刊推陈出新

一些专家学者对茶文化进行了系统、深入的理论研究，已出版了数百种茶文化专著。许多省市在举办茶文化节和茶文化研讨会等重大活动中都把论文编辑成书出版。同时众多茶文化专业期刊和报纸报道信息、研讨专题，使茶文化活动具有较高文化品位和理论基础。如江西省社会科学院《农业考古》编辑部从 1991 年起每年出版两期"中国茶文化专号"，每期 80 万字左右，在海内外茶文化界有较大影响。北京中华茶人联谊会的《中华茶人》、杭州的《茶博览》、上海的《茶报》（2005 年更名为《上海茶业》）还有各省市茶叶学会及茶文化社团编辑的茶刊也大量刊登茶文化、茶科技、茶经济的文章。

第三节　茶与文学艺术

悠悠五千载，茶香润汗青，我国茶文化博大精深的内涵，反映在几千年来浩如烟海的文学艺术领域，包括诗词、绘画、音乐、歌舞及故事、传说之中。

汉代文人倡饮茶之举为茶进入文化领域开了个头。茶以文化面貌出现，其起缘要追溯到汉代四川人王褒所写的《僮约》、西汉四川人司马相如曾作《凡将篇》、杨雄作《方言》，一个从药用、一个从文学角度谈到茶。

两晋南北朝最早喜好饮茶的多是文人雅士，在我国文学史上，晋代诗人杜育的《荈赋》是中国最早的茶诗赋作品，《荈赋》标志着中国茶道文化的萌芽。西晋文学家左思的《娇女诗》生动地描绘了煮茶的场景；晋代张载曾写《登成都楼》："芳茶冠六情，溢味播九区"，说明了茶饮的功能和传播。

而到南北朝时，几乎每一个文化、思想领域都与茶套上了关系。在政治家那里，茶是提倡廉洁、对抗奢侈之风的工具；在词赋家那里，茶是引发思维以助清兴的手段；在释家看来，茶是禅定入静的必备之物。

唐代是以僧人、道士、文人为主的茶文化。在唐代茶文化的发展中，文人的热情参与起了重要的推动作用，文人们以茶会友、以茶传道、以茶兴艺，使茶饮在文人生活中的地位大大提高，使茶饮的文化内涵更加深厚。唐代诗歌中的茶诗创作作品成了研究中国茶叶历史的宝贵资料。

宋代的茶文化特点，一方面是宫廷茶文化的出现，另一方面是市民茶文化和民间斗茶之风的兴起。宋代茶文化的发展，在很大程度上受到宫廷皇室的影响，无论其文化特色，还是文化形式，都或多或少地带上了一种贵族色彩。宋代著名茶人大多数是著名文人，他们加快了茶与相关艺术融为一体的过程，使茶文化的内涵得以拓展，成为文学、艺术等纯精神文化直接关联的部分。

元代的文人们，特别是由宋入元的汉族文人，在茶文化的发展历程中，仍然具有突出的贡献。汉族文人和不少蒙族文人热衷清饮，同时，在茶叶饮用时，特别是在朝廷的日常饮用中，茶叶添加辅料，似乎已经相当普遍。

明代茶叶生产方式和茶叶饮用方式发生了很大的变化，明代茶文化有两个特点：一是饮茶简约化；二是文人在饮茶中将茶文化精神与自然契合，以茶表现自己的苦节，有意识地追求一种自然美和环境美。

清代饮茶之风进一步从文人雅士、骚人墨客所创造的小圈子里走出来，真正踏进寻常巷陌，走入了千家万户，形成我国茶馆的鼎盛时期。

一、陆羽与《茶经》

陆羽一生嗜茶，精于茶道，以著世界第一部茶叶专著《茶经》闻名于世，对中国和世界茶业发展作出了卓越贡献，被尊为"茶仙"、"茶圣"，祀为"茶神"。

北宋诗人陈师道在《茶经序》中写道："夫茶之著书，自羽始；其用于世，亦自羽始。羽诚有功于茶者也。上自宫省，下迨邑里，外及戎夷蛮狄，宾祀燕享，预陈于前。山泽以成市，商贾以起家，又有功于人者也。"这对陆羽一生在茶文化发展上的贡献，所做的评断应是相当公允的。

陆羽是茶学的创立者。他遍访长江、淮河、珠江流域绵亘数千里的产茶区，足迹踏遍产茶 32 个州郡。他跋山涉水，四处云游，深入江苏、浙江、江西等各主要茶区进行调查研究，将游历考察时的所见所闻，随时记录下来，丰富了茶叶知识与技能，是他日后撰写《茶经》的主要依据。

陆羽不仅是一位茶学家，在《全唐诗》、《全唐文》和《唐才子传》等许多文化典籍中，都收有他的作品和《传记》；所以，他同时还是一位才学逸群的文学家、史学家和地理学家。陆羽生性淡泊，清高雅逸，喜欢与文人雅士交游，《全唐诗》中搜录了陆羽写的《六羡歌》："不羡黄金罍，不羡白玉杯，不羡朝入省，不羡暮登台，千羡万羡西江水，曾向竟陵城下来。"由诗可看出陆羽淡泊名利的处世态度。皇帝两次召他做官，曾诏拜羽为太子文学，又徒太常寺太祝，都被拒绝。

（一）陆羽生平

陆羽（公元 733—804 年），唐代竟陵（今湖北天门）人。

据《新唐书》记载：陆羽，字鸿渐，一名疾，字季疵，复州竟陵人。不知所生，或言有僧得诸水滨，畜之。既长，以《易》自筮，得《蹇》之《渐》，曰："鸿渐于陆，其羽可用为仪。"

陆羽的前半生经历受到了 4 个人的重大影响，即两僧两吏：两僧为智积和皎然，两吏为李齐物和崔国辅。在隐居期间，他与诗僧皎然、隐士张志和等人，交往甚密，成为莫逆。

1. 身世坎坷

唐朝开元二十三年（公元 735 年）中秋节的第二天，竟陵（今湖北省天门市）龙盖寺的智积禅师发现在一座小石桥下一群大雁遮护着一个哭泣的婴儿，于是将他带回了寺院。智积禅师以《周易》为小孩子占了一卦，卜得蹇卦，又演为渐卦，卦曰："鸿渐于陆，其羽可用为仪。"乃取姓为"陆"，取名为"羽"，又以"鸿渐"为他的字。

龙盖寺的住持智积禅师，人称积公。因积公是个茶癖，教陆羽的第一件事就是服侍自己与宾客饮茶，没有多久，小陆羽就对茶叶的掌故、传说、种种用途了如指掌，并渐渐掌握了炙茶烹茶的技艺，天长日久，大有"青出于蓝而胜于蓝"之势，深得积公的赞许和喜爱。传说后来陆羽离开积公之后，积公深念陆羽所煎茶味，别人煮的茶再好他都觉得不好，从此不再饮茶。这件事让代宗知道了，不大相信。永泰元年（公元 765 年）春天，著名的顾渚贡茶送至宫中，代宗下旨让积公入宫，传旨宫中煎茶能手奉上御赐紫笋茶一杯，积公轻呷一口，顿觉徒有馨香，失之鲜醇，积公说饮惯陆羽煎的茶，旁人煎的感到淡薄如水。代宗于是密召当时已隐居苕溪的陆羽进宫，煎茶送给积公品尝，积公品后，只觉肺腑空灵、物我融和、心旷神怡，激动地说："一定是渐儿煮的！"

在龙盖寺的日子里，积公本想让他剃度皈依，可是他感兴趣的是儒学，与积公闹翻了，小陆羽终于逃出了龙盖寺，开始了流浪生活。小陆羽加入了一个戏班，四处演出，渐渐成为了竟陵四乡一个参军戏的名角。并且慢慢自己编脚本和唱词，有著名的《谑谈》三篇，是参军戏最早见于文字记载的"台词脚本"，《中国戏曲发展史纲要》中"参军戏"一节的材料就是从陆羽演此戏写起的。陆羽还曾专门撰写探讨古代戏剧史、戏剧制度的《教坊录》一书。天宝五年（公元 746 年）春天，竟陵郡给新任太守洗尘，特聘陆羽为"伶正之师"组织演出，陆羽还亲自登台演出了参军戏，小陆羽表现出了非凡的戏剧才能与组织才能，得到了新任太守李齐物的赞赏。

2. 学子生涯

玄宗天宝五年（公元 746 年），河南府尹李齐物慧眼识才，决定将陆羽留在郡府里，不但赠他诗书，还亲自教授他诗文。此时的陆羽，才真正开始了学子生涯，这对陆羽后来能成为唐代著名文人和茶叶学家，有着不可估量的意义。

后来河南府尹李齐物推荐陆羽到火门山的邹夫子那里学习，学经业儒，遂了多年的心愿。邹夫子和积公一样嗜茶成癖，陆羽的煮茶技艺深得他的喜爱，还特地请来好友在火门山下凿了一眼泉，该泉水质绝佳，清澈澄明、甘洌醇厚，是煎茶的好用水。十九岁时陆羽学成下山。

天宝十一年（公元 752 年），陆羽师从邹夫子五年返回竟陵城后不久，与被贬至竟陵的前礼部员外郎、颇享诗名的崔国辅成为了忘年之交，得到了不少熏陶与指导。天宝十四年（公元 755 年），陆羽第一次向崔大夫表明了自己的志向：立志茶学研究，写一部关于茶的专著。随后陆羽开始了他的第一次周游考察。清明前夕抵达河南义阳，跑遍了义阳茶的主要产地"五山两潭"：车云山、震雷山、云雾山、天云山、脊云山、黑龙潭、白龙潭，清明之后，他过义阳，入光州（今河南潢川、光山一带），然后又东出舒州，南下黄州，北上泰州，考察了淮南茶区的生产情况。次年春天，陆羽又登上巴山，见到了声誉远播的"真香茗"。带着沿途采集的茶树标本，陆羽回到竟陵，定居于东冈岭，在这幽静之地潜心整理出游所得。不久安史之乱爆发，陆羽南下避难，遍历长江中下游和淮河流域各地，沿途考察茶树，访问山僧野老，搜集了大量关于采茶制茶的资料。

3. 隐居苕溪

肃宗上元元年（公元760年），陆羽隐居苕溪（今浙江吴兴），自称桑苎翁，又号竟陵子。开始闭门著述，陆羽经常在田野中吟诗徘徊，或以竹击木，或有不称意时，就放声痛哭而归，因此当时人将他比拟作"楚狂人接舆"。肃宗时，曾被任为太子文学，因此有"陆文学"之称，后改任太常寺太祝，陆羽辞官不就。

唐大历八年（公元773年）十月，陆羽在浙江省湖州市杼山妙喜寺东南建立"三癸亭"，陆羽以癸丑岁癸亥月癸卯日建亭，遂取名为三癸亭。唐代释僧皎然的《奉和颜使君真卿与陆处士羽登妙喜寺三癸亭》诗题中，也说："亭即陆生所创"。

建中元年（公元780年），陆羽所著《茶经》一书在颜真卿、皎然等朋友们的帮助下得以梓行。贞元五年（公元789年），陆羽西入江西，寓居于上饶城北东冈，自号东冈子。他在屋外开辟茶园，凿泉取水，后人称他所凿的泉为陆羽泉，唐天祐年间在此建茶山寺。贞元八年（公元792年），陆羽回到了他的第二故乡湖州，闭门著书，三年间写成《吴兴历官记》（三卷）、《湖州刺史记》（一卷）等。贞元末（公元804年）的冬天，绝代茶圣终老于青塘别业，被安葬于湖州杼山。

《茶经》的问世确立了陆羽在茶学领域的权威地位，自然受到人们的信服乃至神化，先后被人们称作茶博士、茶仙、茶神、茶圣等，其形象也被人绘画、雕塑，以当作偶像崇拜、祭祀。早在生前陆羽就有茶仙的称号，最早见于其诗友耿湋"一生为墨客，几世做茶仙"的诗句。死后不到二十年陆羽有了"茶神"的尊称。唐李肇《国史补》记载：某刺史视察江南驿务，先到一室，上题"酒库"，门上画一神像是为"杜康"，再到一室上题"茶库"，门上也画一神像，问为何人，答曰："陆羽"。最早的茶神形象有两种：一种是画像，基本贴在墙上，比较固定，如茶库、茶叶店、茶馆、制茶作坊，上自宫廷，下至民间，无例外地祭祀他；另一种是陶瓷像，常供于灶侧，除便于固定供奉外，出门亦可携带，所以在茶贩中广为流传。

（二）《茶经》内容

《茶经》全书十章（分上、中、下三卷）7000多字，上卷3节，即：一之源、二之具、三之造；中卷1节（四之器），下卷6节，即：五之煮、六之饮、七之事、八之出、九之略、十之图。它是一部关于茶叶生产历史、源流、现状、生产技术以及饮茶技术、茶道原理的综合性论著。它既是自然科学著作，又是茶文化的专著，不愧为古代茶叶的"百科全书"。

上卷——一之源：论茶的起源；二之具：论茶的采制工具；三之造：论茶的采制方法。

中卷——四之器：论茶的烹煮用具。

下卷——五之煮：论茶的烹煮方法和水的品第；六之饮：论饮茶的风俗与科学的饮茶方法；七之事：论述古代有关茶事的记载；八之出：论全国的名茶的产地；九之略：论怎样在一定的条件下省略茶叶的采制和饮用工具；十之图：指出《茶经》要写在绢上挂在座前，指导茶叶生产制作。

（三）陆羽《茶经》对茶学的贡献

首先，陆羽《茶经》总结了茶的功用价值，为茶文化的推广传播提供了理论依据。其次，提出了影响茶叶品质的因素，对于提升和正确评审茶叶品质具有推动作用。第三，对饮茶、煮茶方式的总结形成了特定的品饮方法，对于我国茶文化的形成具有重要意义。第四，它比较系统地介绍了唐以前的茶叶生产及茶的饮用状况，是唐代及唐代之前茶叶科学和文化的系统总结；建立了茶学的基本框架结构；直接促进了茶叶生产和饮用的快速发展。第五，奠定我国世界性的茶学地位。由于《茶经》论述周详精辟，著作年代最早，无论是在历史性或实用性的价值上，都有"经典性"不可动摇的地位。

二、茶诗词鉴赏

在中国源远流长的历史长河中，不同的时代、不同的民族、不同的社会环境和自然环境，呈现出茶文化的不同形态。文人儒者往往都把以茶入诗看作高雅之事，这便造就了茶诗、茶词的繁荣。在长期的采茶、制茶活动中，广大茶农用自己的心血浇灌了茶，同时也播下民间艺术的种子，从而产生了茶谚、茶歌、茶戏以及茶的故事、传说。文人多写个人饮茶的感受，民间则重点表现饮茶、制茶、种茶是为了以茶交友，普惠人间的思想。

所谓茶叶诗词，大体上可分为狭义和广义两种。

狭义茶诗是指"咏茶"诗词，即诗词的主题是茶，这种茶叶诗词数量略少。

广义茶诗是指不仅包括咏茶诗词，而且也包括"有茶"的诗词，即诗词的主题不是茶，但是诗词中提到了茶，这种茶叶诗词数量很多。

现在一般讲的都是指广义的茶叶诗词。我国的广义茶叶诗词，据估计，唐代约有500首，宋代多达1000首，再加上金、元、明、清以及近代，总数当在

2000 首以上，可谓美不胜收、琳琅满目。

（一）晋代茶诗

张载的《登成都白菟楼》、孙楚的《出歌》、西晋文学家左思的《娇女诗》、杜育的《荈赋》。

左思《娇女诗》

吾家有娇女，皎皎颇白晰。

小字为纨素，口齿自清历。

有姊字惠芳，眉目粲如画。

驰骛翔园林，果下皆生摘。

贪华风雨中，倏忽数百适。

心为茶荈剧，吹嘘对鼎䥶。

张载《登成都白菟楼》

重城结曲阿，飞宇起层楼。累栋出云表，峣薜临太虚。

高轩启朱扉，回望畅八隅。西瞻岷山岭，嵯峨似荆巫。

蹲鸱蔽地生，原隰殖嘉蔬。虽遇尧汤世，民食恒有余。

郁郁少城中，岌岌百族居。街术纷绮错，高甍夹长衢。

借问杨子舍，想见长卿庐。程卓累千金，骄侈拟五侯。

门有连骑客，翠带腰吴钩。鼎食随时进，百和妙且殊。

披林采秋橘，临江钓春鱼。黑子过龙醢，果馔逾蟹蝑。

芳茶冠六清，溢味播九区。人生苟安乐，兹土聊可娱。

杜育《荈赋》

灵山惟岳，奇产所钟。瞻彼卷阿，实曰夕阳。厥生荈草，弥谷被岗。

承丰壤之滋润，受甘霖之霄降。

月惟初秋，农功少休，结偶同旅，是采是求。

水则岷方之注，挹彼清流；器择陶简，出自东隅；酌之以匏，取式公刘。

惟兹初成，沫成华浮，焕如积雪，晔若春敷。

孙楚《出歌》

茱萸出芳树颠，鲤鱼出洛水泉。

白盐出河东，美豉出鲁渊。

姜桂茶荈出巴蜀，椒橘木兰出高山。

蓼苏出沟渠，精稗出中田。

（二）唐代茶诗

唐代文人们以茶会友，以茶传道，以茶兴艺，使茶饮在文人中的地位大大提高，茶诗、茶词、茶曲、茶歌、茶舞、茶画、茶书法、茶建筑、茶工艺品等异彩纷呈，使茶文化千姿百态，茶饮的文化内涵更加深厚。作为一代之文学的唐诗，也融汇了更多的茶文化内容，反映了更广阔的生活画面。不仅陆羽、皎然、卢仝等终身爱茶者有颇多茶诗，连文坛大诗人李白、白居易、皮日休、陆游等也有茶诗名篇传世。这种流风遗韵，影响到其后。

唐代涉及茶事的诗歌有 400 余篇。

白居易《琴茶》

兀兀寄形群动内，陶陶任性一生间。

自抛官后春多醉，不读书来老更闲。

琴里知闻唯渌水，茶中故旧是蒙山。

穷通行止常相伴，谁道吾今无往还？

卢仝《走笔谢孟谏议寄新茶》

日高丈五睡正浓，军将打门惊周公。

口云谏议送书信，白绢斜封三道印。

开缄宛见谏议面，手阅月团三百片。

闻到新年入山里，蛰虫惊动春风起。

天子须尝阳美茶，百草不敢先开花。

仁风暗结珠琲瓃，先春抽出黄金芽。

摘鲜焙芳旋封裹，至精至好且不奢。

至尊之馀合王公，何事便到山人家？

柴门反关无俗客，纱帽笼头自煎吃。

碧云引风吹不断，白花浮光凝碗面。

一碗喉吻润，二碗破孤闷。

三碗搜枯肠，唯有文字五千卷。

四碗发轻汗，平生不平事，尽向毛孔散。

五碗肌骨清，六碗通仙灵。

七碗吃不得也，唯觉两腋习习清风生。

蓬莱山，在何处？玉川子，乘此清风欲归去。

山上群仙司下土，地位清高隔风雨。

安得知百万亿苍生命，堕在颠崖受辛苦。

便为谏议问苍生，到头合得苏息否？

李白《答族侄僧中孚赠玉泉仙人掌茶》

常闻玉泉山，山洞多乳窟。仙鼠如白鸦，倒悬清溪月。

茗生此中石，玉泉流不歇。根柯洒芳津，采服润肌骨。

丛老卷绿叶，枝枝相接连。曝成仙人掌，似拍洪崖肩。

举世未见之，其名定谁传。宗英乃禅伯，投赠有佳篇。

清镜烛无盐，顾惭西子妍。朝坐有余兴，长吟播诸天。

元稹《一字至七字诗·茶》

茶，

香叶，嫩芽，

慕诗客，爱僧家。

碾雕白玉，罗织红纱。

铫煎黄蕊色，碗转曲尘花。

夜后邀陪明月，晨前命对朝霞。

洗尽古今人不倦，将至醉后岂堪夸。

杜甫《重过何氏五首》

落日平台上，春风啜茗时。

石阑斜点笔，桐叶坐题诗。

翡翠鸣衣桁，蜻蜓立钓丝。

自逢今日兴，来往亦无期。

韦应物《喜园中茶生》

洁性不可污，为饮涤尘烦；此物信灵味，本自出山原。

聊因理郡馀，率尔植荒园；喜随众草长，得与幽人言。

寺院出身的"茶圣"陆羽，经常亲自采茶、制茶。尤善于烹茶，因此结识了许多文人学士和有名的诗僧，留下了不少咏茶的诗篇。

（三）宋代茶诗词

宋代因朝廷提倡饮茶、斗茶、分茶技艺盛行，朝廷上下，茶事活动大兴，所以茶诗、茶词大多表现以茶会友，相互唱和以及触景生情、抒怀寄兴的内容。宋代茶诗词多达1000首，宋朝文人也都是品茗行家，如欧阳修、苏轼、黄庭坚、司马光、蔡君谟……也都有诗句赞茶，甚或著文立论，其中苏轼与蔡君谟的"斗茶"及苏轼与司马光的"墨茶之辩"更传为佳话。

苏轼的《次韵曹辅寄壑源试焙新茶》诗中"从来佳茗似佳人"和他另一首诗《饮湖上初晴后雨》中"欲把西湖比西子"两句构成了一副极妙的对联。

苏轼《汲江煎茶》

活水还须活火烹，自临钓石汲深清。

大瓢贮月归春瓮，小杓分江入夜瓶。

雪乳已翻煎处脚，松风忽作泻时声。

枯肠未易禁三碗，坐听荒城长短更。

苏轼《次韵曹辅寄壑源试焙新茶》

仙山灵草湿行云，洗遍香肌粉末匀。

明日来投玉川子，清风吹破武林春。

要知玉雪心肠好，不是膏油首面新。

戏作小诗君勿笑，从来佳茗似佳人。

黄庭坚（公元 1045—1105 年），字鲁直，号山谷道人，后世称他"黄山谷"，晚号涪翁，洪州分宁（今江西修水）人。北宋诗人，书法家，为"宋四家"之一。英宗治平四年（公元 1067 年）进士。黄庭坚出于苏轼门下，与张来、秦观、晁补之并称为"苏门四学士"，后与苏轼齐名，世称"苏黄"。开创了江西诗派。他的诗有"无一字无来处"和"脱胎换骨，点铁成金"的特点。

黄庭坚《品令·茶词》

凤舞团团饼，恨分破，教孤零。

金渠体净，只轮慢碾，玉尘光莹，汤响松风，早减了二分酒病。

味浓香永，醉乡路，成佳境。

恰如灯下，故人万里归来对影，口不能言，心下快活自省。

黄庭坚《次韵李任道晚饮锁江亭》

西来雪浪如庖烹，两涯一苇乃可横。

忽思钟陵江十里，白苹风起縠纹生。

酒杯未觉浮蚁滑，茶鼎已作苍蝇鸣。

归时共须落日尽，亦嫌持盖仆屡更。

宋代文学家范仲淹对茶之功效给予了高度评价，从他的《和章岷从事斗茶歌》中的一些诗句可以看出，他以夸张的笔法，赞美了茶的神奇功效。

范仲淹《和章岷从事斗茶歌》

年年春自东南来，建溪先暖冰微开。

溪边奇茗冠天下，武夷仙人从古栽。

新雷昨夜发何处，家家嬉笑穿云去。

露芽错落一番荣，缀玉含珠散嘉树。

终朝采掇未盈襜，唯求精粹不敢贪。

研膏焙乳有雅制，方中圭兮圆中蟾。

北苑将期献天子，林下雄豪先斗美。

鼎磨云外首山铜，瓶携江上中泠水。

黄金碾畔绿尘飞，碧玉瓯中翠涛起。

斗茶味兮轻醍醐，斗茶香兮薄兰芷。

其间品第胡能欺，十目视而十手指。

胜若登仙不可攀，输同降将无穷耻。

吁嗟天产石上英，论功不愧阶前蓂。

众人之浊我可清，千日之醉我可醒。

屈原试与招魂魄，刘伶却得闻雷霆。

卢仝敢不歌，陆羽须作经。

森然万象中，焉知无茶星。

商山丈人休茹芝，首阳先生休采薇。

长安酒价减百万，成都药市无光辉。

不如仙山一啜好，泠然便欲乘风飞。

君莫美花间女郎只斗草，赢得珠玑满斗归。

　　南宋陆游（公元 1125—1210 年），字务观，号放翁，山阴（今浙江绍兴）人。陆游是南宋著名的爱国主义诗人，有许多脍炙人口的佳作，他自言"六十年间万首诗"并非虚数。其中涉及茶事的就有 300 首之多。陆游一生嗜茶，恰好又与陆羽同姓，故其同僚周必大赠诗云："今有云孙持使节，好因贡焙祀茶人"，称他是陆羽的"云孙"（第九代孙）。他非常崇拜茶圣陆羽，多次在诗中直抒胸臆，心仪神往，如"桑苎家风君勿笑，他年犹得作茶神"，"《水品》《茶经》常在手，前生疑是竟陵翁"，所谓"桑苎"、"茶神"、"竟陵翁"均为陆羽之号。

陆游《晚秋杂兴十二首》

置酒何由办咄嗟，清言深愧谈生涯。

聊将横浦红丝碨，自作蒙山紫笋茶。

陆游《临安春雨初霁》

世味年来薄似纱，谁令骑马客京华。

小楼一夜听春雨，深巷明朝卖杏花。

矮纸斜行闲作草，晴窗细乳戏分茶。

素衣莫起风尘叹，犹及清明可到家。

杨万里《以六一泉煮双井茶》

日铸建溪当近舍，落霞秋水梦还乡。

何时归上滕王阁，自看风炉自煮尝。

杜耒《寒夜》

寒夜客来茶当酒，竹炉汤沸火初红。

寻常一样窗前月，才有梅花便不同。

李清照《莫分茶》

病起萧萧两鬓华，卧看残月上窗纱。豆蔻连梢煎熟水，莫分茶。

枕上诗书闲处好，门前风景雨来佳。终日向人多酝藉，木犀花。

（四）明代茶诗

明代初期，社会经济曾有过一个比较繁荣的局面，但在茶叶诗词的发展上，明代未能达到唐、宋的高度。写过茶诗的诗人，主要有谢应芳、陈继儒、徐渭、文徵明、于若瀛、黄宗羲、陆容、高启、袁宏道、徐祯卿、徐贲、唐寅等。明代有 500 多篇，明代以文徵明创作的诗词数量最多，有 150 多首。

瞿佑《茶烟》

蒙蒙漠漠更霏霏，淡抹银屏幂讲帷。
石鼎火红诗咏后，竹炉汤沸客来时。
雪飘僧舍衣初湿，花落艄船篾已丝。
惟有庭前双白鹤，翩然趋避独先知。

黄宗羲喜欢喝瀑布茶，瀑布茶赋予了他源源不断的文思，是茶香浸润着他的笔墨。

黄宗羲《余姚瀑布茶》

檐溜松风方扫尽，轻阴正是采茶天。
相要直上孤峰顶，山市都争谷雨前。
两筥东西分梗叶，一灯儿女共团圆。
炒青已到更阑后，犹试新分瀑布泉。

陈继儒《失题》

山中日日试新泉，君合前身老玉川。
石枕月侵蕉叶梦，竹炉风软落花烟。
点来直是窥三昧，醒来翻能赋百篇。
却笑当年醉乡子，一生虚掷杖头钱。

文徵明《初夏次韵答石田先生》

腥红簌簌试榴花，四月江南恰破瓜。
山鸟初闻脱布裤，美人能唱浣溪沙。
方床睡起茶烟细，矮纸诗成小草斜。
为是绿阴将结夏，两旬风雨洗铅华。

邱云霄《蓝素轩遗茶谢之》

御茶园里春常早，辟谷年来喜独尝。
笔阵战酣青叠甲，骚坛雄助录沉枪。
波惊鱼眼听涛细，烟暖鸥矍坐月长。
欲访踏歌云外客，注烹仙掌露华香。

（五）清代茶诗

清代有 500 多篇茶诗。清代也有许多诗人如郑燮、金田、陈章、曹廷栋、张日熙等的咏茶诗，亦为著名诗篇。爱新觉罗·弘历，即乾隆皇帝，他六下江南，曾五次为杭州西湖龙井茶作诗。

乾隆《观采茶作歌》

火前嫩，火后老，惟有骑火品最好。
西湖龙井旧擅名，适来试一观其道。
村男接踵下层椒，倾筐雀舌还鹰爪。
地炉文火续续添，干釜柔风旋旋炒。
慢炒细焙有次第，辛苦工夫殊不少。
王肃酪奴惜不知，陆羽茶经太精讨。
我虽贡茗未求佳，防微犹恐开奇巧。

陆廷灿《武夷茶》

桑苎家传旧有经，弹琴喜傍武夷君。
轻涛松下烹溪月，含露梅边煮岭云。
醒睡功资宵判牍，清神雅助画论文。
春雷催茁仙岩笋，雀尖龙团取次分。

郑板桥《竹枝词》

溢江江口是奴家，郎若闲时来吃茶。
黄土筑墙茅盖屋，门前一树紫荆花。

曹雪芹《回头诗》

一局输赢料不真，香销茶尽尚逡巡。
欲知目下兴衰兆，须问旁观冷眼人。

（六）现代茶诗

咏茶诗篇也是很多的，如郭沫若的《赞高桥银峰茶》，陈毅的《梅家坞即兴》，以及赵朴初、启功、爱新觉罗·溥杰的作品等，都是值得一读的好茶诗。

毛泽东《和柳亚子先生》

饮茶粤海未能忘，索句渝州叶正黄。
三十一年还旧国，落花时节读华章。
牢骚太盛防肠断，风物长宜放眼量。
莫道昆明池水浅，观鱼胜过富春江。

郭沫若《初饮高桥银峰》

芙蓉国里产新茶，九嶷香风阜万家。

肯让湖州夸紫笋，愿同双井斗红纱。

脑如冰雪心如火，舌不馆钉眼不花。

协力免教天下醉，三问无用独醒嗟。

中国佛教学会会长赵朴初茶诗

七碗爱至味，一壶得真趣。

空持百千偈，不如吃茶去。

张错《茶的情诗》

如果我是开水

你是茶叶

那么你的香郁

必须依赖我的无味

让你的干枯，柔柔的

在我里面展开，舒散

让我的浸润舒展你的容颜

我必须热，甚至沸

彼此才能相溶

我们必须隐藏

在水里相觑，相缠

一盏茶工夫

我俩才决定成一种颜色

无论你怎样浮沉把持不定

你终将缓缓地

噢，轻轻的

落下，攒聚在我最深处

那时候，你最苦的一滴泪

将是我最甘美的一口茶

三、茶与对联

我国茶馆、茶楼茶亭、茶座等的门庭或石柱上，茶道、茶礼、茶艺表演的厅堂内，往往可以看到以茶为题材的楹联、对联和匾额，不仅高雅素洁、古风犹存，而且抒发茶人咏茶爱茶的情感。既美化了环境，增强文化气息，又促进了品茗情趣。部分茶的对联赏析如下：

诗写梅花月，茶烹谷雨香。

扫来竹叶烹茶叶，劈碎松根煮菜根。

汲来江水烹新茗，买尽青山当画屏。

茗外风清移月影，壶边夜静听松涛。

花间渴想柏如露，竹下闲参陆羽经。

竹雨松风琴韵，茶烟梧月书声。

四大皆空，坐片刻无分你我；

两头是道，吃一盏莫问东西。

为名忙，为利忙，忙里偷闲，且喝一杯茶去；

劳心苦，劳力苦，苦中作乐，再倒一碗酒来。

四、茶画欣赏

茶墨结缘，这种奇妙的现象，在中华茶文化中沉淀得特别深厚，这是因为茶树生长在青山翠谷，云海仙境；而由此加工而成的佳茗，又有清雅、质朴、自然的美学特征，从而激励了无数美术家的情思。清代朱锡绶在《幽梦续影》中云："真嗜酒者气雄，真嗜茶者神清"。从而使得历代无数画家与茶结下不解之缘。

在现存或有关文献中，可以查证的以茶为题材的古茶画至少在 120 幅以上。在这众多的古茶画中，又以明代为多，占了近 50%。以分布内容分，有90% 以上是表现与饮茶有关的题材，诸如烹茶图、煎茶图、斗茶图、品茶图、煮茶图、啜茗图、事茗图、煮泉图，以及与上述相关的其他命题，由于这种原因，使得历代创作的古茶画中，不同年代、不同作者，却是同名画作的现象每每出现，其中最多的要数《品茶图》，历代创作作品至少在 8 幅以上。

古茶画中，被后人列为国宝级，并誉为具有特殊意义的古代艺术珍品的至少有三件：

一是《韩熙载夜宴图卷》，五代时期南唐宫廷画师顾闳中所作，在某种意义上说，此画是一幅大型茶宴图。

二是北宋张择端的《清明上河图》，被后人称为中国古代绘画中的现实主义杰作，它真实、全面、细致地描绘了北宋都城汴梁（今河南开封）清明节时城市生活的热闹场面。

三是《卢仝烹茶图卷》，为元代画家、"吴兴八俊"之一的钱起所作，其内容就是描绘卢仝烹茶，它最为后代茶人称誉，为文化界称道。

唐代是茶画的开拓时期，对烹茶、饮茶具体细节与场面描绘比较具体、细腻，不过所反映的精神内涵尚不够深刻。茶进入画家视野，最早可上溯到唐代阎立本的《萧翼赚兰亭图》，这幅画不仅记载了古代僧人以茶待客的史实，而且再现了唐代烹茶、饮茶所用的茶器茶具，以及烹茶方法和过程。

宋代以前的茶画，一般都没有题诗，甚至也不直接署名，譬如宋代大画家范宽的名作《雪景寒林图》，只是把自己的名字写在一棵树的枝干上，非常隐蔽。

据说放开笔墨直书大名的首倡者是苏东坡，但也只是见诸文字，未见画迹。

以茶画而论，流传至今的原作，大体是到元代才出现了题画诗。

明代的文人茶风十分盛行，不仅茶画多，画上的题诗也多。沈周、唐寅、文徵明、徐文长等都是茶中知己，画过不少茶画，而且每画必题诗。

最著名的要数明代中叶的"吴门四家"，沈周的《桂花书屋》、文徵明的《惠山茶会图》、唐寅的《事茗图》和仇英的《松亭试泉图》都是极品之作，他们的这些茶画更契合茶的精神。

清代画家"扬州八怪"的郑板桥，嗜茶如命，但没有一幅直接描绘茶事的画作。而更奇的是，虽然没有茶画，倒有不少茶诗题在画上。有茶诗却偏偏不题在茶画上，郑板桥大概是画史上的一个特例。

（一）唐·阎立本 《萧翼赚兰亭图》

该画描绘的是唐太宗派遣监察御史萧翼到会稽骗取辨才和尚宝藏之东晋大书法家王羲之书《兰亭序》真迹的故事（图1-3）。

图1-3　萧翼赚兰亭图 （局部）

画面有五位人物，中间坐着一位和尚即辨才，对面为萧翼，左下有二人煮茶。画面左下有一老仆人蹲在风炉旁，炉上置一锅，锅中水已煮沸，茶末刚刚放入，老仆人手持"茶夹子"欲搅动"茶汤"，另一旁，有一童子弯腰，手持茶托盘，小心翼翼地准备"分茶"。矮几上，放置着其他茶碗、茶罐等用具。

（二）唐·周昉 《调琴啜茗图》

该画描绘五个女性，其中三个系贵族妇女。一女坐在盘石上，正在调琴，左立一侍女，手托木盘；一女坐在圆凳上，背向外，注视着琴音，作欲饮之态；一女坐在椅子上，袖手听琴，另一侍女捧茶碗立于右边；画中贵族仕女曲眉丰肌，反映了唐代尚丰肥的审美观，从画中仕女听琴品茗的姿态也可看出唐代贵族悠闲生活的一个侧面（图1-4）。

图1-4 调琴啜茗图

（三）唐·《宫乐图》（作者不详）

该画描绘宫廷仕女坐长案娱乐茗饮的盛况。图中十二人，或坐或站于条案四周，长案正中置一大茶海，茶海中有一长柄茶勺，一女正操勺，舀茶汤于自己茶碗内，另有正在啜茗品尝者，也有弹琴、吹箫者，神态生动，描绘细腻（图1-5）。

图1-5 宫乐图

（四）五代·南唐宫廷画师顾闳中 《韩熙载夜宴图卷》

该画充分表现了当时贵族们的夜生活重要内容——品茶听琴（图1-6）。画中几上茶壶、茶碗和茶点散放宾客面前，主人坐榻上，宾客有坐有站。左边有一妇人弹琴，宾客们一边饮茶一边听曲，从画面上人物神态来看，几乎所有的人都被那美妙的琴声迷住了。

图1-6　韩熙载夜宴图卷

（五）宋·赵佶 （宋徽宗） 《文会图》

该画描绘了文人会集的盛大场面（图1-7）。在一个豪华庭院中，设一巨榻，榻上有各种丰盛的菜肴、果品、杯盏等，其场面气氛之热烈，其人物神态之逼真，不愧为中国历史上一个"郁郁乎文哉"时代的真实写照。

画中八九位文士围坐案旁，或端坐，或谈论，或持盏，或私语，儒衣纶巾，意态闲雅。竹边树下有两位文士正在寒暄，拱手行礼，神情和蔼。垂柳后设一石几，几上横仲尼式瑶琴一张，香炉一尊，琴谱数页，琴囊已解，似乎刚刚按弹过。大案前设小桌、茶床，小桌上放置酒樽、菜肴等物，一童子正在桌边忙碌，装点食盘。茶床上陈列茶盏、盏托、茶瓯等物，一童子手提汤瓶，意在点茶；另一童子手持长柄茶勺，正在将点好的茶汤从茶瓯中盛入茶盏。床旁设有茶炉、茶箱等物，炉上放置茶瓶，炉火正炽，显然正在煎水。有意思的是画幅左下方坐着一位青衣短发的小茶童，也许是渴极了，他左手端茶碗，右手扶膝，正在品饮。

《文会图》中有52件青花瓷器。

图1-7　文会图（局部）

（六）南宋·刘松年《卢仝烹茶图》与《茗园赌市图》

南宋画家刘松年的"斗茶图"是世人首推的。他一生中创作的茶画作品不少，但流传于世的不多。《卢仝烹茶图》和《茗园赌市图》是他茶画中的精品，其艺术成就很高，成为后人仿效的样板画。

《卢仝烹茶图》生动地描绘了南宋时的烹茶情景（图1-8）。画面上山石瘦削，松槐交错，枝叶繁茂，下覆茅屋。卢仝拥书而坐，赤脚女婢治茶具，长须肩壶汲泉。

图1-8　卢仝烹茶图

《茗园赌市图》中四茶贩有注水点茶的，有提壶的，有举杯品茶的。右边有一挑茶担者，专卖"上等江茶"。旁有一妇拎壶携孩边走边看。描绘细致，人物生动，一色的民间衣着打扮，这是宋代街头茶市的真实写照（图1-9）。

图1-9　茗园赌市图

（七）辽·《茶作坊图》与《将进茶图》（作者均不详）

《茶作坊图》（图1-10）于1993年在河北省张家口市宣化区下八里村6号辽墓出土。壁画中共有6人，一人碾茶，一人煮水，一人点茶。形象生动，反映了当时的煮茶情景。

《将进茶图》（图1-11）于河北宣化下八里张世古墓出土。壁画中间一女人手捧茶托和茶盏，似准备奉茶至主人。桌上有大碗、茶碗和茶托，桌前炉火正旺，正在煮水，有写实感。

图1-10　茶作坊图

图1-11　将进茶图

（八）元·赵原　《陆羽烹茶图》

该画以陆羽烹茶为题材，用水墨山水画反映优雅恬静的环境，远山近水，有一山岩平缓突出水面，一轩宏敞，堂上一人，按膝而坐，傍有童子，拥炉烹茶。画前上首押"赵"字，题"陆羽烹茶图"，后款以"赵丹林"。画题诗："山中茅屋是谁家，兀会闲吟到日斜，俗客不来山鸟散，呼童汲水煮新茶"（图1-12）。

图1-12　陆羽烹茶图

（九）元·赵孟頫　《斗茶图》

《斗茶图》（图1-13）是茶画中的传神之作，画面上四茶贩在树荫下作"茗战"（斗茶）。人人身边备有茶炉、茶壶、茶碗和茶盏等饮茶用具，轻便的挑担有圆有方，随时随地可烹茶比试。左前一人手持茶杯、一手提茶桶，神态自若，其身后一人手持一杯，一手提壶。作将壶中茶水倾入杯中之态，另两人站立在一旁注视。斗茶者把自制的茶叶拿出来比试。

（十）明·陈洪绶　《停琴品茗图》、唐寅　《事茗图》、文徵明　《惠山茶会图》

《停琴品茗图》描绘了两位高人逸士相对而坐，琴弦收罢，茗乳新沏，良朋知己，香茶间进，手捧茶杯，边饮茶边谈古论今，加之雅气十足的珊瑚石、莲花、炉火等，如此幽雅的环境，把人物的隐逸情调和文人淡雅的品茶习俗，渲染得既充分又得体，给人以美的享受（图1-14）。

唐寅的茶画传世不少，《事茗图》为其代表（图1-15）。画中以山石丛树为近景，掩映一片茅屋草舍，屋内一老者伏案而坐，案上摆着一卷闲书，一个大茶壶格外显眼，分明是备好的清茶。屋外的小桥上，一文士带着一童子款款而来，显然是应邀前来品茶的茶友。这幅画如果对照着唐寅的一句诗来品味，其诗情画意就了然于心了。在《题落花卷》一诗中，他写道："自汲山泉烹凤饼，坐临溪阁待幽人。"可以说，《事茗图》所表现的正是这样一种意境。

图1-13 斗茶图

图1-14 停琴品茗图

图1-15 事茗图

文徵明《惠山茶会图》（图1-16）描绘了正德十三年（公元1518年），清明时节，文徵明同书画好友蔡羽、汤珍、王守、王宠等游览无锡惠山，饮茶赋诗的情景。半山碧松之阳有两人对说，一少年沿山路而下，茅亭中两人围井阑会就，支茶灶于几旁，一童子在煮茶。有趣的是，在这幅文徵明的精心之作上，恰恰没有作者本人的题诗，而在画卷的引首处，却附有蔡羽所书的一篇《惠山茶会序》和汤、王诸位的记游诗。

（十一）清·薛怀 《山窗清供图》

此画以线描绘出大小茶壶和盖碗各一，明暗向背十分朗豁。画面上自题五代诗人胡峤诗句："沾牙旧姓余甘氏，破睡当封不夜侯。"另有当时诗人、书家

图 1-16 惠山茶会图

朱显渚题六言诗一首："洛下备罗案上，松陵兼到经中，总待新泉活水，相从栩栩清风。"茶具入画，反映了清代人对茶具的重视，是对茶文化艺术美的又一追求。

（十二）现代·齐白石 《煮茶图》

1940 年前后，齐白石所做的《煮茶图》中，一赭石风炉上，是一柄墨青的泥瓦茶壶。炉前有一把破的大蒲扇。扇下，露出一个火钳柄。旁置三块焦墨画的木炭。"茶熟香温且自看"，生动地表现了白石山人在日常生活中对煮茶、事茗的浓厚情趣，也反映了他对生活和大自然充满了真挚的爱。

图 1-17 齐白石 《煮茶图》

五、茶事掌故

掌故是指关于历史人物的逸闻轶事。茶事掌故，主要的有两类，一是与茶事有关的掌故，二是诗文中引用的古代茶事故事和有来历出处的词、语。

历史上有记载的茶事掌故实在是太多了，三国志中的"以茶代酒"；晋人陆纳为教训其侄不节俭而打他四十大板；王安石泡茶验水，识破苏东坡取水地点上的破绽；明太祖朱元璋将私贩茶叶的女婿斩首示众；清高宗乾隆皇帝以银斗量水评等级，并创造了以水洗水之法。这些历史故事，有的耐人寻味，有的读来新奇。凡此种种，不失为增长知识，引以为戒的读物。

（一）孙皓赐茶代酒

这是"以茶代酒"的最早记载。据《三国志·吴书》记载："皓每飨宴，无不竟日。坐席无能否，率以七升为限……曜素饮酒不过二升，初见礼异时，常为裁减，或密赐茶荈以当酒。"吴国的第四代国君孙皓，嗜好饮酒，每次设宴，来客至少饮酒七升。但是他对博学多闻而酒量不大的朝臣韦曜甚为器重，常常破例。每当韦曜难以下台时，他便"密赐茶荈以代酒"。

（二）陆纳杖侄

《晋中兴书》载："陆纳为吴兴太守时，卫将军谢安尝欲诣纳，纳侄怪纳无所备，不敢问之，乃私蓄十数人馔。安既至，纳所设唯茶果而已，遂陈盛馔，珍羞毕具。及安去，纳杖四十，云：汝既不能光益叔父，奈何秽吾素业？"

意思是晋人陆纳，曾任吴兴太守，累迁尚书令，有"恪勤贞固，始终勿渝"的口碑，是一个以俭德著称的人。有一次，卫将军谢安要去拜访陆纳，陆纳的侄子陆俶对叔父招待之品仅仅为茶果而不满，便自作主张，暗暗备下丰盛的菜肴。待谢安来了，陆俶便献上了这桌丰筵。客人走后，陆纳愤责陆俶"汝既不能光益叔父奈何秽吾素业"。并打了侄子四十大板，狠狠教训了一顿。事见陆羽《茶经》转引晋《中兴书》。

（三）单道开饮茶苏

陆羽《茶经七之事》引《艺术传》曰："敦煌人单道开，不畏寒暑，常服小石子，所服药有松、桂、蜜之气，所饮茶苏而已。"单道开，姓孟，晋代人。好隐栖，修行辟谷，七年后，他逐渐达到冬能自暖，夏能自凉，昼夜不卧，一日可行七百余里。后来移居河北临漳县昭德寺，设禅室坐禅，以饮茶驱睡。后入广东罗浮山百余岁而卒。

所谓"茶苏"，是一种用茶和紫苏调制的饮料。

（四）王濛与"水厄"

王濛是晋代人，官至司徒长史，他特别喜欢茶，《世说新语》记载："王濛好饮茶，人至辄命饮之，士大夫皆患之，每欲往候，必云'今日有水厄'。"不仅自己一日数次喝茶，而且有客人来，便一定要客同饮。当时，士大夫中多不习惯于饮茶。因此，去王濛家时，大家总有些害怕，每次临行前，就戏称"今日有水厄"。

（五）王肃与"酪奴"

王肃，字恭懿，琅邪（今山东临沂）人。曾在南朝齐国任秘书丞。北朝时魏孝帝授他为大将军长，魏宣武帝时，官居宰辅，累封昌国县侯，官终扬州刺史。

王肃在南朝时，喜欢饮茶，到了北魏后，虽然没有改变原来的嗜好，但同时也很会吃羊肉、奶酪之类的北方食品。王肃认为"自是朝贵宴会虽设茗饮，……不复食，惟江表贱民远来降者好之"。

北魏的杨之著《洛阳伽蓝记》卷三载："肃初入国，不食羊肉及酪浆等物，常饭鲫鱼羹，渴饮茗汁。"高祖问他"卿中国之味也，羊肉何如鱼羹，茗饮何如酪浆？"肃对曰："羊者是陆产之最，鱼者乃水族之长，所好不同，并各称珍。以味言之，是有优劣，羊比齐鲁大邦，鱼比邾莒小国，惟茗不中与酪作奴。"当有人问"茗饮何如酪浆？"时，他则认为茶是不能给酪浆做奴隶的。意思是茶的品位并不在奶酪之下。

但是，后来人们却把茶茗称作"酪奴"，将王肃的本意完全弄反了。

（六）李德裕与惠山泉

李德裕是唐武宗时的宰相，他善于鉴水别泉，尉迟偓的《中朝故事》中记述："李德裕居壶来"。其人忘之，舟上石头城，方忆及，汲一瓶归京献之。李饮后，叹讶非常，曰："江南水味，有异于顷岁，此颇似建业石头城下水"。其人谢过，不敢隐。

唐庚《斗茶记》载这种送水的驿站称为"水递"。有一位老僧拜见李德裕，说相公要饮惠泉水，不必到无锡去专递，只要取京城的昊天观后的水就行。李德裕大笑其荒唐，便暗地让人取一罐惠泉水和昊天观水一罐，做好记号，并与其他各种泉水一起送到老僧处请他品鉴，找出惠泉水来，老僧一一品赏之后，从中取出两罐。李德裕揭开记号一看，正是惠泉水和昊天观水，李德裕大为惊奇，不得不信。于是，再也不用"水递"来运输惠泉水了。

（七）苦口师

晚唐时期著名诗人皮日休之子皮光业（字文通），自幼聪慧，十岁能作诗文，颇有家风。皮光业容仪俊秀，善谈论，气质倜傥，如神仙中人。吴越天福二年（公元937年）拜丞相。

有一天，皮光业的表兄弟请他品赏新柑，并设宴款待，皮光业一进门，对新鲜甘美的橙子视而不见，急呼要茶喝。于是，侍者只好捧上一大瓯茶汤，皮光业手持茶碗，即兴吟道："未见甘心氏，先迎苦口师"。此后，茶就有了"苦口师"的雅号。

（八）贡茶得官

据《苕溪渔隐丛话》记载宣和二年（公元1120年），漕臣郑可简创制了一种以"银丝水芽"制成的"方寸新"。这种团茶色如白雪，故名为"龙团胜雪"。郑可简即因此而受到宠幸，官升至福建路转运使。

后来，郑可简又命他的侄子行千里到各地山谷去搜集名茶奇品，后来发现了一种称为"朱草"的名茶，郑可简便将"朱草"拿来，让自己的儿子待问去进贡。于是，他的儿子待问也果然因贡茶有功而得了官职。当时有人讥讽说"父贵因茶白，儿荣为草朱"。

（九）"吃茶去"公案

唐代有僧到赵州柏林禅寺拜从谂为师，师问二新到："上座曾到此间否?"云："不曾到"。师云："吃茶去!"又问那一人："曾到此间否?"云："曾到"。师云："吃茶去!"院主问："和尚! 不曾到，教伊吃茶去，即且置，曾到，为什么教伊吃茶去?"师云："院主"。院主应诺。师云："吃茶去!"

"佛法但平常，莫作奇特想"。"吃茶去"的含义是佛法说不出，说再多也代替不了修行和亲身体验。

赵州古佛从谂禅师在柏林禅寺的佛法问答，于吃茶的禅语机锋中寓于了佛法的三昧妙道，也显示了修行人高深的见地。自从"赵州茶"成为千古禅门公案之后，后世因参究"赵州吃茶去"而大彻大悟者，实是大有人在。茶的俭朴，让人矜守俭德，不去贪图享乐。

六、茶的传说

（一）神农尝茶的传说

《茶经》载"茶之为饮，发乎神农氏，闻于鲁周公"。西汉《神农本草经》载"神农尝百草，日遇七十二毒，得荼而解之"。

神农为三皇五帝之一的炎帝，被尊为农业的开创者，医药之祖。公元前2679—前2374年神农发现并开始利用茶，有"神农尝百草"的传说。

传说神农有一个水晶般透明的肚子，吃下什么东西，人们都可以从他的肠胃看得清清楚楚。远古时候的人，吃东西都是生吞活剥的，常常生病。神农为了解除人们的疾苦，就把看到的植物都尝试一遍，看看这些植物在肚子里的变化，判断哪些无毒哪些有毒。当他尝到一种开白花的常绿树嫩叶时，就在肚子里从上到下，从下到上，到处流动洗涤，好似在检查什么，于是他就把这种绿叶称为"查"。以后人们又把"查"称为"茶"。神农长年累月地跋山涉水，尝试百草，每天都得中毒几次，全靠茶来解救。有一次，神农见到一种黄色小花的小草，那花萼在一张一合地动着，他感到好奇，就把叶子放在嘴力慢慢咀嚼。一会儿，他感到肚子很难受，还没来得及吃茶叶，肚肠就一节一节地断了，原来是中了断肠草的毒。后人为了纪念农业和医学发明者的功绩，就世代传颂着这样一个神农尝百草的故事。

（二）茉莉花茶的传说

传说茉莉花茶在很早以前由北京茶商陈古秋所创制。有一年冬天，陈古秋邀来一位品茶大师，研究北方人喜欢喝什么茶，正在品茶评论之时，陈古秋忽然想起有位南方姑娘曾送给他一包茶叶未品尝过，便寻出那包茶，请大师品尝。冲泡时，碗盖一打开，先是异香扑鼻，接着在冉冉升起的热气中，看见有一位美貌姑娘，两手捧着一束茉莉花，一会工夫又变成了一团热气。陈古秋不解就问大师，大师笑着说："陈老弟，你做下好事啦，这乃茶中绝品'报恩仙'。这是茶仙提示，茉莉花可以入茶。"

（三）台湾乌龙茶

有一位叫林凤池的台湾人，回福建考中了举人，住了几年后，决定要回台湾探亲，临行前考虑带什么礼物呢？觉得福建的茶很有名，就要了36株茶苗带回台湾，种在了南投县鹿谷乡的冻顶山上。

后来林凤池奉旨进京，他把这种台湾茶献给了道光皇帝，皇帝饮后称赞说："好茶，好茶。"问是什么地方的茶，林凤池说是福建茶种移至台湾冻顶山后采制的。道光皇帝说："好吧，这茶就叫冻顶茶。"

冻顶山是台湾省凤凰山的一个支脉，海拔700多米，月平均气温在20℃左右。

（四）18棵御茶

相传在清代乾隆年间，五谷丰登，国泰民安，有一次他来到了杭州，来到胡公庙。老和尚恭恭敬敬地献上最好香茗，和尚奏道："此乃西湖龙井茶中之珍品——狮峰龙井，是用狮峰山上茶园中采摘的嫩芽炒制而成。"

乾隆见庙前的十多棵茶树，芽梢齐发，雀舌初展，心中一乐，就挽起袖子学着村姑采起茶来。当他兴趣正浓时，忽有太监来报："皇太后有病，请皇上急速回京。"乾隆一听急了，随手把采下的茶芽往自己袖袋里一放，速返京城去了。太后接过香茶，慢慢品饮，太后满心欢喜地告诉皇帝："儿啊，这是仙茶哩，真像灵丹妙药，把为娘的病也治好啦！"

乾隆封胡公庙前茶树为御茶树，派专人看管，年年岁岁采制送京，专供太后享用。

（五）大红袍的传说

大红袍生长在武夷山天心岩附近的九龙窠，地势险峻，只有不畏艰险的人们才可到达。峭岩之上有股山泉，淙淙而下，终年不绝。

关于大红袍，在武夷山区广为流传着这样三则美妙动人的传说：

大红袍传说一：相传在很早以前，有个朝代的皇后生病，可是怎么治都无法医治好，于是皇帝就命太子去民间寻找治愈之方，太子在找寻途中碰到有一老人被老虎攻击，于是就将老人救下，老人为感谢太子救命之恩，于是问太子有什么可以帮助的，太子就将皇后生病的事情告诉了老人家，于是老人家陪太子往武夷山九龙窠采下茶树叶子。太子将茶叶带回京城让皇后饮用，果然皇后病好了，皇帝很高兴，于是赏赐大红袍给茶树御寒，封老人为护树将军，后来这茶就被称为大红袍了。

大红袍传说二：说古时候有个秀才进京去赶考，在经过武夷山时病倒了，刚好被一方丈遇到，便将其带回庙中救治，方丈将九龙窠采下的茶树叶子泡给秀才喝，后来没几天秀才康复了，进京考试中了状元。他回来报答方丈，同时带了茶叶进京献给皇上，恰好皇上这时病了，怎么治都不好，后来喝了这个茶，病也好了，于是御赐红袍一件并让状元带去披在树上，同时封为御茶，年年进贡。后来这茶就被称为大红袍了。

大红袍传说三：很早以前，武夷山北麓的慧苑村里住着一位孤老太"勤婆婆"。有一年，武夷山区遭到史无前例的大旱。"勤婆婆"将树叶汤给门外石墩上的老翁喝，老翁将龙头拐杖就送给勤婆婆，又摸出两颗种子递给勤婆婆，然后飘然逸空而去。勤婆婆便将种子种在院中，不几天，茶树嫩苗出土了，居然疯长起来，不多时已变成枝壮叶茂的茶丛了，而且边采边发。那茶汤喝起来清香沁脾，直觉得荡气回肠，身心轻快，心口痛的居然不痛了，肚子胀的逐渐消肿了，人们惊异地称这茶丛为"神茶"。后来皇帝派人抢茶、毁茶，勤婆婆愁白了头发，哭红了眼睛，最后病倒了。有好心人就把皇宫丢弃的神茶根给送了回来，勤婆婆对着茶根说："神茶啊神茶，我对不起你！我是个苦命人，没有这个福分得到你的恩赐，你还是走吧，留在这里他们还会来抢你。"说罢把龙头拐杖靠在树干上。谁知龙头拐杖忽然变成了一片红云，载着那丛神茶在院子上空打了三个圈，这片红云掠过慧苑岩，飘过流香涧，飞进了九龙窠，落在半天腰的山岩间。第二年当人们再去看时，那茶树已抽发新梢，绿油油的，逗人喜爱，那岩壁上又有一股清泉涓涓流下，犹如白发老人龙头拐杖上夜明珠渗滴的仙水。当时没有上山的路，攀登这样的绝壁去采摘神茶，只有那些勇敢勤劳、意志坚强的人才能做到，只有这些人才配获得幸福和欢乐。

（六）福鼎大白茶的传说

相传太姥娘娘原是尧帝的母亲。一天，尧帝带着母亲泛舟海上，船至东海，突遇风雾，迷失了方向。待日出雾散之时，眼前出现一座宝兰色的山峦，山后万道华光，朵朵五彩祥云。在神奇的石林之中，有一巨石横空而出，两壁直立，形成天然石室，这就是太姥山一片瓦。

尧母发现鸿雪洞外有一树长于岩壁夹缝之处，芽叶翠绿剔透，满坡白色茸毛，发出阵阵清香。尧母十分珍惜，一日，尧母感到口干舌燥，胸闷腹痛，苦于无药，便随手摘取数张，放入口中细嚼慢咽，顿觉口内生津，闷痛之感全消。尧母便于每年芽叶盛发之季，亲手采制成"绿雪芽茶"，分送给众人消疾除病。救了不少人命，人们称之为"仙茶"。

不知过去多少个年代，福鼎点头竹栏头村有一孝子名陈焕，因土地贫瘠，虽终年操劳，也难求双亲温饱，深感愧对父母。听说太姥娘娘有求必应，便应斋三日，上太姥山祈求太姥娘娘"托梦"，指点度日之计。朦胧之中，只见太姥娘娘手指一树，曰："此乃山中佳木，系老妪亲手培植，君可分而植之，当可富有。"此树便是福鼎大白茶，所采茶叶成为加工厂红、绿、白茶的高级原料。

（七）碧螺春的传说

江苏太湖的洞庭山上，出产一种"铜丝条，螺旋形，浑身毛，吓煞香"的名茶，叫"碧螺春"。据清王彦奎《柳南随笔》载："洞庭山碧螺峰石壁产野茶，初未见异。康熙某年，按候而采，筐不胜载，因置怀间，茶得热气，异香忽发，采者争呼吓煞人香。吓煞人吴俗方言也，遂以为名。自后土人采茶，悉置怀间，而朱元正家所制独精，价值尤昂。己卯，车驾幸太湖，改名曰碧螺春。"

传说江苏太湖西洞庭山上住着一位美丽、勤劳、善良的姑娘，名叫碧螺，东洞庭山上的一个小伙子，名叫阿祥，两人相亲相爱。有一年初春，灾难突然降临太湖，湖中出现一条凶恶残暴的龙，狂风暴雨，兴妖作怪，还扬言要碧螺姑娘做他的"太湖夫人"，搞得太湖人民日夜不得安宁。阿祥决心与恶龙决一死战。他手持鱼叉潜入湖底，与恶龙搏斗，最后终将恶龙杀死，但阿祥也因流血过多而昏迷过去。碧螺姑娘将阿祥抬到家中，亲自照料，但不见转好。碧螺姑娘为了抢救阿祥便上山寻找草药。在山顶见有一株小茶树，虽是早春，已发新芽，她用嘴逐一含着每片新芽，以体温促其生长，芽叶很快长大了，她采下几片嫩叶泡水后给阿祥喝下，阿祥果然顿觉精神一振，病情逐渐好转。于是碧螺姑娘把小茶树上的芽叶全部采下，用薄纸包好紧贴胸前，使茶叶慢慢暖干，然后搓揉，泡茶给阿祥喝。阿祥喝了这种茶水后，身体很快康复，两人陶醉在爱情的幸福之中。而碧螺姑娘却一天天憔悴下去，原因是姑娘的元气全凝聚在茶叶上了，最后姑娘带着甜蜜幸福的微笑，倒在阿祥怀里，再也没有醒过来。阿祥悲痛欲绝，他把姑娘埋在洞庭山上茶树旁，从此山上的茶树越长越旺，品质格外优良。为了纪念这位美丽善良的姑娘，乡亲们便把茶树上的叶子制作的茶叶，取名为"碧螺春"。

（八）蒙顶茶传说

很古的时候，青衣江有条仙鱼系河神之女玉叶仙子，经过千年修炼成了美丽的仙女。仙女扮成村姑，在蒙山玩耍，拾到几颗茶籽，这里正巧碰见一个采花的青年吴理真，鱼仙掏出茶籽，赠送给吴理真，订了终身。第二年春天，茶籽发芽了，两人成亲，相亲相爱，共同劳作，培育茶苗。鱼仙解下肩上的白色披纱抛向空中，顿时白雾弥漫，笼罩了蒙山顶，滋润着茶苗，茶树越长越旺。鱼仙生下一儿一女，每年采茶制茶，生活倒也美满。一日，河神下令鱼仙立即回宫。鱼仙回宫时把那块能变云化雾的白纱留下，让它永远笼罩蒙山，滋润茶树。吴理真一生种茶，活到八十岁，因思念鱼仙，最终投入古井而逝。后来有个皇帝，因吴理真种茶有功，追封他为"甘露普慧妙济禅师"。蒙顶茶因此世代相传，朝朝进贡。贡茶一到，皇帝便下令派专人去扬子江取水，取水人要净身焚香，午夜驾小船至江心，用锡壶沉入江底，灌满江水，快马送到京城，煮沸冲沏那珍贵的蒙顶茶，先祭先皇列祖列宗，然后与朝臣分享香醇的清茶。

第四节　茶与儒、释、道三家

儒家、释家、道家被后人并称"三家"，它们影响了我国主流文化几千年。中国文化主流是"儒道互补"，隋唐以后又趋于"三教合一"。一般的文人、士大夫往往兼修儒道佛，即使道士、佛徒，也往往是旁通儒佛、儒道。流传最广，最具中国特色的佛教禅宗一派，便吸收了老庄孔孟的一些思想，而宋、元、明、清佛教的一大特点便是融通儒道，调和三教；宋、明新儒学兼收道、佛思想，有所谓"朱子道，陆子禅"之说；金、元道教全真派祖师王重阳，竭力提倡"三教合一"，其诗云："儒门释户道相通，三教从来一祖风"，"释道从来是一家，两般形貌理无差"。

茶文化茶融入了儒、释、道等众家思想的精华，茶道中所修之道为综合各家之道，既有儒家的正气、道家的清气、释家的和气，更有茶文化本身的雅气。正、清、和、雅的综合，完整地体现了中国茶文化的根本精神。

佛教强调"禅茶一味"以茶助禅，以茶礼佛，在从茶中体味苦寂的同时，也在茶道中注入佛理禅机，这对茶人以茶道为修身养性的途径，借以达到明心见性的目的有好处，"茶道"二字应是由禅僧首先提出来的，禅宗是日本茶道的母体，是源。

　　道家的学说则为茶人的茶道注入了"天人合一"的哲学思想，树立了茶道的灵魂。同时，还提供了崇尚自然、崇尚朴素、崇尚真的美学理念和重生、贵生、养生的思想。道家从茶中追寻一种空灵虚无、"无为而无不为"的意境。

　　儒家则希冀从茶中培养一点超脱的品质。茶在养廉、雅志和励志等方面的作用是由古及今的，"清茶一杯"寓意深长。陆羽在《茶经》中开宗明义地讲，茶之为饮，最宜精行俭德之人，"茶可行道"也。

一、茶与儒家

　　中国儒家的核心价值是"仁、义、礼、智、信"。儒家以中庸为核心的思想文化体系，形成影响人类文化数千年的东方文化圈，各家茶文化精神都是以儒家的中庸为前提，中国茶道体现儒家中庸之温、良、恭、俭、让的精神，寓修身、齐家、治国、平天下的伟大哲理于品茗饮茶的日常生活之中。儒家主张在饮茶中沟通思想，创造和谐气氛，增进友情。清醒、达观、热情、亲和与包容，构成儒家茶道精神的欢快格调，这既是中国茶文化的主调，也是与佛教禅宗的重要区别。儒家茶道是寓教于饮，寓教于乐，在民间茶礼、茶俗中儒家的欢快精神表现特别明显。

　　中国人与茶中之"和"，好像是天成的，人们主张在饮茶中沟通思想、创造和谐气氛、增进彼此的友谊。在过去的农村，有客人进门就会敬上一碗茶，以示欢迎、友好与尊重。酗酒会导致斗殴，却没有听说有人因喝茶而打架，这就是传统文化长期以来给人以内在的"规范"。即使争吵、双方有不愉快的事情，也去茶馆评理、讲和，这不一定是茶道，但却是中国人赋予了茶的"中国特色"。

　　茶中的内涵是深刻的，古往今来，有识之士一直倡导廉、俭，茶的励志与儒家思想结合在一起，以精神来推动茶文化潮流。中国的知识分子，从来主张"以天下为己任"，很有使命感和责任心，这也寓意于茶事中。

二、茶与释家

　　僧人种茶、制茶、饮茶、传播茶文化，为中国茶叶生产和茶文化的发展及传播立下不世之功。

　　饮茶起于六朝达摩的传说：传说菩提达摩自印度东使中国，誓言以九年时间停止睡眠进行禅定，前三年达摩如愿成功，但后来渐不支终于熟睡，达摩醒来羞愤交加，遂割下眼皮，掷于地上。不久后掷眼皮处生出小树，枝叶扶疏，生机盎然。此后五年，达摩相当清醒，然还差一年又遭睡魔侵入，达摩采食了身旁的树叶，食后立刻脑清目明，心志清楚，方得以完成九年禅定的誓言，达摩采食的树叶即为后代的茶，此乃饮茶起于六朝达摩的说法。故事中掌握了茶的特性，并说明了茶叶提神的效果。

据《旧唐书·宣宗本纪》记载："大中三年（公元 849 年），东部进一僧，年一百三十岁"。宣宗问服何药而至此，僧对曰："臣少也贱，素不知药，性惟嗜杀，凡履处唯茶是求，或遇百碗不以为厌。"宣宗赐茶并且将僧喝茶的地方称"茶寮"。

可以说佛教促进了茶文化的发展，茶文化的发展推动着佛教的传播，茶是僧人坐禅修行不可缺少的饮料，两者密切相关。茶作为饮食在寺院里盛行，起始是因为健胃和提神。禅僧礼佛前必先吃茶，而且学禅务于不寐，不餐食，惟许饮茶。如此修心悟性，以追求心灵净化，对自然的感悟和回归，在静思默想中，达到真我的境界。

（一）佛教对中国茶文化的贡献

1. 推动了饮茶之风的盛行

和尚家风——"饭后三碗茶"。

西汉末年，佛教传入中国以后，由于教义和僧徒生活的需要，茶叶与佛教之间很快就产生了密切的联系。宋林逋诗曰："春烟寺院敲茶鼓，夕照楼台卓酒旗"。饮茶是最符合佛教生活方式和道德观念的。因此，茶叶成了佛教的"神物"。

佛教重要修行之一就是坐禅（定、慧），很注重五调，即调食、调睡眠、调身、调息、调心。要求独自一人跏趺而坐，头正背直"不动不摇，不偎不倚"，更不能卧床而睡，90 天为期。此外，还规定过午不食，不饮酒、不食荤。于是既有提神醒脑、驱除疲劳困倦，又有清心修行的茶，成为禅僧必不可少的饮料。禅僧坐禅时，每焚完一支香就要饮茶，一天多的喝到四五十碗，饮茶有助参禅、面壁省悟的妙用，为越来越多的僧人所亲身体验和感受。唐代《封氏闻见录》载，泰山灵岩寺降魔藏"学禅务于不寐，又不夕食，皆许其饮茶，人自怀挟，到处煮饮，从此相仿效，逐成风俗"。唐代诗人杜牧的"今日鬓丝禅榻畔，茶烟轻扬落花风"的诗句，更生动地描述了老僧参禅烹茶时闭静雅致的情景。

佛教认为茶有三德：一是坐禅时可以通宵不眠；二是满腹时，帮助消化；三是茶为不发之药（抑制性欲）。于是喝茶就成为佛教僧人日常生活不可缺少之事。

古代印度无茶饮，僧人坐禅时常用槟榔树的果实制成的饮料来消除疲倦，提神醒脑，但它没有茶叶的效果好。

寺院中的茶叶也有别于其他，称作"寺院茶"，一般有三种用途：供佛、待客、自奉。其中上等的茶叶用于供佛，中等待客，下等的则自奉。此外根据用处不同，茶有种种名目。如每日在佛前、祖前、灵前供奉茶汤，称作"奠茶"，受戒先后饮茶，称为"戒腊茶"，住持请所有僧众饮茶，称为"普茶"；化缘所得，称为"化茶"；平时坐禅分几个阶段，每个阶段焚香一支，香后监直都要"打茶"，"行茶四、五匝"。

禅寺一般在法堂东北角设"法鼓"，西北角设"茶鼓"。丛林四十八单职事中事即有"茶头"一职，司掌煮茶，献茶待客。在山门前还有"施茶僧"，为香客游人惠施茶水。

2. 为发展茶树栽培、茶叶加工做出贡献

我国古代寺庙是生产茶叶、研究制茶技术和宣传茶道文化的中心。

"天下名山僧侣多"，自古寺院出好茶。佛教寺院提倡饮茶，同时有主张亲自从事耕作的农禅思想，因而许多名山大川中的寺院都种植茶树，采制茶叶。唐代寺院经济很发达，有土地，有佃户，寺院又多在深山云雾之间，正是宜于植茶的地方，僧人有饮茶爱好，一院之中百千僧众，都想饮茶，香客施主来临，也想喝杯好茶解除一路劳苦。所以寺院植茶是顺理成章的事。刘禹锡《西山兰若试茶歌》吟："山僧后檐茶数丛，春来映竹抽新茸。宛然为客振衣起，自傍芳丛摘鹰嘴。"

我国古今众多的名茶中，有不少最初是由寺院种植、炒制的。吕岩《大云寺茶诗》盛赞僧侣的制茶技艺，"玉蕊一枪称绝品，僧家造法极功夫"。北宋时，江苏洞庭山水月院的山僧采制的"水月茶"，即现今有名的碧螺春茶。明代隆庆年间，僧徒大方制茶精妙，其茶名扬海内，人称"大方茶"，是现在皖南茶区所产的屯绿茶的前身。浙江云和县惠明寺的惠明茶，有色泽绿润、久饮香气不绝的特点，1915 年在巴拿马万国博览会上荣获一等金质奖章。此外，产于普陀山的佛茶、黄山的云雾茶、云南大理感通寺的感通茶、浙江天台山万年寺的罗汉供茶、杭州法镜寺的香林茶等，都是最初产于寺院中的名茶。

3. 创造了饮茶意境

僧人们不只饮茶止睡，而且通过饮茶意境的创造，把禅的哲学精神与茶结合起来，把饮茶从技艺提高到精神的高度。中国"茶道"二字首先由唐代禅僧皎然提出，皎然是陆羽挚友，虽削发为僧，但爱作诗、好饮茶，号称"诗僧"，又是一个"茶僧"。他出身于没落世家，幼年出家，专心学诗，曾作《诗式》五卷，推崇其十世祖谢灵运，中年参谒诸禅师，得"心地法门"，他是把禅学、诗学、儒学思想三位一体来理解的。"一饮涤昏寐，情思朗爽满天地"，"再饮清我神，忽如飞雨洒轻尘"，"三碗便得道，何需苦心破烦恼"。故意去破除烦恼，便不是佛心了。"静心"、"自悟"是禅宗主旨。皎然把这一精神贯彻到中国茶道中。茶人希望通过饮茶把自己与山水、自然、宇宙融为一体，在饮茶中求得美好的韵律、精神开释，这与禅的思想是一致的。

禅境和品茶的精神意趣相通，茶的清净淡泊、朴素自然、韵味隽永，恰是禅所要求的天真、自然的人性体验和顿悟的归宿。茶之韵味千万种，说不清道不明，正如禅宗"拈花微笑"，可意会不可言传。品茶品出味，是一种悟，是得道，故茶中有道，茶中有禅。

4. 对中国茶道向国外传播起到重要作用

茶起源于中国，在对内与对外的传播过程中，佛教起到非常重要的作用。唐宋时期以来，我国佛教兴盛，僧人足迹遍天下，茶道文化得以在国内广泛传播，而一些外国留学僧人，学成回国时亦将茶道文化传播到国外。

在中、晚唐时期，新吴大雄山（今江西奉新百丈山）的禅师怀海和尚制定了一部《百丈清规》，又称《禅门规式》，其中对佛门的茶事活动作了详细的规定。其中有应酬茶、佛事茶、议事茶等，各有一定的规范与制度。日本高僧在中国寺庙中将佛门茶事学回去，作为佛门清规的组成部分，在佛门中严格地继承下来，经过发扬光大而形成日本茶道，可以说日本茶道是在中国禅宗的影响下形成的。日本茶学家久松真一先生指出：日本茶道文化的内核是禅。日本传承并发展了中国茶道的静寂枯索之美，形成了以"禅"为特质的日本茶道。日本茶道追求"无一物中无尽藏"的超脱之美，"以佛法修行得道"为第一要事，而其源头是中国茶道。

中国的茶与茶文化以浙江为主要通道、以佛教为传播途径传入日本。浙江地处东南沿海，是唐、宋、元各代重要的进出口岸，境内有很多名刹大寺，如天台山国清寺、天目山径山寺、宁波阿育王寺、天童寺等，其中天台山国清寺是天台宗的发源地，径山寺是临济宗的发源地。自唐代至元代，日本使节和学者便纷纷来到浙江的佛教圣地修行求学，在回国时，还将茶的种植知识、煮泡技艺以及中国传统的茶道精神带到了日本，使茶道在日本发扬光大，并形成了具有日本民族特色的艺术形式和精神内涵。

在这些使节和学问僧中，与茶文化的传播有着直接关系的是最澄。在最澄之前。天台山与天台宗僧人也多有赴日传教者，如天宝十二年（公元753年）的鉴真等，他们带去的不仅是天台派的教义，也有科学技术和生活习俗，其中就包括饮茶之道。

而第一位把中国禅宗茶理带到日本的僧人，即宋代从中国学成归去的荣西禅师（公元1141—1215年）。不过，荣西的茶学著作《吃茶养生记》，主要内容是从养生角度出发，介绍茶乃养生妙药，延龄仙术，并传授我国宋代制茶方法及泡茶技术，并自此有了"茶禅一味"的说法，可见还是把茶与禅一同看待。这一切都说明，在向海外传播中国茶文化方面，释家做出了重要贡献。

公元五世纪的南北朝时期，我国茶文化在日本发扬光大的同时，开始被陆续传播至东南亚邻国。越南与我国接壤，东汉末年，佛教传入越南，并于十世纪被确立为国教。

（二）关于 "茶禅一味"

禅和茶的关系："禅和茶相同之处，在于它的'单纯'和'清寂'。茶的清、纯和禅的静、寂，融合成一体，就有了'茶禅一味'的说法"。

茶禅一味的渊源，出自湖南石门夹山寺，而夹山寺的茶禅一味，出于圆悟克勤（公元1063—1135年）赠日本弟子书，该书现收藏在日本大德寺。

茶禅一味指禅味与茶味同一种兴味。茶与禅有相通之道，均重在主体感受，非深味之不可。饮茶需心平气静地品味，讲究井然有序地啜饮，以求环境与心境的宁静、清静、安谧。参禅要澄心静虑地体味，讲究专注精进，直指心性，以求清逸、冲和、幽寂。品茶是参禅的前奏，参禅是品茶的目的，二位一体，水乳交融。茶禅共同追求的是精神境界的提纯与升华，从而开辟了茶文化的新途径。

唐代皎然所言饮茶"稍与禅相近"，主要指茶能清人之思，从而保存人性之"真"，禅宗追求的是"真如佛性"，可见，通过饮茶亦能认识到自己的佛性并保持这种"佛性"。那么，饮茶便和参禅有了同等的作用，都能达到"真如佛性"的本体境界。

三、茶与道家

鲁迅先生曾经这样说过"中国根柢全在道教"。道教文化和茶文化源远流长，在"天人合一"的哲学思想上达到了共通共融。

（一）茶与道教的缘由

道家与茶文化关系最有说服力的要数陶弘景《杂录》中"茗茶轻身换骨，昔丹丘子黄君服之"的记载。其实对丹丘子饮茶的记载还有早于此的汉代的《神异记》：余姚人虞洪，入山采茗。遇一道士，牵三青牛，引洪至瀑布山，曰："予丹丘子也。闻子善具饮，常思见惠。山中有大茗，可以相给，祈子他日有瓯栖之余，乞相遗也。"因立奠祀。后常令家人入山，获大茗焉。丹丘子为汉代"仙人"，为茶文化中最早的一个道家人物。

（二）茶道中的道家理念

道家对茶这种自然之物早有深刻认识，并将其与追求永恒的精神生活联系起来。使茶成为文化生活的一部分，便是道家的首功。道家的学说则为茶人的茶道注入了"天人合一"的哲学思想，树立了茶道的灵魂。同时，还提供了崇尚自然、崇尚朴素、崇尚真的美学理念和重生、贵生、养生的思想。

1. 尊人

中国茶道中，尊人的思想在表现形式上常见于对茶具的命名以及对茶的认识上。茶人们习惯于把有托盘的盖杯称为"三才杯"。杯托为"地"、杯盖为"天"，杯子为"人"。意思是天大、地大、人更大。如果连杯子、托盘、杯盖一同端起来品茗，这种拿杯手法称为"三才合一"。

2. 贵生

贵生是道家为茶道注入的功利主义思想。在道家贵生、养生、乐生思想的影响下，中国茶道特别注重"茶之功"，即注重茶的保健养生的功能，以及怡情养性的功能。

道家品茶不讲究太多的规矩，而是从养生贵生的目的出发，以茶来助长功行内力。如马钰的一首《长思仁·茶》中写道：

> 一枪茶，二枪茶，休献机心名利家，无眠未作差。
>
> 无为茶，自然茶，天赐休心与道家，无眠功行加。

3. 坐忘 （忘掉自己的肉身，忘掉自己的聪明）

"坐忘"是道家为了要在茶道达到"至虚极，守静笃"的境界而提出的致静法门。受老子思想的影响，中国茶道把"静"视为"四谛"之一。如何使自己在品茗时心境达到一私不留、一尘不染，一妄不存的空灵境界呢？道家也为茶道提供了入静的法门，这称之为"坐忘"，即：忘掉自己的肉身，忘掉自己的聪明。茶道提倡人与自然的相互沟通，融化物我之间的界限，以及"涤除玄鉴"、"澄心味象"的审美观照，均可通过"坐忘"来实现。

4. 无己

道家不拘名教，纯任自然，旷达逍遥的处世态度也是中国茶道的处世之道。道家所说的"无己"就是茶道中追求的"无我"。无我，并非是从肉体上消灭自我，而是从精神上泯灭物我的对立，达到契合自然、心纳万物。"无我"是中国茶道对心境的最高追求，近几年来台湾海峡两岸茶人频频联合举办国际"无我"茶会，日本、韩国茶人也积极参与，这正是对"无我"境界的一种有益尝试。

四、儒、释、道三家对茶文化的影响

道家主张无为，而儒家主变；道是众人之学，儒是贵族学术；道讲出世，儒讲入世；道讲无名，而儒重名等。

道家好比"水"，其形难以名状却又变化万端，在不同形状的容器中可圆可方；儒家好比"风"，轻柔入怀，以"仁"服人，虽不凛冽霸道却可使人心悦诚服。

禅是中国化的佛教，主张"顿悟"，你把事情都看淡些就"大觉大悟"。

在茶中得到精神寄托，也是一种"悟"，所以说饮茶可得道、茶中有道，佛与茶便连接起来。

道家从饮茶中找一种空灵虚无的意境，儒士们失意，也想以茶培养自己超脱一点的品质，三家在求"静"、求豁达、明朗、理智这方面在茶中一致了。但道人们过于疏散，儒士们终究难摆脱世态炎凉，倒是禅僧们在追求静悟方面执着得多，所以中国"茶道"二字首先由禅僧提出。

第五节　饮茶习俗

一、汉族的饮茶习俗

汉族的饮茶方式，大致有品茶和喝茶之分。大抵说来，品重在意境，以鉴别香气、滋味，欣赏茶姿、茶汤，观察茶色、茶形为目的，自娱自乐者，谓之品茶。凡品茶者，得以细啜缓咽，注重精神享受。倘在劳动之际，汗流浃背，或炎夏暑热，以清凉、消暑、解渴为目的，手捧大碗急饮者，或不断冲泡、连饮带咽者，谓之喝茶。

（一）汉族饮茶方式

清饮（将茶直接用滚开水冲泡）：最有汉族饮茶代表性的，则要数品龙井、啜乌龙、吃盖碗茶、泡九道茶和喝大碗茶了。

调饮：在茶汤中加入姜、椒、盐、糖之类佐料等。

唐代饮茶要加许多香料和调料，宋代以后逐渐发展起绿茶、花茶、乌龙茶、红茶等。饮茶讲究茶叶、水质的品格，火候水温的适宜以及茶具的风格，饮茶的环境、气氛等多种条件。

1. 杭州的品龙井

龙井，既是茶的名称，又是种名、地名、寺名、井名，可谓"五名合一"。杭州西湖龙井茶，色绿、形美、香郁、味醇，用虎跑泉水泡龙井茶，更是"杭州一绝"。

品饮龙井茶，首先要选择一个幽雅的环境。其次，要学会龙井茶的品饮技艺。沏龙井茶的水以80℃左右为宜，泡茶用的杯以白瓷杯或玻璃杯为上，泡茶用的水以山泉水为最。

每杯撮上3~4克茶，加水七八分满即可。

品龙井茶，无疑是一种艺术的欣赏，美的享受。品饮时，先应慢慢提起清澈明亮的杯子，细看杯中翠叶碧水，观察多变的叶姿。尔后，将杯送入鼻端，深深地嗅一下龙井茶的嫩香，使人舒心清神。看罢、闻罢，然后缓缓品味，清香、甘醇、鲜爽应运而生。此情此景，正如清人陆次云所说："龙井茶真者，甘香如兰，幽而不冽，啜之淡然，似乎无味。饮过之后，觉有一种太和之气，弥沦齿颊之间，此无味之味，乃至味也。"这就是品龙井茶的动人写照。

2. 啜乌龙

乌龙茶既是茶类的品名，又是茶树的种名。啜乌龙茶很有讲究，与之配套的茶具，诸如风炉、烧水壶、茶壶、茶杯，谓之"烹茶四宝"。泡茶用水应选择甘洌的山泉水，而且必须做到沸水现冲。经温壶、置茶、冲泡、斟茶入杯，便可品饮，啜茶的方式更为奇特，先要举杯将茶汤送入鼻端闻香，只觉浓香透鼻。接着用拇指和食指按住杯沿，中指托住杯底，举杯倾茶汤入口，含汤在口中回旋品味，顿觉口有余甘。一旦茶汤入肚，口中"啧！啧！"回味，又觉鼻口生香，咽喉生津，"两腋生风"，回味无穷。这种饮茶方式，其目的并不在于解渴，主要是在于鉴赏乌龙茶的香气和滋味，重在物质和精神的享受。所以，凡"有朋自远方来"，对啜乌龙茶，都"不亦乐乎"。

3. 吃早茶

广州人在早晨上工前，或者在工余后，抑或是朋友聚议，总爱去茶楼，泡上一壶茶，要上两件点心，美名"一盅两件"，如此品茶尝点，润喉充饥，风味横生。广州人品茶大都一日早、中、晚三次，但早茶最为讲究，饮早茶的风气也最盛，由于饮早茶是喝茶佐点，因此当地称饮早茶谓吃早茶。

吃早茶是汉族名茶加美点的另一种清饮艺术，人们可以根据自己的需要，当场点茶，品味传统香茗；又可按自己的口味，要上几款精美的清淡小点，如此吃来，更加津津有味。

如今在华南一带，除了吃早茶，还有吃午茶、吃晚茶的，把这种吃茶方式看作是充实生活和社交联谊的一种手段。

在广东城市或乡村小镇，吃茶常在茶楼进行。如在假日，全家老幼登上茶楼，围桌而坐，饮茶品点，畅谈国事、家事、身边事，更是其乐融融。亲朋之间，上得茶楼，谈心叙谊，沟通心灵，倍觉亲近。所以许多即便交换意见，或者洽谈业务、协调工作，甚至青年男女，谈情说爱，也是喜欢用吃（早）茶的方式去进行，这就是汉族吃早茶的风尚之所以能长盛不衰，甚至更加延伸扩展的缘由。

4. 大碗茶

喝大碗茶的风尚，在汉族居住地区，随处可见，特别是在大道两旁、车船码头、半路凉亭，直至车间工地、田间劳作，都屡见不鲜。这种饮茶习俗在我国北方最为流行，尤其早年北京的大碗茶，更是闻名遐迩，如今中外闻名的北京大碗茶商场，就是由此沿袭命名的。

大碗茶多用大壶冲泡，或大桶装茶，大碗畅饮，热气腾腾，提神解渴，好生自然。这种清茶一碗，随便饮喝，无需做作的喝茶方式，虽然比较粗犷，颇有"野味"，但它随意，不用楼、堂、馆、所，摆设也很简便，一张桌子，几张条木凳，若干只粗瓷大碗便可，因此，它常以茶摊或茶亭的形式出现，主要为过往客人解渴小憩。

大碗茶由于贴近社会、贴近生活、贴近百姓，自然受到人们的称道。即便是生活条件不断得到改善和提高的今天，大碗茶仍然不失为一种重要的饮茶方式。

北京人喝茶有讲头，一为品，二为饮，三为喝。

品，是门艺术。既不是口渴的生理需要，也不是交际礼仪的应酬，而是一种欣赏，一种享受，一种风雅脱俗之举。北京民俗专家金受申先生在《老北京的生活》中介绍过品茶的讲究。"善于品茶要讲究五个方面：第一必须备有许多茶壶茶杯。壶如酒壶，杯如酒杯。只求尝试其味，借以观赏环境物事的，如清风、明月、松吟、竹韵、梅开、雪霁……并不在求解渴，所以茶具宜小。第二须讲水。什么是惠山泉水，哪个是扬子江心水，还有初次雪水，梅花上雪水，三伏雨水……何种须现汲现饮，何种须蓄之隔年，何种须埋藏地下，何种必须摇动，何种切忌摇动，都有一定的道理。第三须讲茶叶。何谓'旗'，何谓'枪'，何种须'明前'，何种须'雨前'，何地产名茶，都蓄之在心，藏之在箧，遇有哪种环境，应以哪种水烹哪种茶，都是一毫不爽的。至于所谓'红绿花茶'、'西湖龙井'之类，只是平庸的俗品，尤以'茉莉双窨'是被品茶者嗤之以鼻的。第四须讲烹茶煮水的工夫。何种火候一丝不许稍差。大致是'一煮如蟹眼'，指其水面生泡而言，'二煮如松涛'，指其水沸之声而言。水不及沸不能饮，太沸失其水味、败其茶香，故不能饮。至于哪种水用哪种柴来烧，也是有相当研究的。第五须讲品茶的功夫。茶初品尝，即知其为某种茶叶，再则闭目仔细品尝，即知其水质高下，且以名茶赏名景，然后茶道尚矣！"

饮，在目前北京语言中为文词儿，一个文雅的字眼。不以解渴为目的，而是以礼节形式为尚。譬如，到别人家里作客，主人将本已洁净的茶具，再礼节性地冲烫一下，沏上香茶，倾至杯中，双手递送。客人亦双手接过，主人再自斟一杯，双方就坐，边饮边谈，其情融融。再如，约几位至亲好友至风景绝妙处，沏一壶香茗，凭栏而坐，极目远景近物，手边茶水飘香，其境幽雅闲致，乐在其中矣。又如，谒见上司、上级或参加某一情调高雅的聚会、会议，每人盖杯一只，其间，偶啜一口，不失体统，又是礼节性的表示，充分体现了茶礼貌。凡此种种的饮，茶叶必须是大众化茶叶的中上品。《红楼梦》妙玉在众人乱哄哄的当儿，将宝钗、黛玉二人唤到另一间静室，另备茶具，请二人单饮雅茗时，发表了一篇妙辞："一杯为品，二杯是解渴的蠢物，三杯便是饮驴了。"她这里也用到了"饮"字，但却是饮牲口的饮字。北京这个饮字有两个读音，一为饮驴的饮（yìn），一为人饮茶的饮（yǐn）。这有两个读音的饮字，当年是仅有一个饮驴的饮音，还是妙玉只用了饮牲口的饮字音而未用饮茶的饮字音，我们不甚知之，故不敢妄加揣测。但有一点可以确定，妙玉认为少饮品茶是高雅举止，而驴饮则是为雅人名士所不屑的。

喝，是北京话中一个通俗的字眼。谈到喝茶，也是一种大众化的通俗热饮，是为了解决口渴的生理需要和某种场合消磨时光的辅助品。过去，老百姓家里很少有暖瓶的，现喝现烧。一大铁壶的水烧开了，提起，往地下浇几下，发出的是"噗噗"声，则表明水开了。高举铁壶将滚开的沸水直泻而入，冲进大瓷茶壶里，盖上盖儿，闷一会儿。喝的时候，把水倒出一茶缸子，再倒回去，砸一砸，让茶味更浓更酽一些，才喝第一碗。后来有了暖瓶后，便直接用暖瓶水泡茶、续水。但喝的程序仍不变。此种喝茶法的人，一般都是久居北京的从事体力劳动的大众人物。他们在外劳动一天，又累又乏，回家吃罢饭，总要沏一茶壶水解渴解乏去油腻，或在家一个人自斟自饮，或端着壶到当院当街，与老哥儿们下下棋，侃侃大山，无疑也是劳动后的一种享受。这种喝茶方法，往往不求有多大味，但一定要求有较深的颜色。

5. 成都盖碗茶

盖碗茶盛于清代。如今，在四川成都、云南昆明等地，已成为当地茶楼、茶馆等饮茶场所的一种传统饮茶方法，一般家庭待客，也常用此法饮茶。

饮盖碗茶一般说来，有五道程序：

一是净具：用温水将茶碗、碗盖、碗托清洗干净。

二是置茶：用盖碗茶饮茶，摄取的都是珍品茶，常见的有花茶、沱茶以及上等普洱茶。常用3~5克。

三是沏茶：一般用初沸开水冲茶，冲水至茶碗口沿时，盖好碗盖，以待品饮。

四是闻香：泡5分钟左右，茶汁浸润茶汤时，则用右手提起茶托，左手揭盖，随即闻香舒腑。

五是品饮：用左手握住碗托，右手提碗抵盖，倾碗将茶汤徐徐送入口中，品味润喉，提神消烦，真是别有一番风情。

（二）茶与风俗

1. 三茶

三茶为旧时汉族婚俗。流行于江浙一带，即订婚时的"下茶"，结婚时的"定茶"，同房时的"合合茶"。此俗现已不常见，但在某些地区仍有遗风。行于湖南一带，指提亲、相亲和入洞房前三次所沏之茶。媒人上门提亲，沏以糖茶，含美言之意；男子上门相亲，姑娘送递的是一杯清茶，置贵重物品或钱钞于杯中送还女方，姑娘收受则为心许，入洞房前，以红枣、花生、龙眼等泡入茶中，并拌以冰糖招待客人，系早生贵子跳龙门之意。

2. 食茶

食茶也称"走媒"。旧时汉族婚俗，流行于浙江西部地区，媒人受男方之托，向女方提亲，倘女方应允，则泡茶、煮蛋招待，俗称"食茶"。可用桂圆干泡茶，或用三只水泡蛋，加白糖拌和，当地称："圆眼茶"和"鸡子茶"。

3. 茶礼

茶礼也称"下茶"、"聘礼茶"，为定亲的聘礼。以茶为礼取茶种"不移"之意，寓其白头偕老。明代许次纾《茶疏》载："茶不移本，植必子生。古人结婚，必以茶为礼，取其不移植子之意也。今人犹名其礼曰下茶。"此俗最迟宋已有之，延续至近代。

4. 新婚请茶

新婚请茶为汉族婚俗，见于现代各城市。婚礼除宴请男女双方至亲好友外，实行喜事新办，宾客前来祝贺，只泡清茶一杯，摆糖果、瓜子等几种茶点招待，既节约又热闹亲切。

5. 新婚三道茶

新婚三道茶也称"行三道茶"。新婚男女在拜堂成亲后饮用：第一道是两杯白果汤，第二道是莲子红枣汤，第三道是茶汤。新郎新娘双手接过第一道茶对着神龛作揖以敬神，第二道茶敬父母，第三道茶一饮而尽。意在祈求神灵保佑新人白头到老、夫妻恩爱，同时感谢父母养育之恩。

6. 苏州跳板茶

苏州跳板茶为旧时苏州婚礼茶俗。新女婿和其舅爷进门后，稍坐片刻，女家即撤掉台凳，在左右两边靠墙处各放两把太师椅，新女婿和舅爷坐头、二坐，另两位至亲坐三、四坐。然后由"茶担"托着茶盘，表演"跳板茶"，向四位宾客献茶。由于托着木板茶盘跳舞献茶，故称跳板茶。

7. 江西婺源新娘茶

此为江西婺源一带的婚俗。姑娘出嫁前，要用红丝线把翠绿的嫩茶芽扎成瑰丽的花朵，称为"茶花"。婚礼结束后，新娘用"茶花"孝敬公婆及款待贵宾。来宾品尝佳茗，夸赞新娘，祝福婚后家庭幸福和谐。以后由此派生出用红丝线把茶叶扎成"婺源墨菊"等名茶，融饮用、观赏、技艺于一体。

8. 腌茶酒

腌茶酒为汉族婚俗茶食，是新娘招待闹新房客人的便宴，流行于陕南大巴山地区。新婚之夜，新娘将娘家腌制的"嫁妆菜"装于碟中，放在桌上，并配有美酒。闹新房的宾客边饮酒边品茶，新郎新娘要按闹新房宾客的要求表演节目。

9. 腌菜茶

腌菜茶为陕南大巴山婚俗。新婚次日清晨，新娘摆出娘家腌制的"嫁妆菜"，沏上巴山香茗，请来宾和双方亲友品尝。席间以唱歌助兴。

10. 新婚交杯茶

此为湖南婚俗茶饮。新婚夫妇拜堂入洞房前饮用。交杯茶具用小茶盅，茶水为煎熬的红色浓汁，要求不烫也不凉。由男方家的姑娘或姐嫂用四方盘盛两盅，双手献给新郎新娘，新郎新娘用右手端茶，手腕互相挽绕，一饮而尽，不能洒漏汤水。交杯茶象征夫妇恩爱、家庭美满。

11. 新婚合杯茶

此为云南南部婚俗茶饮。青年男女举行婚礼，都须共喝一杯茶，称为"合杯茶"。是以普洱茶泡成的红酽茶汤，象征喜庆吉祥，寓示夫妻恩爱、白头到老。

12. 新婚抬茶

新婚抬茶也称"抬茶敬客"。是湖南桃江一带的婚俗。新婚之日，新郎新娘要给贺喜的人抬上擂茶，等客人入坐后，新郎新娘双手恭敬的将盛茶的茶盘抬起，每桌放一盘，送给客人，故称"抬茶"。新婚夫妇抬茶时，接到茶的客人都须送一句吉祥话，多用双关语，称作"赞花词"。

13. 闹花夜

闹花夜为湖南中部农村婚俗。在结婚前一天晚上，男家答谢众亲友以往对孩子的关照，特举行茶宴和酒宴款待。一般先办酒宴，再办茶宴。

14. 福安新娘茶

此为福建福安婚俗。拜堂第二天，新娘上堂拜见夫家女眷，并敬糖茶。糖茶用茶叶、红枣、冬瓜糖、冰糖、炒花生冲泡而成，沏入小茶盅。新娘茶甘甜可口，象征新娘从此与夫家女眷相处和睦、生活甜蜜。女眷们喝完新娘茶，要向新娘回赠红包作为见面礼。

15. 台湾婚礼茶宴

此为台湾婚礼茶宴。婚礼开始后，在礼堂一端设泡茶区，中间放茶车一部，两边各两部，并用鲜花连接。礼堂的中间摆一长桌，桌上摆茶点与料理。等宾客到齐之后，新人来到泡茶区，新娘表演茶艺，新郎则向父母、证婚人等敬茶，仪式举行约 1 小时左右。然后，在音乐声中送客，婚礼结束。

16. 广东新娘茶

此为广州、香港和澳门等地的婚俗茶饮。用上等茶叶冲泡，茶中放红枣，寓吉庆之意。新娘初过门叩见公婆必备新娘茶恭请公婆饮用；公婆接茶略微啜饮，连呼："好甜，好甜！"并回赠红包答礼。然后，新娘按辈分亲疏向其他长辈、平辈和贺客一一奉茶致敬。现代婚礼茶俗日趋简化，奉新娘茶一般与婚宴结合进行。

17. 摆茶宴

摆茶宴为旧时四川西部丘陵地带的婚俗。新婚第二天，新娘拿出从娘家带来的糖果、瓜子、茶叶等，招待男方的亲友和宾客。

18. 茶盘钱

茶盘钱为婚礼上婆家女客送给新娘的钱币。民国福建《藤山志》载：新郎新娘拜过祖先、父母以后，新娘还要依次与亲戚女客行见面礼，谓之"见厅"。女客必赠以见面礼，新娘要跪受致谢，并向女客献茶一盏，女客则投币于茶盘，谓之"茶盘钱"。

二、少数民族的饮茶习俗

中国地大物博，民族众多，历史悠久，民俗也多姿多彩。而饮茶是中国各民族的共同爱好，无论哪个民族，都有各具特色的饮茶习俗。

藏族：酥油茶、甜茶、奶茶、油茶羹。

维吾尔族：奶茶、奶皮茶、清茶、香茶、甜茶、炒面条、茯砖茶。

蒙古族：奶茶、砖茶、盐巴茶、黑茶、咸茶。

回族：三香碗子茶、糌粑茶、三炮台茶、茯砖茶。

哈萨克族：酥油茶、奶茶、清真茶、米砖茶。

壮族：打油茶、槟榔代茶。

彝族：烤茶、陈茶。

满族：红茶、盖碗茶。

侗族：豆茶、青茶、打油茶。

黎族：黎茶、芎茶。

白族：三道茶、烤茶、雷响茶。

傣族：竹筒香茶、煨茶、烧茶。

瑶族：打油条、滚郎茶。

朝鲜族：人参茶、三珍茶。

布依族：青茶、打油茶。

土家族：擂茶、油茶汤、打油茶。

哈尼族：煨酽茶、煎茶、土锅茶、竹筒茶。

苗族：米虫茶、青茶、油茶、茶粥。

景颇族：竹筒茶、腌茶。

土族：年茶。

纳西族：酥油茶、盐巴茶、龙虎斗、糖茶。

傈僳族：油盐茶、雷响茶、龙虎斗。

佤族：苦茶、煨茶、擂茶、铁板烧茶。

畲族：三碗茶、烘青茶。

高山族：酸茶、柑茶。

仫佬族：打油茶。

东乡族：三台茶、三香碗子茶。

拉祜族：竹筒香茶、糟茶、烤茶。

水族：罐罐茶、打油茶。

柯尔克孜族：茯茶、奶茶。

达斡尔族：奶茶、荞麦粥茶。

羌族：酥油茶、罐罐茶。

撒拉族：麦茶、茯茶、奶茶、三香碗子茶。

锡伯族：奶茶、茯砖茶。

仡佬族：甜茶、煨茶、打油茶。

毛南族：青茶、煨茶、打油茶。

布朗族：青竹茶、酸茶。

塔吉克族；奶茶、清真茶。

阿昌族：青竹茶。

怒族：酥油茶、盐巴茶。

普米族：青茶、酥油茶、打油茶。

乌孜别克族：奶茶。

俄罗斯族：奶茶、红茶。

德昂族：砂罐茶、腌茶。

保安族：清真茶、三香碗子茶。

鄂温克族：奶茶。

裕固族：炒面茶、甩头茶、奶茶、酥油茶、茯砖茶。

京族：青茶、槟榔茶。

塔塔尔族：奶茶、茯砖茶。

独龙族：煨茶、竹筒打油茶、独龙茶。

珞巴族：酥油茶。

基诺族：凉拌茶、煮茶。

赫哲族：小米茶、青茶。

鄂伦春族：黄芹菜。

门巴族：酥油茶。

在我国 55 个少数民族中，除赫哲族人历史上很少吃茶外，其余各民族都有饮茶的习俗。

第六节　茶馆文化

中国茶馆多，茶馆文化丰富，是中华茶文化的重要组成部分。中国的茶馆，萌芽于西晋，成形于唐代，完善于宋、元、明、清代。繁衍于近代和新中国成立初期，神采再现于当代。它应运而生，不断吸收中国的传统文化，糅合中国的饮食文化，又杂汇了各地的奇风异俗，形成了综合性的茶馆文化。

从茶馆——茶艺馆，中间一个"艺"字的横插，经历了一千多载，却体现出对历史文化传统的继承与反思，对现代茶馆业的定位。探讨茶艺知识，以善待人心；体验茶艺生活，以净化社会；研究茶艺美学，以美化生活；发扬茶艺精神，以文化世界。

一、茶馆的发展简史

茶馆是以饮茶为中心的综合性活动场所。茶馆是随着饮茶的兴盛而出现的，是随着城镇经济、市民文化的发展而兴盛起来的。从古到今，茶馆经历了上千年的演变，不仅具有各个时代的烙印，也具有明显的地域特征，使得茶馆由单纯经营茶水的功能，衍生出了诸多其他的功能。

茶馆，古代称为茶坊、茶肆、茶寮、茶店、茶社、茶园、茶铺、茶室、茶楼等。茶馆直到明代张岱《陶庵梦忆》："崇祯癸酉年，有好事者开茶馆。"在文献典籍中出现，清代成为惯称。古人有"酒楼茶肆"，现在酒楼与茶馆共存。

（一）西晋时期茶馆的萌芽

茶馆最早的雏形是茶摊，中国最早的茶摊出现于晋代，据陆羽《茶经·七之事》中记载："晋元帝（公元265—316年）时有老姥，每旦独提一器茗，往市鬻之，市人竞买。自旦至夕，其器不减。所得钱散路旁孤贫乞人"。可以看出当时已有人将茶水作为商品挑到集市进行买卖了，不过还只属于流动摊贩，不能称之为"茶馆"。此时茶摊所起的作用仅仅是为人解渴而已。

（二）唐代茶馆的兴起

唐玄宗开元年间，出现了茶馆的雏形。唐玄宗天宝末年进士封演在其《封氏闻见记》卷六"饮茶"载："开元中，泰山灵岩寺有降魔师，大兴禅教。学禅，务于不寐，又不夕食，皆许其饮茶。人自怀夹，到处煮饮，从此转相仿效，遂成风俗。自邹、齐、沧、棣，渐至京邑城市，多开店铺，煎茶卖之。不问道俗，投钱取饮。"这种在乡镇、集市、道边"煎茶卖之"的"店铺"，当是茶馆的雏形。

《旧唐书·王涯传》记："太和九年五月，……涯等仓惶步出，至永昌里茶肆，为禁兵所擒"，则唐文宗太和年间已有正式的茶馆。

大唐中期国家政治稳定，社会经济空前繁荣，加之陆羽《茶经》的问世，使得"天下益知饮茶矣"，因而茶馆不仅在产茶的江南地区迅速普及，也流传到了北方城市。此时，茶馆除予人解渴外，还兼有予人休息，供人进食的功能。

《新唐书·陆羽传》："羽嗜茶，著经三篇，言茶之源、之法、之具尤备，天下应多饮茶矣。时鬻茶者，至陆羽形置汤突间，祀为茶神"。建成于癸年、癸月、癸日，命名为"三癸亭"，是陆羽在杼山妙喜寺旁设计建筑的一座茶亭。

施茶亭：寺院禅僧施茶水，叫施茶僧。公元 849 年洛阳有一僧年 120 岁，唐宣宗问他怎么长寿，僧曰："素不知药，性本好茶，或出亦日遇茶百余碗，如常日亦不下四十碗"。玄宗赐茶 50 斤，将其饮茶之所命名为茶寮（僧寮）。

（三）宋代茶馆的兴盛 （公元 960—1279 年）

唐代经"安史之乱"后进入五代十国时期（公元 907—960 年），这期间南方制茶业最为发达，当时茶也是十分重要的商品。宋代进入了中国茶馆的兴盛时期。北宋张择端的《清明上河图》是一幅民俗风光画，手工业、酒楼、药铺、十字路口红茶铺，众多茶旗在空中摇摆，呈现出茶文化的兴盛局面。

宋代茶馆称茶坊、茶肆、茶楼。北宋都城开封茶肆十分普遍，在皇宫附近的朱雀门外，街巷南面的道路东西两旁，"皆居民或茶坊。街心市井，至夜尤盛。"（摘自《东京梦华录·卷二》）。茶肆多招雇熟悉茶技艺人，称为"茶博士"。"茶博士"每日收茶钱不直接说出实数，而是说到了什么地方，是以杭州至某地的路程远近来隐喻茶钱数。比如说"今日到余杭"，就是一日赚得 45 钱（1 钱 = 5 克），因为杭州到余杭是 45 里（1 里 = 500 米）。若说"走到平江府"，就赚得 360 钱。

南宋小朝廷偏安江南一隅，统治阶级的骄奢、享乐、安逸的生活使杭州这个产茶地的茶馆业更加兴旺发达起来。在都城杭州，茶肆更是随处可见，当时杭州城已有大小茶馆 800 多家。有的茶坊与浴堂结合，前面是茶坊，后面就是浴堂，浴堂也称之为香水行。杭州城内，除固定的茶坊、茶楼外，还有一种流动的茶担、茶摊，称为"茶司"。

宋时茶馆具有很多特殊的功能，如供人们喝茶聊天、品尝小吃、谈生意、做买卖，进行各种演艺活动、行业聚会等。一般茶坊中都会备有各种茶汤供应顾客。这时期茶叶品种很多，仅名茶就有 90 多种。南宋临安的大茶坊"四时卖奇茶异汤"，据《武林旧事》载，茶坊中所卖的冷饮有甜豆沙、椰子酒、豆儿水、鹿梨浆、卤梅水、姜蜜儿、木瓜汁、沉香水等。《水浒传》西门庆想见潘金莲，到隔壁王婆（王干娘）处喝茶，他们精彩的对话中提到了含有深意的四种茶汤："梅汤（乌梅十茶）、姜茶、宽煮叶儿茶、合汤（一种甜茶）"。

宋代有的茶肆在卖茶之外还兼营其他生意，孟元老的《东京梦华录》载："东十字大街曰从行裹角，茶坊每五更点灯，博易买卖衣服图画、花环领抹之类，至晚即散，谓之鬼市子……归曹门街，北山于茶坊内，有仙洞、仙桥，仕女往往夜游吃茶于彼。"周密《武林旧事》载："天街茶肆，渐以罗列灯球者求售，谓之灯市。"还有兼营旅馆或浴室的。

宋代茶肆已讲究经营策略，为了招徕生意，留住顾客，他们常对茶肆做精心的布置装饰。《都城纪胜》中记载"大茶坊张挂名人书画……多有都人子弟占此会聚，习学乐器或唱叫之类，谓之挂牌儿。"茶肆装饰不仅是为了美化饮茶环境，增添饮茶乐趣，也与宋人好品茶赏画的特点分不开。

元初，全国陷入金戈铁马之中，中原传统文化体系受到一次大冲击。元代茶馆远不如宋代繁华，有些城市渐趋衰退，元末明初近乎销声匿迹。

（四）明、清代茶馆普及

茶馆的起步比酒楼晚了千年，到明清才达到平衡，在古代，茶比酒便宜得多。

明清是封建社会的鼎盛时期，茶馆文化从唐朝单纯的饮食需求到宋代消闲等多功能的文化层次，到明清更为雅致精纯。民丰物富造成了市民们对各种娱乐生活的需求，而作为一种集休闲、饮食、娱乐、交易等功能为一体的多功能大众活动场所，茶馆成了人们的首选，因此，茶馆业得到了极大的发展，形式日益多样，茶馆功能也愈加丰富。明清时期茶馆堂而皇之地成为众多文学故事的载体，成为多方文学圣手的描绘对象。

1. 明代

明代散茶冲泡饮法兴起，据沈德符《野获编补遗》记载："今人取初萌之精者，顾泉置鼎——遂开千古茗饮之宗。乃不知我太祖实首辟此法，真所谓圣人先得我心也。用茶芽而以沸水浇之"。

明代的茶馆大约自嘉靖时期开始，在商品经济发达的江南地区复兴，然后迅速自江南蔓延开来，成为晚明城市商业生活的重要组成部分。明代茶馆大致可分为大众茶馆和高端茶馆，大众茶馆经营多元，为茶文化的普及和市井化作出了贡献；高端茶馆则面向特定人群，推动了茶文化向前发展。

明代的茶馆较宋代，最大的特点是更为雅致精纯，茶馆饮茶十分讲究，对水、茶、器都有一定的要求。茶盏也由黑釉瓷变成白瓷或青花瓷，尤其是"薄如纸，白如玉、声如馨、明如镜"的白瓷，异常考究。明代崇尚紫砂壶几乎达到狂热的程度。

明代市井文化的发展，使茶馆文化更加走向大众化。煮茶、点茶依然风行，手工业和商业繁荣，茶馆饮茶走向简约化。明代末期，北京街头柳巷摆起粗茶碗，卖大碗茶。明代的茶馆里供应各种茶点、茶果。明代的茶果有柑子、金橙、苹婆、红菱、马菱、橄榄、雪藕、雪梨、大枣、荸荠、石榴、李子等。至于茶点，因季节各有不同，品种繁多，有波波、火烧、寿桃、蒸角儿、冰角儿、项皮酥、果馅饼儿、玫瑰擦禾卷儿、艾窝窝、荷花饼、乳饼、玫瑰元宵饼、檀香饼等，约 40 种之多。

2. 清代

茶馆的真正鼎盛时期是在中国最后一个王朝——清朝。"康乾盛世"，清代茶馆呈现出集前代之大成的景观，不仅数量多，种类、功能皆蔚为大观。北京有名的茶馆就多达 30 多家；上海更多达 66 家。

清代茶馆多种多样，按其经营方式的不同，大致上可分为几个类型：

（1）清茶馆　以卖茶为主的茶馆，北京人称之为清茶馆，前来清茶馆喝茶的人，以文人雅士居多，所以店堂一般都布置得十分雅致，器皿清洁，四壁悬挂字画。

（2）野茶馆　设在郊外的以卖茶为主的茶馆，北京人称之为野茶馆。这种茶馆，只有矮矮的几间土房，桌凳是土砌的，茶具有是砂陶的，设备十分简陋，但环境十分恬静，绝无城市茶馆的喧闹（图 1 - 18）。

图 1 - 18　《图野茶馆》图（北京老舍茶馆里）

（3）茶荤铺式茶馆　既卖茶又兼营点心、茶食，甚至还经营酒类的茶馆，称为荤铺式茶馆，有茶、点、饭合一的性质，但所卖食品有固定套路，故不同于菜馆。

（4）书茶馆　兼营说书、演唱的茶馆，是人们娱乐的好场所。清代北京东华门外的东悦轩、后门外的同和轩、天桥的福海轩，都是当时著名的书茶馆。上海的书茶馆主要集中在城隍庙一带，像春风得意楼、四美轩、里园、乐圃阆、爽乐楼等都是当时有名的兼营说书的茶馆（图 1 - 19）。

图1-19　《说书、演唱》图（北京老舍茶馆里）

清代茶馆所出售的茶叶一般分为红茶、绿茶两大类，其中红茶有乌龙、寿眉、红梅。绿茶有雨前、明前、本山。茶馆售茶与茶客饮啜的方式很多，有的用壶装，有的用碗喝。有的坐着喝，有的躺着喝。茶客也可自己提茶壶去，自备茶叶，出几个钱买水冲泡茶叶。

清代茶馆是旧时的曲艺活动场所，北方的大鼓和评书，南方的弹词和评话，同时在江北、江南益助茶烟怡民悦众。包世臣《都剧赋序》记载，嘉庆年间北京的戏园有"其开座卖剧者名茶园"的说法。久而久之，茶园、戏园，二园合一，所以旧时戏园往往又称茶园。后世的"戏园"、"戏馆"之名即出自"茶园"、"茶馆"。所以有人说，"戏曲是茶汁浇灌起来的一门艺术"。京剧大师梅兰芳的话具有权威性："最早的戏馆统称茶园，是朋友聚会喝茶谈话的地方，看戏不过是附带性质。"当年的戏馆不卖门票，只收茶钱。

当时北京最古老的戏馆广和楼，又名"查家茶楼"，系明代巨室查姓所建，坐落在前门肉市。四川以演戏著名的茶园有成都的"可园""悦来茶园""万春茶园""锦江茶园"；重庆的"萃芳茶园"、"群仙茶园"，自贡的"钧天茶园"，南充的"果山茶园"等，它们推动和发展了川剧艺术。上海早期的剧场也以茶园命名，如"丹桂茶园"、"天仙茶园"等。

乾隆皇帝还于皇宫禁苑的圆明园内建了一所皇家茶馆——同乐园茶馆，与民同乐。新年到来之际，同乐园中设置一条模仿民间的商业街道，安置各色商店、饭庄、茶馆等。所用器物皆事先采办于城外。午后三时至五时，皇帝大臣入此一条街，集于茶馆、饭肆饮茶喝酒，装成民间的样子，连跑堂的叫卖声都惟妙惟肖。

（五）近代茶馆衰微

清末民初，中西文化撞击，茶馆文化也呈现出与以前不同的特点。其陈设更齐全，功能更多样，有中西合璧的特点。清末民初绍兴有几家高等茶馆，如适庐、镜花缘、第一楼等，一般的下层劳动者是不敢进去的。在一些茶馆里，甚至用从西方传入的汽水泡茶。此外西方的茶点、饮料也大量进入中式茶馆，如咖啡、可可、汽水、啤酒、蛋糕等。

清末民初，茶馆的社会功能得到了加强，特别是信息的交流、集中之特点。茶馆兴起了"吃讲茶"，即解决事情纠纷。此外，清末民初的茶馆，也是各种社会帮派组织的重要活动场所，甚至有些茶馆是由他们开办的。

民国早期曾经有规定不准妇女进茶馆，后来，准许妇女进茶馆，但必须男女分座。之后又突破了分座这一规定。20世纪20年代初，广州有一位麦雪姬女士创办了一家"平权女子茶室"和"平等女子茶室"，两店从掌柜到企堂、喊卖，全部由女子担任，从此又开了茶楼雇佣女服务员之先河。后来，茶楼的红牌女侍，人们称之为"茶花"。

（六）现代茶馆复兴

近二三十年来，中国的经济迅猛发展，人们生活水平的提高直接导致了人们对精神生活的追求，茶馆作为文化生活的一种形式也悄然恢复，茶馆已成为人们业余生活的重要选择之一。据有关部门统计，目前全国有12万5000多家茶馆，从业人数达到250多万人，已然成为中国休闲文化产业的一支生力军。茶馆业对于各地国民经济发展和精神文化生活的丰富多彩作出了积极的贡献。

茶艺馆首先出现在台湾。在茶艺馆里品茶，你既看不到北方茶馆的吆喝阵阵，也听不到南方茶楼的喧闹声声，更看不见筵席上常见的那种觥筹交错的劝酒场面，一切都在安详、平和、轻松、优雅的氛围中，茶客如同进入了大自然中，感到全身轻松、惬意。

茶艺馆摒弃了陈旧落后的东西，充实了社会需要的新内容，使茶馆的文化精神内涵更为丰富，其活动也更强了，体现了社会文化经济精神生活上的巨大变化，这既是一种趋势，又是人类社会文明进步的表现。因此，这是历史文化的积淀，是艺术的显示，是追求丰富生活的反映，也是茶文化史上重要的里程碑。

二、茶馆的地域特色

中国人上茶馆喝茶可谓历史悠久，中国茶馆有四大"茶门"，所谓四大"茶门"的说法就是对那些茶馆风气最盛的城市的简称。现在中国茶馆文化最为丰盛的城市，应是东有杭州，西有成都，南有潮汕，北有北京。类似太极茶道、老舍茶馆、圣陶沙、五福茶艺馆等大品牌，都出自这些"茶气"极盛的城市。有句老话：北京衙门多，上海洋行多，广州店铺多，成都茶馆多。不同地域的茶馆文化都有自己的特色。

（一）杭州茶馆

杭州茶馆在南宋时有名气的一般都集中在当时的天街，即今天的中山中路的清河坊街等闹市区。清末至民国，茶馆多在西湖之滨，名胜之点，再就是在大运河、市河之畔和钱塘江码头边。"山为城郭水为家"的杭州，有人说是一个"水世界漂来的城"，杭州的茶馆亦得水之利，在水一方。杭州茶馆除临湖、沿河、濒江而立之外，还有一处却在山上，这就是吴山。清代时，吴山上的茶铺茶桌林立，吴敬梓《儒林外史》中说：山上"这一条街，单是卖茶的就有三十多处。"吴山有名的茶楼有茗香楼、景江楼、映山居、紫云轩等。城隍庙附近的几家茶馆，装潢考究而幽雅。

杭州的茶，喝的是精致文化。而今，茶文化已经成为了"天堂"杭州又一张别致的"名片"。"青梁湖山供慧眼，藤索茗话契禅心"，西湖边上的青藤茶馆，已成为杭州上千家茶馆的代表。中国美术学院设计的建筑风格，木圈椅、红缎面、吊兰悠长地从身边滑落。最为惊艳的是处处可见的木雕饰品，可尽是"天下之首"的东阳木雕，把"古色古香"发挥到极致。坐在西子湖畔，让身穿青灰色长袍的"太极茶道"茶师沏好一壶茶，河坊街的吆喝声与店小二手上的长嘴壶一起一落相呼应，此时此景，茶不醉人人自醉。

（二）四川茶馆

巴蜀是茶文化的发源地。四川茶馆是中国茶馆的一大代表，汉唐时期川西平原就成为全国的重要产茶区。"头上晴天少，眼前茶馆多"。"四川茶馆甲天下，成都茶馆甲四川"。成都有句顺口溜："一去二三里，茶馆四五家，楼台六七座，八九十枝花"。成都 1909 年有街巷 514 条，茶馆 454 家，1941 年成都有街巷 667 条，茶馆 614 家。四川人喝茶意在茶，多以吃清茶为主，茶食不多，不像广州、扬州那样且饮且食。另外，旧时一般都喝花茶，不赏识清淡的绿茶。到茶铺去，堂倌会问："几花？"，是问茶客要几级的花茶。喝茶的同时，还会有地方戏曲的欣赏，小型的戏班子驻扎在茶楼连演数日。还有掏耳朵的、捏背按摩的（图 1-20）。

成都顺兴老茶馆是参照成都历代茶馆、茶楼风范，聘请资深茶文化专家，古建筑专家和著名民间艺人，精心策划的融明清建筑风格于一体的艺术巨构，是天府茶人传承巴蜀茶文化的经典杰作，是一座中国首创的极具东方民族特色的茶文化历史博物馆。以"喝盖碗茶、尝成都名小吃、看川剧、观民俗与了解成都历史"为四大特点，再现出"天府之国"茶文化的神韵，茶馆的门联"中外同赏戏，古今皆品茶"是其点睛之笔（图 1-21）。

图 1 - 20　四川老茶馆印象

图 1 - 21　成都顺心茶馆

　　成都的茶，喝的是平民文化。成都人喝茶，那才叫真正的"龙门阵、大碗茶"，不讲究茶的品质，不讲究喝茶的环境。大树荫处，凉棚底下，随随便便摆上桌凳，就可以喝上茶，追求的是喝茶之外的生活状态。唯独用长嘴茶壶倒茶的技法（图 1 - 22）样式繁多，有很多门派，如"峨眉"、"青城"等，一直也是难分高下的。

图 1 - 22　四川茶馆与长嘴壶茶技

四川茶馆特色如下：

（1）盖碗　花茶（汤色原来黄，现在要求绿），唐德宗（公元 780—784

年）四川节度使崔宁之女发明盖碗。

（2）成都茶馆分早晨、下午、晚上三段，晚上有评书、打洋琴、敲金钱板。有名的"华华茶厅"有三厅四院，坐椅千余。

（3）掺茶续水者——幺师，或堂倌、茶博士，中国掺茶第一高手方忠轺（雪花盖顶、二龙戏珠、金蝉脱壳、海底捞月，连碗带盖16副，有两尺高），成都"锦春楼"茶馆的茶馆周麻子，称"锦城一绝"。

（4）成都茶馆开张之日，必须"亮堂"，谐称"洗茶碗"，"洗"同"喜"图吉利。一般在晚上进行。请同行、朋友、近邻、地方上的"公事人"之类，借此拉关系，求生意顺利。

成都茶馆有许多"约定俗成"的别致有趣的行业语言：如加叶子——加茶叶；把茶叶放进茶碗称为"抓"，每碗茶叶多的称为"饱"，少的称为"啬"；喝茶称为"吃茶"。第一次冲开水称为"发叶子"或"泡茶"，开水温度不够，茶叶不沉底，一部分浮在水面上称为"发不起"，讽为"浮舟叶子"，开水放置稍久，温度已降低，称为"疲"，或称为"水疲了"。第二次向茶碗内冲开水，称为"掺"或"冲"；免底——不要茶叶，只喝白开水，或称为"玻璃"。吊堂——顾客少的时候；顾客多的时候称为"打拥堂"；抹桌布称为"随手"。

"探水"、"一开"、"两开"是茶馆里的常用词。这里的"开"，是指每冲一次开水必须揭开一次茶盖的意思。

四川茶馆还有一项极特殊的功能，有人称它为"民间法院"。乡民们有了纠纷，逢"场"时可以到茶馆里去"讲理"，"一张桌子四条腿，说得脱来走得脱"，说不脱的开茶钱。所谓"吃讲茶"，即民间法院解决事情纠纷。至于公道不公道，自有天知道。但它却说明，川人看待茶馆，起码是有茶的"公平"、"廉洁"内容。四川茶馆的"政治"、"社会"功能似乎比其他地区更为突出。

（三）广东茶楼

广州人饮茶也称为"叹茶"（"叹"为广州方言，"享受"的意思），广州人的"叹"茶风俗源远流长，广州茶楼亦有其流变演化历程。

清同治、光绪年间，广州低矮简陋的"二厘馆"茶馆就已普遍存在，因每位茶价"二厘"而得名。真正意义上的茶楼最迟在十八世纪中下叶即已诞生，其标志是历史上久负盛名的成珠楼（清乾隆年间即已开业）。经洋务运动至光绪年间，随着广州商贸的繁荣，广州出现不少中高级茶楼，如"三元楼"、陶陶居，有的三四层楼，座位上千个。

广东茶楼自清代就有的"一盅两件"。"一盅"，是一只铁嘴茶壶配一个瓦茶盅，壶里多放粗枝大叶，茶味涩而无香气，仅冲洗肠胃而已。所谓"两件"，多是粗糙的大件松糕、芋头糕、萝卜糕之类。

广东城乡历来有个饮食习惯，就是"茶中有饭，饭中有茶"，一日三餐称"三茶两饭"，早中晚三餐都有茶可饮。一天之内有早茶、午茶、晚茶三市，尤以早茶最为热闹。

清晨五六点钟茶楼就开市，上午 10 点左右收档。稍事整理后供应午饭。下午 2 点，午饭结束，便开市下午茶了，到下午 5 点收档，接着便是晚餐。晚餐结束后，便是开晚茶的时候了。饮早茶以老先生居多，老太太喝午后茶，晚茶则是青年人的市面。

点心精美多样是广州茶楼一绝。茶楼点心大体可分六大类别：一是荤蒸，如凤爪、排骨、猪肚、牛腩、糯米鸡等；二是甜点，如蛋挞、芙蓉糕、豆沙酥、水晶糕等；三是小蒸笼，如虾饺、海鲜包、肠粉等；四是大蒸笼，如叉烧包、奶黄包、玫瑰豆沙包等；五是粥类；六是煎炸类。

广州茶楼规矩：

茶壶盖反扣表示已买单。

去得晚了，就得坐临时搭在过道上的台，有时"搭台"也满了，就得"踩脚凳"，就是用脚踩住正在喝茶的茶客的凳脚间的横木，表示在等位。

斟茶要从左边斟起的，斟茶要按顺时针转一圈的，到了反手的时候，换只手再斟。

自揭壶盖静等服务员续水的，就是老茶客。

虾眼水冲茶。水刚烧开，才起泡眼，称"虾眼水"。冲茶时，首先要从高处往茶里冲撞，然后才在低处冲茶，只有这样，茶才出味。

潮汕的茶喝的是茶道文化。潮汕工夫茶名扬海内外。工夫茶从选茶、泡茶工夫到茶具都是十分考究的。用水取自山泉，榄核为炭火，用小扇煮开的水甘甜醇美，味道醇正。茶叶以乌龙、铁观音等为上乘。茶具是一套精美的工艺品，茶缸、"孟臣罐"和三只薄如纸、声如磬的小巧玲珑的茶杯，还有茶叶罐和水盂配套，故潮汕人素有"茶三酒四"之说。至于斟茶"套路"更是讲究，总结下来美其名曰："高冲低筛，淋盖刮沫，关公巡城，韩信点兵。"这样泡冲出来的茶汤色如琥珀，味道香郁隽永。

（四）北京茶馆

北京茶馆在清代盛行的是大茶馆。这种茶馆局面广阔，后面多的有六七进。一般前设柜台和大灶，中为罩棚，后为后堂，两旁侧房作雅座。

尹盛喜在 1988 年创建了老舍茶馆，提出了"振兴古国茶文化、扶植民族艺术花"的口号。大碗茶商贸公司从摆"老二分"茶摊起，"大碗茶广交九州宾客，老二分奉献一片丹心"是老尹当时提出的创办宗旨。新一代掌门人尹智君开设了四合茶院，创出了"老尹"牌大佛龙井和茉莉花茶。四合茶院的出现使老舍茶馆的经营结构日趋完善，茶馆形式更加丰满。

当今的老舍茶馆已成为北京这座六朝古都和国际大都市的"城市名片"。这里充满"老北京"风味，厅堂楼阁古趣横生，夜夜吸引海内外宾客云集，厅堂茶室座无虚席。表演的民族绝活、民间技艺，如变脸、京韵大鼓、京剧、快板、中国功夫等，与大红袍传统制作技艺同为非物质文化遗产的精品。

三、茶艺馆的类型

茶艺馆以茶为媒体，提供幽雅、舒适的休闲场所。在这里人们可以聊天、洽谈，闲适地阅读，还可以下棋和听曲，举办各类会议或与茶相关的活动。茶艺馆布置通常讲究雅致，气氛悠闲，富于文化气息，凡是到茶艺馆来的人都可以感受到宁静、安逸的气氛，茶艺馆是难得的躲避尘世烦恼的好地方。

（一）以建筑和装修分类

1. 宫廷及厅堂式

高贵典雅是其特点，模仿宫廷或士大夫的厅堂模式，室内装修考究。古色古香的红木式仿红木家具，名人字画，成列古董、工艺精品，茶桌、茶椅、茶几，或八仙桌、长板凳，如入书香门第。

2. 庭院式

以中国江南园林为蓝本，体现与自然的融合，一般设有小桥、流水、亭台、楼阁、假山、拱门回廊、陈设民间艺术等，给人以返璞归真、回归大自然的感觉。

3. 民族乡土式

民俗式茶艺馆强调民俗乡土特色，追求民俗和乡土气息，以特定民族的风俗习惯、茶叶茶具、茶艺或乡村田园风格为主线，形成相应的特点。它包括民俗茶艺馆和乡土茶艺馆。民俗茶艺馆是以特定的少数民族的风俗习惯、风土人情为背景，装饰上强调民族建筑风格；茶叶多为民族特产或喜爱的茶叶；茶具也多为民族传统茶具；茶艺表演也具有浓郁的民族风情。乡土茶馆大都以农村社会的背景作为其主基调，装饰上竹木家具、马车、牛车、蓑衣、斗笠、石、花轿等应有尽有，凡是能反映乡土气息的材料都可以使用。

4. 异国风情式

欧式、泰式（佛式）、东南亚式、日式（室内设矮桌和榻榻米，需脱鞋，头顶选悬挂纸灯笼，背靠屏风或矮墙做成的隔断，有大和风情）。

5. 古典和现代结合式

以古代装饰为主，中间吸取了大量的现代元素，东西形成合璧，将西方的实用主义结合东方的情调。

（二）以功能分类

1. 清茶馆

以饮茶为主。到这种茶馆来的多是临闲的一般市民。早晨茶客们在此论茶经、鸟道，谈家常，论时事。中午以后，商人、小贩则在这谈生意。

2. 文化型

此类型茶艺馆将文学、艺术等功能结合在一起，经常举办各种讲座、座谈会，推广茶文化，馆内提供交谈、聚会、休闲品茗，并兼营字画、书籍、艺术品等的买卖，富有浓厚的文化气息，类似文化交流中心，深具创造文化，发扬文化的理念和功能，有些类似十八世纪法国沙龙，靠经营的收入来维持。

3. 戏曲茶楼

戏曲茶楼是一种以品茗为引子，以戏曲欣赏或自娱自乐为主体的文化娱乐场所。这种既品茶又娱乐的文化形式，在我国由来已久。戏曲茶楼在装饰上更强调戏曲表演的氛围和要求，相对来讲，品茶是它的一种主要的附带功能，它不太讲究茶叶、茶艺，而是以茶叶为引，在戏曲与乐曲声中，松弛身心，交流联谊，享受戏曲艺术。

4. 商业型

同时经营茶餐、餐饮、咖啡、电脑、棋、牌等内容，把多种服务项目综合在一起，以满足客人的多种需求。

5. 时尚休闲式

室内装饰给人以轻松愉悦的感觉，同时还提供制陶、看书、上网等多种休闲形式，此时茶已成为一种载体。

四、茶馆的服务

茶馆是爱茶者的乐园，是饮茶的公共场所，其功能集政治、经济、文化功能为一体。茶馆是喝茶谈事的地方，也是休闲养性的地方，它在提供一杯茶的同时，也会营造出一种氛围，让来到茶馆的人们精神和身心得到放松，在集知识性、趣味性和康乐性一体的茶馆中，品尝名茶、茶点，观看茶俗茶艺，都给人一种美的享受。

茶馆是茶的传播市场，也是营销的市场，更是弘扬茶文化的最佳场所，茶艺师作为茶文化的传播者、茶叶流通的"加速器"，不仅要具有良好的文化素质、丰富的茶叶知识、专业的泡茶技巧，更应注重服务形象的塑造，提高服务质量。

（一）茶艺服务的要求

1. 服务的标准化

服务标准化是保证茶艺服务质量的最基本要求。客人的需要既有个性也有共性，茶馆必须制定茶艺服务基本规范，保证茶艺服务的水准，才能满足客人的需要。茶艺服务规范是茶艺服务最基本的质量标准，即客人在茶楼看见的都必须是整洁美观的；提供给客人享用的茶饮产品必须是安全有效的；茶艺师对客人是热情有礼的，为客人提供的茶艺服务是有序的。茶馆在拟定各类服务规范时，不仅要参照客人的基本需求，还要考虑到茶艺服务员工的操作需求。

茶艺服务标准主要包括：迎宾服务标准、仪容仪表、言谈举止、礼仪礼节的标准；茶艺表演动作标准；有关的时间标准，如点茶、泡茶、结账的时间要求；茶叶、茶具、茶点等的质量控制标准；茶艺员的考核标准等。

2. 服务的诚信化

服务诚信化就是要求茶艺师对顾客要以诚相待，真挚恳切，正直坦率，讲究信誉。如果茶艺师在服务过程中对顾客诚实无欺，则必为他们所信任，他们也会放心地进行交易，甚至会成为企业的忠诚顾客。有位著名的外国推销行家曾说过："信誉仿佛一条细细的丝线，它一旦断掉，想把它再接起来，可就难上加难了。"事实上的确如此，对任何一个茶艺企业来说，信誉就是生意存在下去的生命线，一旦失去了信誉，生意便会失去立足之本。

3. 服务的情感化

情感是人们对于客观事物所持的具体态度，它反映着人与客观事物之间的需求关系。从根本上讲，人们的需要获得满足与否，通常会引起对待事物的好恶态度的变化，从而使之对事物持以肯定或否定的情绪。茶艺师的不同情感，往往会导致不同的服务行为：要么是行为积极，要么是行为消极。真挚而友善的情感，具有无穷的魅力和感染力；强烈而深刻的情感，可以促使自己更好地为顾客服务。

一位营销专家说过："只有在实心实意地帮助顾客的同时，自己才更容易在事业上获得成功，并且还可以品味到生活的无穷乐趣"。因此，茶艺服务人员在工作中，必须要做到"三心"：一是要细心，即细心地观察顾客；二是要真心，即真心替顾客考虑；三是要热心，即热心为顾客服务。唯有细心、真心、热心这"三心"并具，才能够真正地感动顾客，实现茶艺师服务顾客的目标，即让顾客动心、放心、省心。

4. 服务的艺术化

茶艺，是泡好一杯茶和品尝一杯茶的艺术，如何通过一杯茶展示茶艺之美，演绎茶文化的丰富内涵呢？这就要求茶艺师必须具备优雅、自信的服务形象，态度和蔼亲切，动作和表情大方得体，注重礼节、微笑服务。其服务艺术要求主要体现出"礼、雅、柔、美、静"几个方面：

（1）礼　服务过程中，注意礼貌、礼仪、礼节，以礼待人、以礼待茶、以礼待器、以礼待己。

（2）雅　在茶艺馆优雅的氛围中，茶艺师的举手投足都要符合雅的要求，努力做到言谈文雅，举止优雅，尽可能地与茶叶、茶艺、茶艺馆的环境相协调，给顾客一种高雅的享受。

（3）柔　茶艺师在进行茶品服务时，动作要轻柔，讲话时语调要委婉、温和，展现出茶艺服务特有的柔和之美。

（4）美　主要体现在茶美、器美、境美、人美等方面。茶美，要求茶叶的品质要好，货真价实，并且要通过高超的茶艺把茶叶的各种美感表现出来。器美，要求茶具的选配要与冲泡的茶叶、客人的心理、品茗环境相适应。境美，要求茶室的布置、装饰要协调、清新、干净、整洁，台面、茶具应干净、整洁且无破损等。茶、器、境的美，还要通过人美来带动和升华。人美体现在服装、言谈举止、礼仪礼节、品行、职业道德、服务技能和技巧等方面。

（5）静　主要体现在环境安静、器静、心静等方面。茶馆播放的音乐要轻柔、悦耳，忌喧闹、喧哗；茶艺师应答声音不能太大，要做到"三轻"，即说话轻、操作轻、走路轻。器静，指茶艺师在使用茶具时，动作要轻拿轻放、娴熟自如，尽可能不发出声音，做到动中有静，静中有动，高低起伏，错落有致。心静，就是要求心态平和，茶艺师的情绪在泡茶时能够通过语言、动作、表情等表现出来，并传递给顾客。如果表现不当，就会影响服务质量，引起客人的不满，影响茶艺馆的形象和声誉。

（二）茶馆服务流程和标准

接待服务的基本流程：上岗准备→进入岗位→迎接宾客→引导领位→递送茶单→等候点茶→茶中服务→结账→送客→茶后工作。

1. 迎宾服务

茶艺服务人员在迎接顾客时，既要注意服务态度，更要讲究接待方法。服务宗旨为主动、热情、耐心、诚恳、周到。具体来说，茶艺服务人员在迎接顾客时，应注意以下三个方面：

（1）站立到位　茶艺服务人员在工作岗位上均应采取站立迎客的服务方式。站立迎宾的位置应处于既可以照看本人负责的服务区域，又易于观察顾客、接近顾客的地方。不允许四处走动，忙于私事，或者扎堆闲聊。实行柜台服务时，有所谓"一人站中间，两人站两边，三人站一线"之说。即一个柜台，如果只有一名茶艺服务人员时，应令其站在柜台的中间位置；如果是有两名茶艺服务人员时，应令其分别站立于柜台两侧；如果是有三名或三名以上的茶艺服务人员，则应令其间距相同地站成一条直线。实行无柜台服务时，茶艺服务人员应站立在门口附近，以方便迎接顾客，又易于照看自己管辖的范围。

（2）善于观察　即"三看顾客，投其所好"。茶艺服务人员在迎接顾客时，通过察其意、观其身、听其言、看其行，从而对顾客进行准确的角色定位，以便为其提供有针对性的服务。所谓"三看"具体指的是：一看顾客的来意，根据客人的不同的来意予以不同方式的接待；二看顾客的穿着打扮，以判断其身份、爱好，据此推荐不同的茶品或服务；三看顾客的举止谈吐，揣摩其心理活动，使自己为对方所提供的服务能够恰到好处。

（3）适时招呼　当顾客进入茶艺馆时，无论其目的如何，茶艺服务人员应该有"迎客之声"。它与"介绍之声"、"送客之声"一道被并称为"接待三声"，是茶艺服务人员在工作中必须使用、必须重视的内容，且必须作为正面接待顾客时开口所说的第一句话。"迎客之声"直接影响到顾客对茶艺馆以及茶艺服务人员的第一印象，因此在使用中茶艺服务人员要注意时机适当、语言适当、表现适当。

2. 点茶服务

茶艺服务人员在具体的导购、推销工作中，必须摸清顾客心理，热情有度，在两厢情愿的前提下，见机行事。

（1）点茶方法　客人落座后，茶艺服务人员应立即递送茶单，为客人提供点茶服务。点茶服务可分为被动点茶和主动点茶两种方式。被动点茶是以客人点茶为主，服务人员只要完整地记录客人的茶饮要求即可。这种点茶方式缺乏主动性，不能适时推销茶饮产品，容易造成茶饮产品，特别是新产品的滞销。因此茶艺馆一般提倡主动点茶方式，即服务人员结合客人的个性特征为其推荐合适的茶饮产品。成功的推荐既可以使客人满意，又能为茶艺馆增加茶饮收入。

（2）向客人推荐茶饮、茶点　恰到好处地推荐茶饮产品是一项专业技巧，要求茶艺服务人员根据客人的状况、品饮季节掌握好推荐时机，推荐时多用建设性的语言，使客人感到服务人员是站在他们的立场上，为他们提供服务，而不是在为谋求茶艺馆的利润进行推销。

推荐茶饮要做到眼快，要求看清顾客的态度、表情和反应。耳快，要求听清顾客的意见、反映和谈论。脑快，要求对于自己的耳闻目睹做出准确且及时的判断，并迅速做出必要的反应。嘴快，要求回答问题及时，解释说明准确、得体且流利地与顾客进行语言上的沟通。手快，要求在有必要用手为顾客取拿、递送商品，或用手为其提供其他服务、帮助时，做到又快又稳。腿快，要求腿脚利索，办事效率高，行动迅速，既显得自己训练有素，又不会耽误顾客的时间。

一般来说，如果客人是第一次光临，对茶艺馆的茶饮产品不甚了解时，可以主动进行推荐。向其介绍茶艺馆的经营特色、产品内容以及茶文化的内涵，消除客人的误解，激发消费兴趣。客人对于没有听过、看过、尝过的产品通常会采取拒绝的态度，即使通过服务人员的介绍产生了兴趣，也会犹豫不决，不知决定是否正确。因此，茶艺服务人员在进行新产品推荐时，最好能够详细地向客人介绍该产品的具体信息，如茶叶的色泽、香气、味道、汤色、营养或药用价值以及价格等，甚至有条件的可以让客人事先品尝一下，这样可以避免在具体服务时出现争议。

茶艺馆正在进行茶饮促销活动时，茶艺服务人员可有针对性地向客人介绍促销的茶饮产品的具体信息，如质量、价格、服务等。

根据不同季节推荐茶饮。科学饮茶讲究因时而异、因人而异。春季宜饮用香味浓郁、喝之顺气暖胃的"玳玳花茶"、清雅去湿的"珠兰花茶"；也可饮用红茶，可适当补充身体热量，温胃散寒，提神暖身。夏季气温炎热，适宜饮用绿茶、白茶，可清热生津，给人以清凉之感。秋季天高气爽，气温逐渐降低，因此适宜饮用乌龙茶，以增加人体的热量，抵御寒气的侵袭。冬季天气寒冷，饮用乌龙茶和红茶最为适宜。

根据不同顾客状况推荐茶饮。茶艺服务人员应详细了解客人日常是否饮茶、主要以哪类茶叶为主等信息，有针对性地进行推荐。从年龄上看，老年人宜喝性平和的乌龙茶、红茶或沱茶；中年人宜喝花茶、绿茶；青年人宜喝绿茶；少年儿童宜饮淡绿茶或淡花茶，宜多用茶水漱口，以防止龋齿发生；从职业上看，从事体力劳动者宜饮红茶、乌龙茶；脑力劳动者宜饮绿茶、茉莉花茶；厨师宜多饮乌龙茶；矿工、司机则宜多饮绿茶；从健康情况上看，体质阴虚者宜饮绿茶、白茶；便秘者宜饮蜜茶；阳虚、脾胃虚寒者可饮乌龙茶、花茶；高血压、糖尿病、肺结核患者宜饮绿茶；胃部有病者宜饮乌龙茶、玳玳花茶，或在茶中加蜜饮用；肝部患病者宜饮花茶；前列腺炎或肥大者宜饮花茶、红茶；减脂去肥者，乌龙茶和普洱茶则为最佳选择；血管硬化、白血球减少、血小板过低者宜饮绿茶；肾炎患者宜饮适量红茶糖水；动脉硬化、高胆固醇患者可饮乌龙茶、普洱茶和白茶；抗菌消炎、收敛止泻宜饮绿茶；防癌抗癌也益饮绿茶。一般来说客人对于没有听过、看过、尝过的产品会采取拒绝的态度，即使通过服务人员的介绍产生了兴趣，也会犹豫不决，不知决定是否正确。因此，茶艺服务人员在进行新产品推荐时，最好能够详细地向客人介绍该产品的具体信息，如茶叶的色泽、香气、味道、汤色、营养或药用价值以及价格等，甚至有条件的可以让客人事先品尝一下，这样可以避免在具体服务时出现争议。

根据地方饮茶习惯推荐茶饮。我国北方的消费者偏爱花茶，南方偏爱绿茶、西北地区偏爱砖茶、广东福建地区偏爱乌龙茶。国外消费者则偏爱红茶。

3. 冲泡服务

点茶完毕后，服务人员应根据客人的茶饮需求向柜台领取茶叶、并选配与之相适应的茶具，准备泡茶用水，进行茶叶的冲泡服务。

上茶时左手托盘，端平拿稳，右手在前护盘，脚步小而稳。走到客人座位右边时，茶盘的位置在客人的身后，右脚向前一步，右手端杯子中端（盖碗杯端杯托），从主客开始，按顺时针方向，将杯子轻轻放在客人的正前方，并报上茶名，然后请客人先闻茶香，闻香完毕，再选择一个合适的固定位置，用水壶将每杯茶冲至七分满，并说："请用茶"。

4. 茶点服务

客人在点茶或饮茶过程中，服务人员应相机询问客人是否需要配套的茶点、小吃，并及时介绍和推销该茶艺馆的特色茶点、小吃。当客人确认了茶点（小吃）后，应立即准备送上，并配送热毛巾和餐巾纸。

5. 台面服务

台面服务是指客人在饮茶过程中服务人员应注意观察，及时为客人添加茶水、再次推销茶饮以及及时清理桌面。

（1）添加茶水　现在大部分的茶艺馆都是在每张茶桌上配有一个电烧水壶（随手泡），以方便茶叶的冲泡和续斟服务。因此服务人员应随时观察客人的饮茶情况，及时为电烧水壶、茶壶续水以及为客人续斟茶水。次序为先女后男，先宾后主。

（2）再次推销茶饮　如果客人茶壶中的茶汤已经很淡了，应及时询问客人是否需要更换。如客人同意更换，泡茶服务同上。

（3）及时清理桌面　如果客人点了茶点或是小吃，服务人员应及时清理桌面，将桌上的空盘、果皮、干果壳以及一切废品收走，保持桌面的整洁有序。

6. 结束工作

结束工作是指客人品饮完茶后，服务员应为其提供结账服务、送别服务并重新整理桌面等工作。

（1）结账收款　结账工作要求准确、迅速、彬彬有礼。客人可以到吧台结账，也可以由服务人员为客人结账。茶艺馆的结账方式一般有现付、签单、刷信用卡等。

①现付结账：当客人要求结账时，服务员应迅速到吧台取来客人的账单，并将其放在垫有小方巾的托盘（或小银盘）里送到客人面前。为了表示尊敬和礼貌，放在托盘内的账单应正面朝下，反面朝上。如客人对账单有疑问时要耐心解释，必要时可请客人到吧台一起复查。客人付账后，服务员要立即将现金送到吧台，由收款员收账找零，并加盖"付讫"章。服务员再将找零和给客人

的发票回呈客人并表示感谢。

②签单结账：设在饭店内的茶艺馆所接待的客人，如是住店客人可以采用签单的形式一次性结账，最后再按照茶艺馆与饭店事先的约定分成。客人签单时应出具有效房卡或房间钥匙，服务员也应对照房卡上的房号与客人所签是否一致。签单一般不在茶艺馆出具发票，而在饭店前台一次性收款时给客人。客人签完单后，服务员应向客人致谢，欢迎再次光临，然后将签过的账单送交吧台。

③信用卡结账：出于现金交易的安全性与私密性，信用卡付费方式越来越受到消费者和商家的欢迎，茶艺馆也不例外。因此服务员应详尽了解茶艺馆可接受的信用卡类型，以便客人在使用信用卡结账时，能够核对该卡是否为茶艺馆可接受的卡型，防止让客人二次结账现象发生。一般来说，当客人示意付账时，服务员应迅速取来账单交给客人核对，然后将账单和信用卡一起一道送交吧台，由收款员复印或压印，并请客人在校样单上签字。最后服务员向客人致谢，欢迎再次光临。

（2）送别 送客是茶艺员留给客人"最后的恋情"，这是茶艺员赢得回头客的最后的一个绝活。怎样做好这一环节，建议从以下几点着手。

①话不要太多：如果客人不是有意提问，三句就足够了："今天您玩得满意吧？"、"希望您对我们的服务提出宝贵的意见"、"欢迎您下次再来"。

②微笑直到客人离去为止：茶艺员的微笑永远要真诚，发自内心。优秀的茶艺员在送客时微笑得更为生动，微笑中包含着一种与客人依依不舍的"恋情"，要让客人隐隐约约有这神会，那简直是服务到家了。

③引领客人到大门口：茶艺员应该把客人送出茶馆，并躬身相送。在引路中可以提醒客人注意安全，或有意识提醒客人关注茶馆的环境、饰物等，以便让客人留下更深的印象。

（3）整理台面 客人在离开之前，不可收拾撤台。客人离去后，应及时检查桌面、地面有无客人遗留物品，如果发现应及时送还给客人。

按照规定重新布置桌面，摆设茶具，清扫地面卫生。

服务柜台收拾整齐，补充服务用品。

（三）茶馆服务人员注意事项

（1）在茶馆任何一处碰到宾客必须打招呼。

（2）不得在宾客面前与同事说方言，若宾客出言不逊，不要流露出不悦。

（3）不得在宾客背后挤眉弄眼，不讥笑宾客外行的地方，应主动为其提供帮助。

（4）不许窃窃私语，互相交头接耳。

（5）不得任用工作电话谈私事。

（6）在茶馆内不允许奔跑，要勤快地走路。

（7）尽量记住宾客的姓名，以便称呼。

（8）下班时间到了，不得擅自离岗，须听上级安排，如果需要加班，应该留下继续工作。

（9）在客人活动场所禁止吸烟，当班时不允许嚼口香糖，上班前或工作时不允许喝酒。

（10）不要伏在桌上开单。

（11）在茶馆内，任何时候不得有梳头、修理指甲、吐痰、吹口哨、叉腰、手插口袋、挖鼻孔等行为。

（12）为宾客服务时，要始终保持微笑。

（四）茶馆接待服务

1. 不同地域宾客的服务

（1）日本、韩国　日本人和韩国人在待人接物以及日常生活中十分讲究礼貌，在为他们提供服务时尤其要注重礼节。泡茶时应注意泡茶的规范，他们不仅讲究喝茶，更注重喝茶的礼法，所以要让他们在严谨的沏泡技巧中感受到中国茶艺的风雅情趣。

（2）印度、尼泊尔　印度人和尼泊尔人惯用双手合十礼致意，茶艺服务人员也可采用此礼来迎接宾客。印度人拿食物、礼品或敬茶时使用右手而不用左手，也不用双手，在提供服务时要特别注意。

（3）英国　英国人偏爱红茶，并需加牛奶、糖、柠檬片等。在提供服务时应本着茶艺馆服务规程适当添加白砂糖等，以满足宾客需求。

（4）俄罗斯　俄罗斯人也偏爱红茶，而且喜欢"甜"，他们在品茶时吃点心是必备的，所以在服务中除了适当添加白砂糖外，还可以推荐一些甜味茶食。

（5）摩洛哥　摩洛哥人酷爱饮茶，加白砂糖的绿茶是摩洛哥人社交活动中一种必备的饮料。因此，服务中添加白砂糖是必不可少的。

（6）美国　美国人受英国人的影响，多数人爱喝加糖和奶的红茶，也酷爱冰茶，在服务中要留意这些细节，在茶艺馆经营许可的情况下，尽可能满足宾客的需要。

（7）土耳其　土耳其人喜欢品饮红茶。在服务时可遵照他们的习惯，准备一些白砂糖供宾客加入茶汤中品饮。

（8）巴基斯坦　巴基斯坦人以牛、羊肉和乳类为主要食物，为了消食除腻，饮茶已成为他们生活的必需。巴基斯坦人饮茶风俗带有英国色彩，普遍爱好牛奶红茶，西北地区流行饮绿茶，同样，他们也会在茶汤中加入白砂糖。

2. 不同民族宾客的服务

（1）汉族　汉族大多推崇清饮。可根据宾客所点的茶品，采用不同方法为宾客沏泡。采用玻璃杯、盖碗冲泡，宾客饮茶至杯的三分之一水量时，需为宾客添水，为宾客添水三次后，需询问客人是否换茶，因为此时茶味已淡。

（2）藏族　藏族人喝茶有一定的礼节，喝第一杯时会留下一些，当喝过两三杯后，会把再次添满的茶汤一饮而尽，这表明宾客不想再喝了，这时，就不要再为其添水了。

（3）蒙古族　在为蒙古族宾客服务时要特别注意敬茶时用双手，以示尊重。当宾客将手平伸，在杯口上盖一下，表明宾客不再喝茶，可停止为其斟茶。

（4）傣族　在为傣族宾客斟茶时，只斟浅浅的半小杯，以示对宾客的敬重，对尊贵的宾客要斟三道，这就是俗称的"三道茶"。

（5）维吾尔族　在为维吾尔族宾客服务时，尽量当着宾客的面冲洗杯子，以示清洁。为宾客端茶时要用双手。

（6）壮族　为壮族宾客服务时要注意斟茶不能过满，否则被视为不礼貌。奉茶时要用双手。

3. 不同宗教宾客的服务

我国是一个多民族的国家，少数民族几乎都信奉某种宗教，在汉族中也不乏宗教信徒。佛教、伊斯兰教、基督教等都有自己的礼仪与戒律，并且都很讲究遵守。因此，要了解宗教常识，以便更好地为信奉不同宗教的宾客提供贴切、周到的服务。

在为信奉佛教的宾客服务时，可行合十礼，以示敬意；不要主动与僧尼握手，在与他们交谈时不能问僧尼尊姓大名。

4. VIP 宾客的服务

每天要了解是否有 VIP 宾客预订，包括时间、人数、特殊要求等都要弄清楚。根据 VIP 宾客的等级和茶艺馆的规定配备茶品。所用的茶品、茶食必须符合质量要求，茶具要进行精心的挑选和消毒。提前 20 分钟将所备茶品、茶食、茶具摆放好，确保茶食的新鲜、洁净、卫生。

5. 特殊宾客的服务

对于年老、体弱的宾客，尽可能安排在离入口较近的位置，便于出入，并帮助他们就坐，以示服务周到。

对于有明显生理缺陷的宾客，要注意安排在适当的、能遮掩其生理缺陷的座位入坐，以示体贴。

如有宾客要求到一个指定的位置，应尽量满足其要求。

第二章 国外茶文化

目前世界上有 160 多个国家饮茶，50 多个国家和地区产茶，其中年生产茶叶在万吨以上的主产国有 21 个。世界各国的茶叶都是直接或间接地由中国传入。茶叶在传播过程中，各国结合本国的生活习惯、历史文化、人文风俗等形成了风格独特的饮茶习俗。本章介绍茶的对外传播之路和几个国家的特色茶文化与茶俗。

第一节　茶对外传播之路

中国是茶树的原产地，中华民族是最早发现及利用茶叶的民族，世界各国的茶树栽培及茶叶加工技术、茶文化的根源，乃至"茶"字的发音都是直接或间接从中国传去的，如今流行于 100 多个国家和地区，几十亿人口品饮的茶叶，虽因国风民俗而各有特色及文化特质，其根都在中国，其源都在中华。

随着社会文明的进步，茶叶从茗菜、药用变为饮用，又从单纯的解渴、保健提升为崇尚礼仪的茶礼，偏重艺术审美的茶艺，升华至思想感悟的茶道，丰富了人类的物质生活及精神生活，是上天赐给人类的瑰宝，也是华人对世界文明的贡献。

自唐宋至明清经历 1300 多年的历史长河，中国茶如何走向世界及其对世界饮茶文化的影响，是值得学习的。

茶对外传播的方式与媒介主要有三个方面：第一，通过来华的僧侣，将茶叶带往周边的国家和地区；第二，在互派使节的过程中，茶成为随带的礼品或用品，在国与国之间交流；第三，通过贸易往来输到国外。

中国茶经由陆地、山川、海洋，借着挑夫、牛帮、马帮、驼队及舟船逐渐形成的陆上茶路及海上茶路走向全世界，使茶成为世界三大饮料之一。

将茶叶的对外传播路线进行分析，可形象地分为以下四条主线路：

（1）唐、宋时期伴随佛教禅宗传向韩国、日本的禅茶之路。

（2）清初华茶（武夷茶为主）经塞北大草原由陆路走向俄国、东欧的塞北驼道。

（3）清初及鸦片战争后华茶（武夷茶为主）由东南口岸以海路船运至欧洲、美洲的海上茶路。

（4）始于唐宋兴于明清乃至民初，川茶、滇茶走向西藏、西亚、南亚、东南亚的茶马古道。

一、禅茶之路

禅茶之路是唐宋时期茶叶的对外传播。中唐时期上至王公、下及百姓的饮茶风尚，伴随佛教、儒学的外传及广泛开展的商业贸易活动，迅速传播到日本、韩国、印度（古称天竺）、吐蕃、回纥等邻近地区，更远传至伊朗（古称波斯）、阿拉伯（古称大食）等国，涵盖东亚、西亚、南亚、中亚、北亚，遍布全亚洲。至今亚洲仍是世界的茶叶生产中心，世界茶叶产量中80%以上产于亚洲，亚洲也是茶叶消费的主要地区。

（一）传入日本

宋代的点茶法伴随禅宗茶礼传入日本、高丽，逐渐融入本土文化而形成日本抹茶道及韩国茶礼。

日本文化大都是引进外国的先进文化，再以此为基础本土化而发展起来，公元八世纪遣唐使、留学僧盛行，大量引入盛唐文化。

日本天台宗开山祖，传教大师最澄，公元805年由唐带回茶籽，种植于近江（滋贺县）坂本日吉神社，称"日吉茶园"，这是日本史料记载的最早茶园（图2-1）。公元806年日本真言宗开山祖，弘法大师空海，由唐归日本时也带回茶籽，并带回茶叶进献嵯峨天皇。

图2-1　日吉茶园

大僧都永忠留唐 30 年，于公元 805 年回日本，嵯峨天皇弘仁六年（公元 815 年），临幸梵释寺，永忠煎茶奉侍，天皇下诏畿内，近江（滋贺）、丹波（京都、兵库）、播磨（兵库）植茶，年年献茶，并把皇宫东北隅辟为茶园设造茶所。

此时饮茶仅是皇室、贵族、高僧等上层社会，模仿唐风中土文化的风雅之事，作为生活情趣之一斑，虽有弘仁茶风之美誉，但尚未广传于平民百姓。

平安时代中期，公元 894 年废遣唐使，日本对唐物、唐风的淡化使茶风中断。

平安时代末期开始盛行的日、宋贸易，茶逐渐成为贸易商品。荣西禅师于 1187 年第二次入宋学佛，1191 年归国带回茶籽及宋点茶器具，把茶再度传入日本，最初将茶籽播种于筑前（福冈）背振山灵仙寺石上坊（石上茶的起源）。

1207 年，明惠将荣西所赠茶种植于尾高山寺山内（尾茶的起源），后逐渐广植于宇治、伊势、骏河，正式首创日本茶道的是村田珠光（公元 1423—1502 年），按照禅宗寺院简单朴实、沉稳寂静的饮茶方式，开创"草庵茶法"。

武野绍鸥（公元 1502—1555 年）发扬珠光的理念，使用本土茶具器物，将日本文化融入茶道，开创空寂茶道。

千利休（公元 1522—1591 年）继承武野绍鸥的空寂茶道，以简单朴拙的手法，表达茶会的旨趣和茶道的奥义，集茶道之大成，流传至今（图 2 - 2）。

图 2 - 2　千利休茶室 "待庵" 一角与千利休居所

（二）传入朝鲜半岛

由于陆路交通比海路便利安全，又逢盛唐初，朝鲜半岛有部分为唐之版图，茶入朝鲜半岛要早于日本列岛。

公元六至七世纪，至中国求佛法的新罗僧人，他们在中土长期在寺庙修习佛法，会接触到饮茶，回国后将饮茶习俗传播给国人，韩国史籍《三国史记》

载，新罗善德女王时，已有茶，善德女王在位时期为公元632—646年，故韩国饮茶不迟于七世纪中叶。日本饮茶最早史料记载为公元729年（圣武天皇神龟六年）2月8日，宫中大极殿百僧诵经后有施茶仪式。至新罗兴德王三年（公元828年）遣唐使金大廉回国时带回茶籽，朝廷下诏种植于地理山（智异山）促成韩国本土茶叶发展及促进饮茶之风。

公元八世纪，新罗学者崔致远曾在唐朝为官，当时正是唐代煎茶法盛行时期。在崔致远回国时就将煎茶法带回新罗。

新罗当时的饮茶方法是采用唐代流行的饼茶煎饮法，茶经碾、罗成末，在茶釜中煎煮，用勺盛到茶碗中饮用。真鉴国师（公元755—850年）的碑文中，就记载了有关茶的习俗："如再次收到中国茶时，把茶放入石锅里，用薪烧火煮后曰：'吾不分其味就饮。'守真忓俗如此。"

高丽王朝时期（公元935—1392年）是朝鲜半岛茶文化最为兴盛的时期。其表现之一是源于我国宋代的焚香、叩拜、献茶的道家茶礼的兴起。

高丽王室决定推行茶礼祭祀（每年两大节）：①燃灯会：二月二十五日，供释迦；②八关会是敬神而设，对五岳神、名山大川神、龙王等在十一月十五日设祭，由国王亲自为释迦佛和诸天神敬茶。仪式隆重，堪称大典。

在太子的寿诞之日、王子王妃的册封日，以及公主的吉期，都要举行茶礼。即使是君王、臣民的宴会也举行茶礼。一时间茶礼成为各种礼仪的必行程序，可见对茶礼的重视程度。

百姓家的冠礼、婚丧、祭祖、祭神、敬佛、祈雨等礼仪中也开始增加茶礼内容，使得茶礼不再是王室、官员、僧道们的特殊待遇，而是普及到平民百姓之家。

饮茶方法随着我国宋代点茶法的流行，韩国也采用点茶法饮茶。同时还引进了中国的团饼茶和茶具。像当年流行的金花乌盏、翡色小瓯、银炉、汤鼎都是效法中国制造的。

二、海上茶路

海上茶路是指华茶（武夷茶）由东南口岸以海路船运至欧洲、美洲。十六世纪西方开通欧洲至亚洲的航路，康熙二十三年（公元1684年）废除海禁，开创了中国茶走向西欧的有利条件。

1596年荷兰人在爪哇建立了东方产品转运中心，1602年成立荷属东印度公司，并于1610年首先将茶（绿茶）运到西欧。饮茶习俗逐由荷兰传至法国、德国及英国，华茶（尤其是武夷茶）引起西欧各国的瞩目。

英属东印度公司于1600年12月31日经伊丽莎白女王特许成立，在东起南非好望角西至南美合恩角，包括印度洋及太平洋的海岸线，有贸易垄断权及政府所授予的公权力。1669 年英国立法禁止茶叶由荷兰输入,授予英属东印度公司茶叶专卖权,当年英属东印度公司即由爪哇转运华茶到伦敦。清康熙二十三年（公元 1684 年），清政府开放海禁，在广东、福建、浙江、江苏，开放港口对外贸易。1689 年英属东印度公司首次由厦门直接运送华茶至英，开始中英的茶叶直接贸易。

1784 年美国商船"中国皇后号"经由纽约开往广州，开始中美的茶叶直接贸易，此后华茶源源入美。

清乾隆二十三年（公元 1757 年）下诏"遍谕番商，嗣后口岸定于广东"。广州成为华茶出口的唯一口岸。福建、江西、安徽等内地名茶（以武夷茶最负盛名），在江西铅山河口镇装船，由信江向西顺流而下，运至鄱阳湖，走赣江至赣南，由挑夫运过大庾岭（南岭），至韶关转运至广州，经由洋行（行商）交易出口，船运至西欧及美洲。武夷茶由海路进入西欧，再创高峰，甚至成为中国茶的代名词。

三、塞北驼道

清康熙二十八年（公元 1689 年）中俄签订尼布楚条约，华茶源源进入沙俄，雍正五年（公元 1727 年），中俄签订恰克图界约，确定恰克图为中、俄互市地点。华茶（先是武夷茶，后是荆湖茶）以舟船、挑夫、牛帮、马帮相继，经由福建、江西、湖北、河南、山西到河北张家口再以驼队经由内蒙古、蒙古到恰克图交易运往莫斯科，这是继丝路之后，代之兴起的中国至东欧的茶路。

四、茶马古道

始于唐宋兴于明清乃至民初，是川茶、滇茶走向西藏、西亚、南亚、东南亚的茶马古道。

茶马古道是云南、四川与西藏之间的古代贸易通道，由于是用川、滇的茶叶与西藏的马匹、药材交易，以马帮运输，故称"茶马古道"。茶马古道连接川滇藏，延伸入不丹、锡金、尼泊尔、印度境内，直到抵达西亚、西非红海岸。根据现有的古文物及历史文献资料，早在汉唐时，这条以马帮运茶为主要特征的古道就发挥作用了。抗日战争中，当沿海沦陷和滇缅公路被日寇截断之后，茶马古道成为中国当时唯一的陆路国际通道。

一条是：普洱→昆明→昭通→四川的泸州、叙府→成都→重庆→京城。

二条是：普洱→下关→丽江→西康→西藏互市。

三条是：由勐海至边境口岸打洛，再分二路：一路至缅甸、泰国；二路经缅甸到印度、西藏。

四条是：由勐腊县的易武茶山起始，马帮运至老挝的丰沙里，再到河内，上火车至海防装船，销往南洋。

（1）滇藏道　从云南普洱茶的产地（今西双版纳、思茅等地）出发，经下关（大理）、丽江、中甸（今香格里拉）、迪庆、德钦，到西藏的芒康、昌都、波密、拉萨，而后再经藏南的泽当，后藏的江孜、亚东然后出境。

（2）川藏道　它是由四川的雅安出发，经泸定、康定（打箭炉）、巴塘、昌都至拉萨，再经后藏日喀则出境到尼泊尔、缅甸、印度。

宋代在四川名山等地还设置了专门管理茶马贸易的政府机构——茶马司。茶马贸易繁荣了古代西部地区的经济文化，同时也造就了茶马古道这条传播的路径。

第二节　日本茶文化

日本的茶叶是由中国传入的。在 1500 年以前，日本还没有茶树，也无饮茶习惯。有资料说，大约在隋朝文帝开皇年间（公元 593 年），开始有一些日本僧人到中国来学习佛教，在回国时将中国的茶叶和饮茶方式带回去。从此，日本才有了茶和饮茶之事。特别是到了唐代，来中国的日本僧人大增，他们在回国时，不仅带回了中国的茶叶、茶具和饮茶方式，还将茶籽带回国，发展了日本的茶业。

随着茶在日本的不断普及，日本茶道也应运而生。日本茶道是在我国宋代寺院茶道基础上建立起来的。抹茶道的沏茶方法采用的是我国宋代的点茶法。

一、日本茶文化的形成和发展

日本与中国一衣带水，中日两国自古以来就有政治、经济和文化联系。茶文化是两国源远流长的文化交流内容之一，特别是茶文化作为中日文化交流关系的纽带，一直起着重要作用。

中国是茶的祖国，是茶文化的发源地，起源于中国的茶文化在向世界各地传播时较早地传入日本列岛。中日茶文化交流的历史悠久、源远流长，一千多年来绵延不断。汉魏两晋南北朝以至隋，饮茶风俗从巴蜀地区向中原广大地区传播，茶文化由萌芽进而逐渐发展。当时日本列岛可能会接触中国的饮茶，但无可靠的文字记载，因而忽略。

二、日本的茶事活动

日本人把茶道当作是一种修身养性的形式，很强调其精神作用，有很浓的宗教色彩，或者可以说他们就是把茶道当成一种宗教来对待。通过学习茶道来教育人，净化人的心灵，培养人的品性。因此，在茶道创立初期，就提出了茶道的基本精神，即"和、敬、清、寂"。为了贯彻这一思想，达到使人修身养性的目的，日本茶道对茶事过程中涉及的方方面面都作了细致入微的规定（包括建筑及设施、用具、茶事中的礼仪和形式，茶人的位置、动作，甚至主客对话等）。

所以，日本茶道的一个重要特点是：茶事活动不是以品评茶叶真味为主要关注点，而是特别注重茶事过程中人们的一举一动，一言一行是否规范、符合礼仪。这与中国茶道不同，有人说中国人一向将饮茶看作是一种审美和享乐的体验，故少不了在茶具和沏泡方法上花工夫。有"中国人喝茶行乐，日本人饮茶悟道"一说。

（一）茶道建筑

茶道建筑是日本茶道的一个很重要的组成部分。它是专用于举办茶事活动的场所，与一般的建筑有很大的区别。一般茶道建筑由两大部分组成——茶庭和茶室。

茶庭（露地）：为外界尘世进入茶室的通道，是修行的场所，平时不能在其中玩耍。由小茅棚、石制洗手钵、厕所、垃圾坑、石板小道及树木植物等构成（图2-3、图2-4）。

图2-3　表千家露地　　　　　　　　图2-4　里千家露地

茶室：通常为小茅屋，用天然原材料（原木、树皮、竹、稻麦秆、泥土、宣纸等）建成（图2-5）。地面铺榻榻米，面积最好为4张半榻榻米大小（约$8.186m^2$，每张小于$2m^2$），可招待3位客人。茶室内设壁龛、地炉。地炉的位置决定室内榻榻米的铺放方式。一般说来客人坐在操作人（主人）左手一边称为顺手席。客人坐在操作人右手一边称为逆手席。室内全采用自然光，不用电。较独特的是，客人入口为一个 73cm×70cm 的小门，进出时要屈膝而行，表示一种谦恭的态度。

(1) 日本茶室(外)　　　　　　　　　(2) 日本茶室平面图

图 2-5　日本茶室（外）（1）与茶室平面图（2）

（二）茶道具

茶道具即茶事活动中所用的一切器具，它是日本茶道的一个极其重要的组成部分。日本茶道精细、复杂，因而所用茶道具也很多，其种类多达数十种（图 2-6）。茶道具在美学上追求自然纯朴美，尽量避免人工精雕细刻。色泽不鲜艳，要协调。另外对茶具视为"有生命"之物，分正脸与背身。茶人应对茶道具十分珍惜，茶事中有向茶具行礼的动作。

（三）茶事活动

茶事活动的形式即茶会，它是茶道的表现形式，是茶道理念的实践。

茶事过程由两个阶段组成，前一阶段为初座，后一阶段为后座。两个阶段之间有一段稍事休息的时间（约 20 分钟），称为"中立"。

客人到来后先进一个小房间喝一点热水，整理一下服装。等客人都到齐以后，移到茶庭的小茅棚里，坐下来观赏一下茶庭的风景，然后进入茶室就坐。主人开始表演添炭技法。整个茶事进行中要添 2 次炭，此次为"初炭"。之后主人拿上茶食，日语称为"茶怀石"。据说来源于禅宗，和尚坐禅，空腹难挨，将烤热的石头揣在怀里以渡难关。茶事的目的和高潮，是让客人喝浓茶。如空腹饮用恐损伤胃黏膜。茶道中的茶食种类多，但量小，一般有三碗米饭、一碗锅巴泡饭、一盘凉拌菜、两个炖肉丸子、三段烤鱼、一撮腌萝卜块、一些咸菜、几个蘑菇、少许海味、三碗大酱汤和一碗清汤、一道甜点，还有二两清酒。

(a) 水屋内的备用茶具　　　(b) 台子（茶具组）　　(c) 水勺、茶碗、抹茶罐、茶勺

(d) 茶碗　　　　　(e) 建水（废水盂）　　　　　(f) 果子器

(g) 座垫　　　　　(h) 果子器　　　　　(i) 添炭篮

图 2-6　各类日本茶道具

用完茶食以后，客人去茶庭休息，"初座"结束，进入"中立"。之后再次入茶室，进入"后座"。后座是茶事的主要部分。在严肃的气氛里，主人为客人点浓茶，然后再次添炭，称为"后炭"。之后再为客人点薄茶。喝完薄茶，茶事进入尾声，客人退出即结束。整个茶事所花时间，通常为 4 个小时。现代的茶炉大都以电炉代替，因此添炭的技巧与精妙已经不易见到。

日本茶道精细、复杂、严谨，主要体现在对茶事活动中的每一个细节都作了严格规定和要求，有所谓"茶道五要素"之说：即位置（如主、客的座位，茶具摆放的位置）、动作（如主人点茶和客人饮茶、吃食的动作）、顺序、姿势（坐、立、走、行礼）、移动路线。甚至主、客之间对话也基本固定，不能随便讲。例如，主人做完添炭表演后，客人要向主人索要香盒拜看，并对话：

客："真是一个精妙的茶碗，太饱眼福了。"

主："哪里哪里，不堪入目的东西。太夸奖了。"

客："请问这茶碗是哪个窑烧制的？"

主："是志野窑烧制的。"

客："那碗上的图案十分有趣，令人爱不释手。"

主："谢谢您的夸奖。"

总之，日本茶道诞生以来，已有六七百年的历史了。发展至今，形成了20多个流派。各流派都遵循千利修的茶道思想，只是各自风格有所不同。有的趋于素淡，有的趋于华丽。另外，在点茶动作和茶会的细则上也有所不同（如出脚先后、左右等）。各流派都有自己的家元，负责继承上代的茶技，向下传授茶技，有绝对的权力和威望。家元的职位是世袭的，一般由长子继承。在继位之前，从五六岁便开始修行茶道，之后还要去禅院参禅。要经过长年的艰苦修行磨炼。家元的人格、茶技、言行对这一流派的发展有巨大影响。家元制度的建立，对于继承发展茶道文化起了很大的作用。茶道就是靠这种方式代代相传、经久不衰的。对于一般人，若要学习某个流派的茶道，需要办理入门手续，跟着有教授资格的茶人不断修行，到一定年限（1~2年）后，根据学习掌握的程度，发给适当的证书。证书的级别有10多级。家元通过证书的授予，对本流派的弟子进行管理。目前弟子人数最多的是里千家流派。据统计，在日本学习茶道礼仪的1000万人中，约有60%属于里千家流派。其次是表千家，再次是武者小路千家。

第三节　韩国茶文化

中国和韩国也是一衣带水的邻邦，起源于中国的茶文化在向世界各地传播的过程中较早地进入了朝鲜半岛，迄今已有数千年的历史。数千年来，韩国在学习中国饮茶之道的同时，结合禅宗文化、儒家和道教伦理及韩国民族传统礼节于一体，形成了一整套独具特色的韩国茶礼，成为世界茶文化中一簇典雅的礼仪之花，对韩国传统文化及现代社会的发展都产生了重大而深远的影响。

茶礼源于中国古代的饮茶习俗，早在1000多年前的新罗时期，朝廷的宗庙祭礼和佛教仪式中就运用了茶礼。在高丽时期，朝鲜半岛已把茶礼贯彻于朝廷、官府、僧俗等各个不同阶层。最初盛行点茶法，就是把茶叶用磨磨成茶末儿，此后把汤罐里烧开的水倒进茶碗，用茶匙或茶筅搅拌成乳化状后饮用的办法。到高丽末期，有把茶叶泡在盛开水的茶罐里再饮的泡茶法。

高丽时期的佛教茶礼表现是禅宗茶礼，其规范是《敕修百丈清规》和《禅苑清规》。其主要茶礼内容有：后任住持赴任时举行尊茶、上茶和会茶仪式；寮元负责众寮的茶汤，水头负责烧开水；吃食法中记有吃茶法。

韩国茶礼是高度仪式化的茶文化，特别讲究茶礼仪式。所谓茶礼仪式是指茶事活动中的礼仪、法则。韩国的茶礼仪式是高度发展的，种类繁多、各具特色，主要分仪式茶礼和生活茶礼两大类。

一、仪式茶礼

仪式茶礼就是在各种礼仪、仪式中举行的茶礼。每年 5 月 25 日为韩国茶日，年年举行茶文化祝祭（图 2 - 7）。其主要内容有韩国茶道协会的传统茶礼表演，韩国茶人联合会的成人茶礼和高丽五行茶礼以及国仙流行新罗茶礼、陆羽品茶汤法等。

图 2 - 7　2012 韩国茶人大会——祝祭世界伟大茶人（备茶汤）

高丽五行茶礼是古代茶祭的一种仪式，以规模宏大、人数众多、内涵丰富，成为韩国国家级的进茶仪式。所有参与茶礼的人都有严谨有序的入场顺序，一次参与者多达 50 余人。茶礼全过程充满了诗情画意和民族风情。

五行茶礼的核心是祭扫韩国崇敬的中国"茶圣"——炎帝神农氏。

五行茶礼的祭坛，设置在洁白的帐篷下，并挑 8 只绘有鲜艳花卉的屏风，正中张挂着用汉文繁体字书写的"茶圣炎帝神农氏神位"的条幅，条幅下的长桌上铺着白布，长桌前置放小圆台三只，中间一只小圆台上放青瓷茶碗一只。

茶礼中的五行均为东方哲学，包含 12 个方面：五方，即东西南北中；五季，除春夏秋冬四季外，还有换季节；五行，即金木水火土；五色，即黄色、青色、赤色、白色、黑色；五脏，即脾、肝、心、肺、肾；五味，即甘、酸、苦、辛、咸；五常，即仁、义、礼、智、信；五旗，即太极、青龙、朱雀、白虎、玄武；五行茶礼，即献茶、进茶、饮茶、品茶、饮福；五行茶，即黄色井户、青色青磁、赤色铁砂、白色粉青、黑色天目；五之器，即灰、大灰、真火、风炉、真水；五色茶，即黄茶、绿茶、红茶、白茶、黑茶。

五行茶礼是韩国国家级的茶礼仪式，要设祭坛、五色幕、屏风、祠堂、茶圣炎帝神农氏神位和茶具。参与者多达 50 余人，有严谨有序的入场顺序。

（1）入场式开始，由茶礼主祭人进行题为"天、地、人、和"合一的茶礼诗朗诵。

（2）身着灰、黄、黑、白短装，分别举着红、蓝、白、黄并绘有图案的旗帜的 4 名旗官进场，站立于场内四角。

（3）2 名身着蓝、紫两色宫廷服饰的执事人入场互相致礼后分立两旁。高举着圣火（太阳火）的 2 名男士、2 名手持宝剑的武士入场，武士入场要做剑术表演。

（4）2 名中年女子持红、蓝两色蜡烛进场献烛；2 名女子献香；2 名梳长辫着淡黄上装、红色长裙的少女手捧着青瓷花瓶进场；另有 2 名献花女则将两大把艳丽的鲜花插入青花瓷瓶。

（5）30 名佳宾各持鲜花二行纵队沿着白色地毯向茶圣炎帝神农氏神位献花，1 名女性端着献茶用的大茶碗，放在神位桌前的圆台上。

（6）"五行茶礼行者"共 10 名妇女始进场。身着白色短上衣，穿红、黄、蓝、白、黑各色长裙，头发梳理成各式发型且均盘于头上，成两列坐于两边。用置于茶盘中的茶壶、茶盅、茶碗等茶具表演沏茶，沏茶毕全体分二行站立，分别手捧青、赤、白、黑、黄各色的茶碗向炎帝神农氏神位献茶。

献茶时，由五行献礼祭坛的祭主，1 名身着华贵套装的女子宣读祭文，祭奠神位。

随后由 10 名五行茶礼行者向各位来宾进茶并献茶食。最后由祭主宣布"高丽五行茶礼"祭礼毕，这时四方旗官退场，整个茶祭结束。

二、生活茶礼

生活茶礼顾名思义，就是日常生活中的茶礼。按名茶类型有"末茶法""饼茶法""钱茶法""叶茶法"四种。

下面简单介绍其中的叶茶法。

迎宾：宾客光临，主人要到大门口恭迎，并以"欢迎光临"等语句迎宾引路。宾客以年龄高低顺序随行。进茶室后，主人要立于东南向，向来宾再次表示欢迎后，坐东面西，而客人则坐西面东。

温茶具：沏茶前，先收拾、折叠茶巾，将茶巾置于茶具左边，然后将烧水壶中的开水倒入茶壶，温壶预热，再将茶壶中的水分别平均注入茶杯，温杯后即弃之于退水器中。

沏茶：主人打开壶盖，用茶匙取出茶叶投入壶中。并根据不同的季节，采用不同的投茶法。一般春秋季用中投法，夏季用上投法，冬季则用下投法。投茶量为一杯茶投一匙茶叶。将茶壶中冲泡好的茶汤，按自右至左的顺序，分三次缓缓注入杯中，茶汤量以斟至杯中的六七分满为宜。

品茗：茶沏好后，主人以右手举杯托，左手把住手袖，恭敬地将茶捧至来宾面前的茶桌上，再回到自己的茶桌前捧起自己的茶杯，对宾客行"注目礼"，口中说"请喝茶",而来宾答"谢谢"后,宾主即可一起举杯品饮。在品茗的同时,可品尝各式糕饼、水果等清淡茶食用以佐茶。

与日本相似,源于中国的韩国茶礼也有着浓厚的中国传统礼教的韵味。中国儒家的中庸思想被引入韩国茶礼之中,形成"中正"的精神。这种精神是人性格中不可缺少的组成部分,它是一种积极乐观的生活态度。韩国提倡的茶礼以"和、敬、俭、真"为根本精神:"和"是要求人们心地善良,和平共处,互相尊敬,帮助别人;"敬"是要有正确的礼仪,尊重别人,以礼待人;"俭"是俭朴廉正,提倡朴素的生活;"真"是要有真诚的心意,以诚相待,为人正派。所以,茶礼的整个过程,从迎客、环境与茶室陈设、书画、茶具造型与排列,到投茶、泡茶、茶点、吃茶等,均有严格的规范与程序,力求给人以清静、悠闲、高雅、文明之感。

近年来,"复兴茶文化"运动在韩国积极开展,许多学者、僧人在研究茶礼的历史,出现了众多的茶文化组织和茶礼流派。传统茶礼从复兴走向迅速发展,并日趋专业化。弘扬传统文化与茶礼所倡导的团结、和谐的精神,正逐渐成为现代人的生活准则。与此同时,韩国茶人注重交流,他们广泛参与中国茶文化活动,参加国际茶文化交流。另外,韩国茶文化代表团还去中国博物馆、陆羽故乡和名茶产地参观,与日本也有广泛的交流。

第四节 英国饮茶文化

英国是一个不产茶的国家,但英国人从早到晚都会饮茶,其饮茶习俗中最正式和不可少的在于其"五时茶"(又称午后茶、下午茶)的习惯。即在下午4~5点钟的时间里,有一个饮茶、吃茶点的时间。据说这是一个贵族夫人(裴德公爵夫人安娜)于1763年首创的。由于当时英国人用膳多重视早餐,食物最为丰盛。午餐比较马虎。而午餐后直到下午8点后才进晚餐。午、晚餐间隔达8个小时之多,加上午餐进食既差又少,体力难以支持,于是安娜夫人就想了一个办法,每到下午5时,就召请大家饮茶进食茶点,以解饥渴,消除疲劳,结果备受人们称赞,深得人心。自此,大家争相效仿,午后茶也就不胫而走,成了英国社会的一种时兴的习俗。

一、茶的传入

世界三大主要饮料为茶、可可、咖啡。可可于1528年由西班牙人输入欧洲;咖啡在1615年经威尼斯商人输入欧洲。而东方饮茶几百年后,欧洲人才开始喝茶。1602年荷兰成立东印度公司,并在1607年从澳门运茶入欧洲,这是中国茶运入欧洲的最早记录。

英国最早有中国茶叶出售。1610年，英国东印度公司成立。1657年，Thomas Garway咖啡馆贩卖（位于伦敦）茶叶，并贴茶叶广告促销，宣传中国茶的优良品质和保健功效。所售茶叶价格极高，每磅茶叶为6~10英镑。

英国最早卖茶水。1658年，Sultaness Head Coffee House伦敦皇后咖啡室开始卖茶水。英国人均聚会于咖啡室，或饮茶或饮咖啡，兼有议论当日之政治问题，一切时事新闻等在咖啡室广为传播。

1662年，葡萄牙公主Catherine嫁给英皇查理斯二世。公主嗜茶，带动起英国皇宫饮茶之风气。英国诗人Edmund Waller作诗一首赞美茶叶，同时也为庆祝皇后结婚1周年。1715年后，英国进口低价中国绿茶，英国各阶层普及喝中国茶。1717年伦敦第一家茶室Golden Lion（金狮茶室）成立。

二、英国的饮茶习俗

英国人饮茶开始于十七世纪，可以说茶叶是英国的一种传统饮料。英国人常爱喝汤色红酽、滋味浓鲜的红碎茶。而且习惯于在茶汤中加入方糖和牛奶。通常加牛奶、方糖的次序是：先在杯中放入牛奶，用壶将茶泡好后，再冲入杯中与牛奶混合，最后再放进方糖。顺序不能颠倒，假如先倒茶汤再放牛奶就被认为是没有教养。有的英国人也喜欢喝什锦茶，即将几种茶叶（红、绿、乌龙茶等）混合冲泡。也有的在茶汤中加入橘子、玫瑰、柠檬汁等佐料。他们认为，这样就会使茶叶中伤胃的咖啡碱减少，更能发挥茶的健体作用。

十八世纪时大众化茶馆林立，饮茶普及各阶层。英国人的生活里，茶是不可或缺的东西，一日饮茶数次，如晨起时的"床头茶"，早餐时的"早餐茶"，上午工作休息时的"上午茶"，午餐时的"午餐茶"，下午工作休息时的"下午茶"，晚餐时的"晚餐茶"以及就寝前的"寝前茶"等。讲究者，不同时段有不同的专用茶叶、不同的茶具，点心搭配、品茗环境也有不同的气氛。其中以下午茶（一般在下午4~5时）最受重视，成为每日社交与人际活动的重要组成部分。

英国人对饮茶用具也十分讲究，喜欢用上釉的陶瓷器具，不喜欢用银壶和不锈钢的茶壶，因为他们认为金属茶具不能保持温度，锡壶、铁壶还有损茶味。

英国人爱喝茶是有名的，有资料介绍，英国每天要消费1.6亿杯茶。对嗜茶者来说，一天要喝好几杯茶，有的早晨一起床就要喝早茶。目前英国是世界第一大茶叶进口国。英国的茶叶消费量很高，最多时达到人均年消费4.5kg左右，居世界第一。即使在今天受到多种新型饮料的竞争，但茶叶仍是英国的第一大饮料。据调查，10岁以上的英国人中，71.3%的人有每天饮茶的习惯。茶叶不愧是英国的"国饮"。

现在英国的五时茶已流行于欧美，甚至与英国有关的英联邦国家，如澳大利亚也有此习俗。英国人也模仿中国人饮茶的方式，但英国人生活当中茶和餐是一起的（表2-1）。

表2-1 英国人一天的茶事活动

序号	茶事项目	茶事活动内容
1	Early morning tea（寝觉茶） Bed tea（床茶）	罗曼蒂克的茶，先生泡好的茶奉给太太
2	Breakfast tea（早餐茶）	红茶，茶点丰富：吐司、蛋、水果、培根、热牛奶（美国：冷牛奶）
3	Morning tea break（早休茶） Elevenses（午前茶）	上午11时左右开始喝茶，大约15分钟结束。喝红茶，吃点心
4	Lunch tea（午餐茶）	大都很简便，主要是红茶、三明治、鱼和炸马铃薯片
5	Midday tea（午休茶） Tea break（茶休）	午后3时左右喝红茶，吃饼干或小面包 所需大约15分钟
6	Afternoon tea（下午茶）	十九世纪初英国第七代贝佛德公爵夫人安娜·玛利亚（Anna Maria）开始的新的饮茶风俗。因为午餐与晚餐间的4~5时肚子饿，吃简单的点心（三明治）与喝红茶。以夫人为主的优雅、豪华、有礼貌的下午茶是重要的社交场所。十九世纪下午茶的流行是带动大家喝茶的习惯。"一起喝下午茶"就是跟你"做朋友"的意思
7	High tea（高茶）	十九世纪左右英国劳动阶级和农村地区的习惯工作完回家之后准备晚餐，红茶配肉和火腿
8	After dinner tea（餐后茶）	晚餐后家人聚在一起的时候喝茶时间

三、英国下午茶

（一）英式维多利亚下午茶

下午茶（一般在下午4~5时）最受英国人重视。英国维多利亚时代的公元1840年，英国贝德芙公爵夫人安娜女士，每到下午时刻就意兴阑珊、百无聊赖，心想此时距离穿着正式、礼节繁复的晚餐Party还有段时间，又感觉肚子有点饿了，就请女仆准备几片烤面包、奶油以及茶。

后来安娜女士邀请几位知心好友伴随着茶与精致的点心，同享轻松惬意的午后时光，没想到一时之间，在当时贵族社交圈内蔚为风尚，名媛仕女争相效仿；一直到今天，已俨然形成一种优雅自在的下午茶文化，也成为正统的"英国红茶文化"，这也是所谓的"维多利亚下午茶"的由来。

正统英式维多利亚下午茶（图2-8）基本礼仪如下：

①时间：喝下午茶的最正统时间是下午4点钟（俗称Low Tea）。

②服饰：在维多利亚时代，男士是着燕尾服，女士则着长袍。现在每年在白金汉宫的正式下午茶会，男性来宾则仍着燕尾服，戴高帽及手持雨伞；女性则穿白天的洋装，且一定要戴帽子。

③服务者：通常是由女主人着正式服装亲自为客人服务，非不得以才请女佣协助以表示对来宾的尊重。

④茶叶：一般来讲，下午茶的专用茶为大吉岭与伯爵茶、火药绿茶或锡兰传统口味的纯味茶，若是喝奶茶，则是先加牛奶再加茶。

⑤点心：正统的英式下午茶的点心是用三层点心瓷盘装盛，第一层放三明治、第二层放传统英式点心松饼、第三层放蛋糕及水果塔；由下往上开始吃。松饼的吃法是先涂果酱、再涂奶油，吃完一口、再涂下一口。

(a) 香港正式的下午茶茶桌　　(b) 拼配罐　　(c) 正桌旁的副桌及器具

(d) 英式下午茶茶桌（摄于2012年韩国茶人大会）

图2-8　各式英国下午茶

（二）英国大众午后茶

现在的英国人对午后茶仍很重视，午后茶成了固定的生活内容，每日必饮。大凡咖啡馆、餐厅、旅馆、剧院、俱乐部等公共场所，都有午后茶供应。一些机关、公司、企业都设有饮茶室，备有电茶壶、茶叶、牛奶等，以供职工在饮茶时间饮茶时使用。一些没有饮茶室的单位，就雇请专门的烧茶工，把茶泡好送到职工手中。午后茶的时间是雷打不动的，每到那个时间，人们都会放下手中的工作而去饮茶。在英国，如管道工或其他修理工上门干活，到了喝茶时间，主人就得请喝茶，不然他们就会放下手中的工作，到外面茶馆去喝茶。

第五节　其他国家饮茶习俗

一、独具一格的俄罗斯饮茶方式

俄罗斯人的饮茶历史也有300年了（始于十八世纪）。俄罗斯人早先饮茶，类似于我国蒙古族同胞的煮饮。随着饮茶风尚的普及，饮茶的日益考究，才逐渐形成了独具一格的俄罗斯式饮茶方式。

所谓独具一格，主要表现在他们沿用的茶具、沏茶方法以及品饮方式与众不同。俄罗斯人泡茶，煮水喜欢用一种称为"茶炊"的工具。这种茶具通常是铜质或银质材料制成。其构造是：外面为一大水桶。桶中竖立着一个直筒形的金属管筒。筒底有起支撑作用的4只小足。筒中可放木炭烧火，筒顶有一个蝶形盖片，用以放置小茶壶。水桶的下部有一只龙头开关，可以随时冲放桶中开水。当然随着时代变迁，科技进步，茶炊的用材、式样、功能等都在不断变化。

在许多其他地方，茶叶在泡茶器内浸泡，达到了泡茶者预期的浓度，就可以倒出来饮用。俄罗斯不一样，在俄罗斯，茶叶置入壶里，使用热气让它慢慢焖煮至沸，至少5分钟，也可能一整天，然后泡制出极为浓强、集中的茶汤，那就称作Zavarka（浓茶汤）。Zavarka不单独喝，那味道很强烈。人们要喝茶时只需把壶中茶汤依次倒入装有带柄银勺的玻璃杯中，容量约杯子的四分之一（可多可少，视口味而定），再用桶中沸水加注茶杯，立即放上1～2片柠檬片，如此便成了美味可口的柠檬茶。见图2-9。

(a) 茶炊Samovar

(b) 茶炊

(c) 金属杯架Podstakannik

图2-9　俄罗斯茶具

要是比较考究一点，则在每客座前放上两只小碟子，分别盛上糖、点心、果酱之类的食品，桌子中间还放上一大盘块糖。饮茶时，可用夹子随意夹取糖块，随时添入茶中。也有的糖不入杯，而是先把糖放在口中，然后喝茶溶饮。在寒冬，也有人在茶中掺入甜酒，制成茶酒喝下，用来解渴御寒。

茶席如何设置？通常在家里，家庭女主人把最心爱的客厅一角，比如靠着窗户，可遥望户外景色的地方，摆上圆桌铺上桌布，茶炊就置放中央，团团围着它的有以下物品（图2-10）。

①茶叶：散红茶收在茶罐里。

②泡茶器：瓷茶壶坐在茶炊的顶部。

③喝茶器：客人面前都有一套瓷杯、杯托、小茶匙或含杯架的玻璃杯。

④喝茶的调味物：方糖（在瓷糖罐内）、蜂蜜、浓缩甜牛奶、果酱（数种口味如草莓、樱桃、蓝莓、黄莓、覆盆子）和切片柠檬。

⑤茶点：煎饼、馅饼（数种口味如苹果、樱桃、奶酪、卷心菜等）。

图2-10　俄罗斯家用品茶席

在日常生活中，俄罗斯人每天都离不开茶。早餐时喝茶，午餐时也喝茶。特别是在周末、节日或洗过热水澡后，长时间喝茶被认为别具风味。在他们的火车站、办事处、餐厅、街边小贩处都能找到当地必备的茶炊卖热茶或供应热茶。俄罗斯人认为"喝茶是一整天的事"，故此他们重视是否拥有一个保温功能良好的茶炊，可以让热水保持一整天的温度。现今茶炊多已经转换成电器茶炊，保温已不是问题。

茶与俄罗斯人的生活关系密切，不仅在许多文学作品中有关于茶礼、茶俗的描述，而且茶字成了某些事物的代名词，连给小费也称作"给茶钱"。俄罗斯民族一向以"礼仪之邦"自称，许多家庭都有以茶奉客的习惯。俄罗斯人延续传统的喝茶习惯：每餐都要有提供，随时随地，不管白天、晚上还是饭后都要喝，尤其是当家人和朋友聚集时更要喝。

二、美国的冰茶

美国于十八世纪初开始饮茶，历史也算悠久了。因美国是欧洲移民国家，受欧洲，特别是英国的影响较大，也爱喝红茶，其饮茶方式也与欧洲大体相同。

不过，在美国的饮食习俗中，人们一向酷爱冷饮，爱喝冰水，爱吃冰淇淋和水果，甚至连啤酒、香槟、威士忌、白兰地等各种酒水及其他饮料都喜欢用冰镇过的，不论冬夏都是如此。加之其生性好奇，勇于创新，所以饮茶方式变化多样。

除习惯在茶汤中加一二片新鲜柠檬和糖调制成柠檬红茶（美国人最爱喝柠檬红茶，这也许是因美国盛产柠檬的缘故），或者加牛奶和糖调制成牛奶红茶外，还喜欢加入蜂蜜、果汁、酒等，然后再放入冰块，分别制成蜂蜜冰茶、果味冰茶、香槟冰茶等。

不同家庭的饮茶习惯也各不相同，有的冬季喝热茶，夏季才喝冰茶；有的则不分春夏秋冬，常年饮用冰茶。据统计，美国人茶叶热饮者占 30%～35%，而用作冷饮者占 65%～70%。尤其酷暑季节，大凡商店、旅社、影剧院、车站、码头等公共场所都有冷饮室，专门供应冰茶。如今美国冰茶的销售量达到全国茶叶总销量的 85% 以上，可见美国冰茶之盛行。

由于美国人生活节奏快，做什么事喜欢简单、快速，所以饮茶时多用速溶茶、袋泡茶或罐装茶水。制冰茶时也是以袋泡茶和速溶茶为原料的。

三、巴基斯坦的饮茶习俗

巴基斯坦位于南亚次大陆，是一个伊斯兰教国家（97% 以上的居民信奉伊斯兰教）。森严的伊斯兰教律规定不许酗酒（认为酒是罪恶之源），提倡喝茶；同时，该国气候旱热，又多食用牛羊肉和奶类，所以成为一个饮茶盛行的国度。

无论是城市还是乡村，巴基斯坦家家都必备茶叶，人人都爱饮茶，有"一日三茶"之说，即早、中、晚三餐都要喝茶。有的早上起床后和晚上睡觉前还要喝一次。在一些大型单位还有专人为职工烹煮和送茶，所有的饭馆、冷饮店几乎都有茶水供应，还有专供低收入者投钱取饮的露天茶摊。

巴基斯坦原属于英属印度的一部分，所以，饮茶风习既有民族的特点，也带有英国的色彩。人们普遍喜爱加糖、加牛奶的红茶，而且喝得很浓、很多，一般用茶、奶、糖以 1∶4∶3 的比例冲泡调饮。沏茶方法有的采用沸水冲泡，但大多数为煮饮。即将红茶放在开水壶中烹煮几分钟，然后用过滤器将茶渣滤去，茶汤注入茶杯，再加入牛奶和白砂糖搅拌后再饮。也有的不加牛奶而代之以柠檬片。巴基斯坦人在饮茶时较独特的一点是，在招待客人喝茶时，往往要同时送上夹心饼干和蛋糕之类的点心，有点像我国广东有些地方的"一茶二点"的习俗。

另外，在西北高地和靠近阿富汗边境的居民则酷爱喝绿茶。但他们对茶性的认识正好与我国相反，他们认为绿茶是温性的，红茶是凉性的。因此，一到冬天，一些习用红茶的消费者也有的临时改饮绿茶。巴国的绿茶饮法也不同于我国的清饮法，而是将 4~5 克绿茶置于一茶杯中，用沸水冲泡 5~6 分钟，然后用过滤器将茶汤过滤到另一只杯子中，茶渣弃去，茶汤加白砂糖搅拌后饮用。有的地区泡绿茶也采用烹煮法，即将绿茶放入茶壶中，加水煮沸数分钟后，将茶汤过滤于茶杯中，加糖搅拌后饮用。少数地方也有添加牛奶的，这与泡制牛奶红茶没什么区别。

四、印度的饮茶习俗

印度是茶叶产量第二的茶叶大国。印度人也特别爱喝茶，其茶叶消费量也是名列世界前茅。印度人的饮茶习俗受到英国和我国西藏等多方面的影响，再结合本民族的风俗习惯，就产生了独特的风格。

印度人喜欢喝浓味的加糖红茶。不过也有多种不同的嗜好。较典型的有调味茶和马萨拉茶两种。调味茶以羊奶和红茶汤各占一半的比例调和，并且还加上一些生姜片、茴香、丁香、肉桂、槟榔和肉豆蔻等，以提高茶的香味和营养成分。据说这种调味茶源于西藏喇嘛寺中诵经时喝的奶茶，因印度人信仰佛教，故纷纷效仿。马萨拉茶的制作方法是在红茶汤中加入生姜或小豆蔻。虽然该茶的制作方法非常简单，但喝茶的方式却颇为奇特。既不是把茶汤倒在杯中一口口地喝，也不是倒在筒中用管子慢慢地吸饮，而是把茶倒在盘子里，伸出舌头去舔饮。所以当地人将这种茶又称为"舔茶"。

在印度，同样有用茶待客的习俗和茶礼。印度北方家庭喜欢喝茶。客人来访，主人先请客人坐到铺在地板上的席子上，男人必须盘腿而坐，妇女则双膝相并屈膝而坐。然后，主人会献上一杯加了糖的茶水，并摆上水果和甜食作为茶点。献茶时，客人不要马上伸手接，而须先客气地推辞，道谢。当主人再一次献茶时，客人才能双手恭敬地接住。整个献茶与品茶，充满着彬彬有礼、轻松和谐的气氛。

五、摩洛哥的薄荷茶

摩洛哥地处非洲西北部，当地人酷爱喝茶，特别喜欢喝中国的绿茶，其中又以中国产的珠茶为最爱。中国绿茶的进口量占摩洛哥茶叶总进口量的 2/3 左右。所以摩洛哥人自己都说："在我们人民的身上，均具有中国茶叶的成分。"

这句话虽说幽默，但也颇有道理。

由于地处炎热的非洲，喜爱牛羊肉，爱好甜食，缺少蔬菜，所以茶成为摩洛哥人生活的必需品。摩洛哥人对茶叶的爱好，可用"嗜茶成癖，饮茶如粮"来形容。每天的饮茶次数至少在三次以上，而且一次要饮多杯。工作时，身边总是放着一杯甜绿茶。在社交活动中，用茶招待客人是很讲究的礼节。就连政府每年过节时招待各国贵宾，也必有甜茶。用茶待友是一种礼遇，走亲访友送上一包茶叶，那是相当高尚的敬意。有的还用红纸包茶，作为新年礼物赠送。

摩洛哥人的沏茶方法有冲泡法和烹煮法两种。茶汤中一般要加入薄荷叶（或薄荷汁）和白砂糖，制成味道特别的薄荷甜茶。一般在家庭中都采用冲泡法，即先在壶中放入茶叶（摩洛哥人喝茶追求味浓，一般用茶量比中国人多出一倍），冲上少许沸水，但立即将水倒掉以洗茶，然后再冲入开水，放上白糖并加鲜薄荷叶，泡几分钟后才倒入杯子里喝。当茶泡第二、第三次后，还要适当添茶叶和糖。一壶茶三沏，最少需用茶叶 10 克、白糖 150 克左右。

除了家庭饮茶外，摩洛哥的茶肆也很多，生意兴隆。在茶肆中，通常采用烹煮法沏茶。一般都有一个炉火熊熊的灶，上面用大水壶烧着开水，有客人进店后，老板娘就从麻袋中抓一把茶叶，同时用榔头从另一麻袋里砸一块白糖，一起放进一个小锡壶里，并加进一把鲜薄荷叶。然后往小锡壶里冲开水，再放到火上去煮。煮开后，就将小锡壶和茶杯放到桌上，由客人自斟自饮。

六、西班牙的饮茶习俗

在西班牙，喝茶要到喝咖啡的地方，马德里市内露天咖啡座顺带供应茶，吃 Tapas（餐前小吃）的小酒馆也有茶，都是袋泡红茶，呈现方式要视其格局大小以及收费而定，较高者用瓷茶杯托组、茶匙，上桌时茶包已在杯里，热水浸泡着，味道浸好了把茶包取出放杯托边缘，餐桌上有糖瓶、奶罐，要调味的话自己加入茶中，用茶匙搅拌后喝。

较大众化的做法是将一个没有打开的茶包置杯外，用纸杯盛装热水，一起交给买茶者，买茶者自己打开茶包投入热水里，糖和奶粉是纸包装条状形的，撕开倒入茶中调味。

为何侍应生不将茶包直接放入热水中供应客人呢，一是喝茶者可自己拿捏浸泡时间，但也有可能为了节省人力。

马德里有正式喝下午茶的茶室，比如有家茶室名称"Living in London"，有 30 种以上茶叶供选择，它特别强调"late - afternoon"，即"很迟的下午"，表示它依照英式传统下午 4 时才开始，两人一顿的英式下午茶包括茶叶有"Chelsea"红茶，二层点心架上有温热司空饼、奶脂牛油、果酱、三明治、羊角面包与曲奇饼。但这种茶室似是为了应付游客所需，本地人去消费的极少。

马德里的火车站可找到茶店，店里除了红茶，也有几饼普洱。大众喝葡萄酒的习惯较多于喝茶。

七、葡萄牙的饮茶习俗

葡萄牙是欧洲茶文化滥觞之地，葡萄牙天主教神父 Jasper de Cruz 于 1560 年在中国传教时曾写过有关茶的信回家，这是欧洲最早记载茶的文字，也是最初饮茶的资讯传播与开发期，那时葡萄牙人与远东的贸易路线是这样，他们从澳门获得中国茶叶运到里斯本，然后用荷兰东印度公司的船只运到法国、荷兰等国家。之后 1662 年葡萄牙公主凯瑟琳（Catherine）与当时英国国王查理二世（Charles II）结婚，从娘家带去很多茶叶陪嫁，是英国下午茶形式形成的重要契机，但拥有悠久历史不代表现在的葡萄牙茶风蓬勃。

里斯本、巴塞罗那市内没有什么专门喝茶的茶室，想要喝茶的话，小酒馆或咖啡座有供应袋泡红茶，或在家里自己泡来喝，市内商店可找到精美的有柄瓷杯及杯托组以及置放已经泡过水的茶包小瓷碟。

用餐后一般有咖啡或茶提供的习惯在这里并不通行，餐厅通常从头到尾喝葡萄酒。倒是无论大、小旅馆的欧陆式早餐天天都有咖啡或茶的陪伴，普遍用 Lipton 品牌，各种风味的红茶，一包包排列整齐，一排排盛装在一个木盒子里，精致可爱。

有家豪华酒店在葡萄牙马德拉岛上名称 Reid's Palace，有真正英式下午茶提供，消费者多是游客，在传统的休息室和露台上进行，有很好的瓷器与茶叶，有精致的如手指般大小的三明治、司空饼和蛋糕。并特别请求来喝茶的客人：“请注意，为了让我们的下午茶精致而隆重地进行，我们恭敬地请您穿着正式服装。请避免穿着短裤或运动服。”

八、荷兰的饮茶习俗

Thomas Short 博士于 1730 年在伦敦发表的论文指出，荷兰东印度公司最初（十七世纪初）是用一种药草名叫 Sage 与中国交换茶叶，一磅的 Sage 药草换三磅茶叶。

荷兰是欧洲地域最先做起茶叶贸易的，茶叶昂贵罕有，与姜、糖一样成为新的香料品项，要从药剂师手上才能购得，直至 1675 年，茶叶才变成荷兰食品商店里的常见食品。

荷兰人率先在旅馆附属的餐厅提供茶、简便茶具及热水装备给住客，让他们可以提着在旅馆附属露天小酒馆的花园里泡茶喝，算是欧洲地域喝茶先锋。

后来由于种种政治与经济因素，1826 年间，荷兰在当时荷兰东印度群岛（即印度尼西亚）开辟茶园种植茶树生产自己的茶叶，到了 1892 年，荷兰大部分茶叶进口自印度尼西亚，是欧洲地区除了英国在印度以外的另一个自制自供自给茶叶、改变茶业生态的地方。

　　如今，阿姆斯特丹仍然遗留着强烈的茶文化痕迹，街上的精致生活用品店可找到一些旧瓷，有柄茶杯及杯托组。街道上很多商店的橱窗也用茶壶（瓷质或铝质）做装饰。离市中火车站不远处有爱茶者在那里有个店，都用日本收藏过来的老茶桶装茶叶，一楼是旧茶具展示厅。Marken 古老渔村的家家户户的窗口都供奉着心爱的茶壶。荷兰东印度公司的总部变作了阿姆斯特丹大学的校舍，用于运载茶叶的帆船加专门说明后展示在帆船博物馆。这些都变作一段段历史或一个个古董，供陈列用而已。

　　现实生活中人们对茶的爱好与需求的感情似乎已经消失。在老马识途的带领下，可找到一两家精巧幽雅的小咖啡馆，在下午时分供应咖啡或午后茶与点心，往往很温馨，像走入朋友的家聊天一样，但是不是在"喝茶"对于他们已经成为不重要的事情，他们注重的是聚会。

　　一般在街上可买到的茶，就是一个纸杯装热水，另备一个未开封的茶包。

第三章　茶艺基础知识

一个优秀的茶艺师，在进行茶艺操作的时候，必须熟悉所冲泡茶叶的品性，并选择恰当的茶具和泡茶用水，才可能冲泡出一杯香醇可口的茶汤。同时，还需要采取正确的礼仪规范，才能给人以优雅的美感。因此，本章重点就与茶艺相关的茶叶知识、茶具知识、泡茶用水和茶艺礼仪进行介绍。

第一节　茶叶知识

作为茶艺师，在向客人进行茶艺服务的时候，必须要明确客人对茶叶的基本要求，懂得根据客人的喜好或身体状况来选择合适的茶叶。因此，一个优秀的茶艺师应该具备茶叶分类的相关理论知识，熟悉饮茶与健康的关系，懂得茶叶好坏的评鉴方法，并能根据不同茶叶的特点选择茶叶并进行贮藏。

一、茶的利用与发展

1. 从吃茶开始，　由生煮羹饮到晒干收藏

茶之为用，经历了从药（食）用到饮用的过程。在原始社会时期，一些能够食用的植物叶片都可能成为食物的来源，因此人们在生吃茶树叶片的过程中发现茶叶有解毒作用，成书于西汉以前的《神农本草经》中记有"神农尝百草，日遇七十二毒，得荼而解之"。为了方便解毒治病，人们便在晴天把鲜叶晒干收藏，以便随时取用，这是最原始的茶叶加工方法。至于吃茶，现在云南的基诺族依然保持吃"凉拌茶"的习俗。

2. 制茶的萌芽，从晒干收藏到晒青饼茶

为了方便存放，人们将上述晒干的茶叶做成饼状，即晒青饼茶。三国时期出现了茶叶的简单加工方法的记载，《广雅》中记载了饼茶的制法和饮用："荆巴间采叶作饼，叶老者饼成，以米膏出之"，即将采来的叶子先做成饼，晒干

或烘干，这是制茶工艺的萌芽。

3. 团茶大发展，从蒸青饼茶到龙团凤饼

初步加工的晒青饼茶青草味仍很浓，经反复实践，发明了蒸青饼茶。即将茶的鲜叶蒸后捣碎，制饼穿孔，贯串烘干。蒸青饼茶工艺在中唐已经完善，陆羽《茶经·三之造》记述："晴，采之。蒸之，捣之，拍之，焙之，穿之，封之，茶之干矣。"

蒸青饼茶虽已去青气，但苦涩味仍浓，于是通过洗涤鲜叶，压榨去汁，去除苦涩，并保持饼形。这是宋代龙凤团茶的加工技术。宋代《宣和北苑贡茶录》记述："太平兴国初，特置龙凤模，遣使即北苑造团茶，以别庶饮，龙凤茶盖始于此"。

龙凤团茶的制造工艺，据宋代赵汝励《北苑别录》记述，有六道工序：蒸茶、榨茶、研茶、造茶、过黄、烘茶。茶芽采回后，先浸泡水中，挑选匀整芽叶进行蒸青，蒸后冷水清洗，然后小榨去水，大榨去茶汁，去汁后置瓦盆内兑水研细，再入龙凤模压饼、烘干。

龙凤团茶的工序中，冷水快冲可保持绿色，提高了茶叶质量，而压榨去汁的做法，却夺走茶的真味，使茶的味香受到损失，且整个制作过程耗时费工，这些均促使了蒸青散茶的出现。

4. 团茶褪光环，从蒸青饼茶到蒸青散茶

宋代在蒸青团茶的生产中，为了改善苦味难除、香味不正的缺点，逐渐采取蒸后不揉不压，直接烘干的做法，将蒸青团茶改造为蒸青散茶，保持茶叶的原有香味。例如，日本现在制造的碾茶，就是我国当时的蒸青散茶。当时著名的蒸青散茶，有顾绪紫笋、绍兴日铸、婺源浙源、兴隆双井等。从宋代至元代，饼茶、龙凤团茶和散茶并存。

由于龙凤团茶制作工艺已经发展到了一个很高的水平，茶饼上镏金镂银，更有雕龙画凤，但是制作过程耗时费工，因此在 1391 年，明太祖朱元璋下诏，废龙团，兴散茶，以至散茶大为盛行。

5. 炒青成主流，从蒸青散茶到炒青散茶

炒青绿茶自唐代已始而有之。唐代刘禹锡《西山兰若试茶歌》中言道："山僧后檐茶数丛……斯须炒成满室香"，这是至今发现的关于炒青绿茶最早的文字记载。而在明代，炒青制法日趋完善，在《茶录》《茶疏》《茶解》中均有详细记载。蒸青茶香味不够浓郁，于是出现了利用干热发挥茶叶优良香气的炒青技术，这是制茶技术的一个重大变革。

6. 茶类大繁荣，从绿茶发展至其他茶类

从明代到清代，自炒青绿茶发展到各种茶叶种类，花色齐全。从鲜叶不同采摘标准，到各色的制造工艺，形成了色、香、味、形品质特征不同的绿茶、黄茶、黑茶、白茶、红茶、青茶六大茶类，同时茉莉花茶也开始出现。

二、茶叶分类

我国茶叶种类众多，茶名更是多如繁星，有"茶叶喝到老，茶名记不了"的谚语。茶叶分类方法很多，如我国茶叶出口部门因出口需要，将茶叶分为绿茶、红茶、黑茶、白茶、乌龙茶、花茶和速溶茶七大类，又可根据茶多酚氧化程度分为不发酵、半发酵、全发酵和后发酵茶，欧洲仅将茶叶分为绿茶、红茶、乌龙茶三大类。显然茶叶分类方法很多。现在对于茶叶分类比较认同的方法是茶叶综合分类法（图3-1）。茶叶综合分类法将茶叶分为基本茶类和再加工茶类。

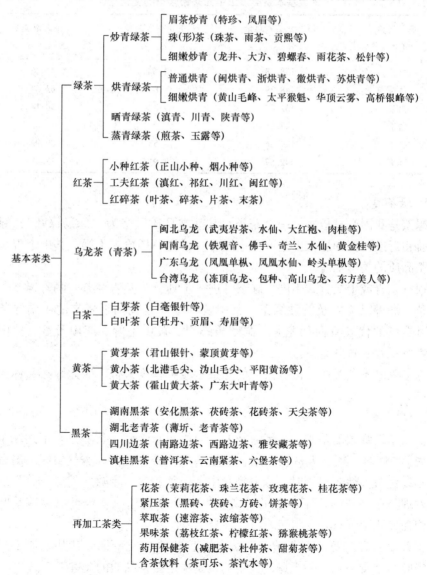

图3-1　茶叶综合分类法

（一）基本茶类

基本茶类分类方法由安徽农业大学陈椽教授提出。陈椽教授认为，茶叶理想的分类方法必须要表明该类茶叶品质的整体系统性，同时又要求制法工艺相近或相似，即制法的系统性，此外还要求内含物质尤其是茶叶中的儿茶素变化要有系统的规律性。结合茶类起源先后，将基本茶类划分为绿茶、黄茶、黑茶、白茶、红茶和青茶（乌龙茶）六大茶类（表3-1）。

表3-1　　　　　　　　六大基本茶类加工中儿茶素含量的变化

基本茶类 （毛茶）	鲜叶儿茶素总量 ／（mg/g）	毛茶儿茶素总量 ／（mg/g）	儿茶素减少率 /%
绿茶	158.38	108.71	31.36
黄茶	148.39	55.84	63.04
黑茶	132.02	65.82	50.14
白茶	247.94	56.08	76.83
红茶	134.26	13.53	89.92
青茶	142.57	37.91	73.41

1. 绿茶类

绿茶是我国产量最多的一个茶类，其基本品质风格为"绿汤绿叶"。绿茶类都有相近或相似的加工工艺流程：鲜叶→杀青→揉捻→干燥。其中杀青是形成绿茶品质的关键工序。

根据杀青或干燥方式不同，绿茶可进一步划分为蒸青绿茶、晒青绿茶、烘青绿茶、炒青绿茶以及特种绿茶，其中特种绿茶是我国近年来的主销绿茶之一，其典型的代表有西湖龙井、洞庭碧螺春、黄山毛峰、庐山云雾、信阳毛尖、六安瓜片、竹叶青等。

在各大基本茶类中，因绿茶中的儿茶素减少程度最低，因此绿茶又称为不发酵茶。

2. 黄茶类

黄茶是在绿茶的基础上发展起来的。明代闻龙所著《茶笺》在记述绿茶制造时说："炒时，须一人从傍扇之，以祛热气，否则色黄，香气俱减。扇者色翠，不扇色黄。炒起出铛时。置大瓮盘中，仍须急扇，令热气稍退……"后来人们发现，在湿热作用下引起的"黄变"如果掌握适当，也可以改善茶叶香味，因而发明了黄茶。

黄茶要求有三黄，即色黄、汤黄、叶底黄的品质特征，其基本加工过程为：鲜叶→杀青→闷黄→干燥。其中闷黄是决定黄茶品质的关键工序。

以鲜叶采摘标准为依据，进一步将黄茶划分为黄芽茶、黄小芽和黄大芽三类，其中黄芽茶中的君山银针和蒙顶黄芽是黄茶中的极品，极其珍贵。

3. 黑茶类

黑茶是我国特有的一大茶类。黑茶生产始于明代，最早是由四川绿毛茶渥堆做色蒸压而成。在十六世纪末期，逐渐为湖南黑茶所代替。黑茶的品质特点是叶粗、梗多，干茶黑褐，汤色棕红，叶底暗棕。黑茶的销售以边销为主，因此习惯上称之为边销茶，其毛茶基本加工工艺为：鲜叶→杀青→揉捻→渥堆→复揉→干燥。渥堆是形成黑茶风格的必要工序。黑茶由于经过杀青，叶片中的酶活力已经丧失，故通过渥堆，即利用微生物作用和湿热作用促进茶叶中儿茶素的氧化和色泽的变化形成黑茶，因此习惯上又称之为后发酵茶。

黑茶的生产历史悠久，产区广阔，销售量大，品种花色很多。主要的代表类型有湖南茯砖茶、湖北老青茶、四川康砖茶、云南普洱茶、广西六堡茶等。

4. 白茶类

白茶主产于福建省福鼎市、政和县、建阳市、松溪县等地，台湾也有少量生产。白茶干茶外表满披白色茸毛，色白隐绿，汤色浅淡、味甘醇，第一泡茶汤清淡如水，故称白茶。其基本加工工艺流程为：鲜叶→萎凋→干燥。其中长时间的萎凋是形成白茶品质的决定性工序。

白茶根据鲜叶原料不同，可分为白毫银针、白牡丹、贡眉、寿眉等花色品种，其中白毫银针为单芽制作，是白茶中的极品。此外，又可根据品种不同，划分为大白（采自福鼎大白茶、政和大白茶等品种）、小白（采自当地的菜茶群体种）以及水仙白（采自水仙茶树品种）三种花色。近年来，白茶茶区开发出新工艺白茶（加工工艺流程为：鲜叶→萎凋→轻发酵→轻揉捻→干燥），品质与传统白茶稍有区别，主销港澳地区和东南亚。

5. 红茶类

红茶是全球产量最高的茶类，主产国有印度、斯里兰卡、肯尼亚、印度尼西亚、中国等。红茶的品质特点是"红汤红叶"，即干茶黑色，汤色红艳，叶底红亮。形成红茶品质的加工工艺流程为：鲜叶→萎凋→揉捻（或揉切）→发酵→干燥。其中，发酵是利用萎凋叶中的酶来氧化茶叶中的儿茶素类物质，促进叶色转化和风味的形成。在红茶的发酵中，儿茶素的减少程度较高，因此红茶又被称为全发酵茶。

根据红茶加工中揉捻或揉切方法的不同，红茶又可分为红条茶和红碎茶，其中红条茶又可分为工夫红茶和小种红茶，例如祁门工夫红茶被誉为世界三大高香红茶之一，具有一定的国际市场，而近年来发展起来的金骏眉则是小种红茶中的极品。红碎茶是国外制作袋泡茶的主要来源，主产国有印度、斯里兰卡和肯尼亚，其中肯尼亚红碎茶因其具有红艳明亮、浓强鲜爽的品质特征而具有较高的国际售价。

6. 青茶（乌龙茶）类

青茶俗称乌龙茶，主产于我国的福建、台湾和广东省，近年来在四川、浙江、湖南等地也有少量生产。此外，越南、泰国等国家已经引进台湾乌龙茶栽培和加工技术，发展乌龙茶产业。乌龙茶具有花香味醇、绿叶红镶边的品质特征，其基本加工工艺流程为：鲜叶→晒青→做青→炒青→揉捻→干燥。其中做青与乌龙茶的香高味醇和绿叶红镶边的品质密切相关。在做青过程中，叶片细胞部分损伤而导致儿茶素部分氧化，其氧化程度介于绿茶和红茶之间，因此乌龙茶又称半发酵茶。

各地的乌龙茶制法特点有所差异，例如产于闽北武夷山的武夷岩茶、广东潮汕地区的凤凰单枞以及台湾北部地区的文山包种茶外形为条形，因此采用揉捻的方法即可完成造型，而产于闽南的安溪铁观音和台湾的冻顶乌龙茶、高山乌龙茶则为颗粒形，需采用包揉的方法才能塑造其外形特点。

综上，各大茶类具有各自的特点，加工方法均不相同，儿茶素的氧化程度相差甚大，因此，上述六大基本茶类的分类依据是具有科学性和可行性的。

六大基本茶类分类的科学依据归纳如表 3－2 所示。

表 3－2　　　　　　　　　六大基本茶类分类的科学依据

基本茶类	基本工艺	茶类品质	发酵程度
绿茶	鲜叶→杀青→揉捻→干燥	绿汤绿叶	不发酵
黄茶	鲜叶→杀青→闷黄→干燥	黄汤黄叶	微发酵
黑茶	鲜叶→杀青→揉捻→渥堆→复揉→干燥	叶粗梗多，色棕褐，具陈香	后发酵
白茶	鲜叶→萎凋→干燥	白毫披露，汤浅味甘，显毫香	轻发酵
红茶	鲜叶→萎凋→揉捻（或揉切）→发酵→干燥	红汤红叶	全发酵
青茶	鲜叶→晒青→做青→炒青→揉捻→干燥	香高味醇，绿叶红镶边	半发酵

注：基本工艺中，带下划线的工序表示为该茶类品质形成的特征工序；此表按茶类发展先后次序排列。

然而，我们在日常生活中还会碰到一些茶，如茉莉花茶、紧压茶，这些茶又如何分类呢？这就涉及再加工茶的分类了。

（二）再加工茶类

再加工茶是指以毛茶为原料，经过精制加工整理外形后，通过窨花或压制等方法而制作的，风格特点与毛茶有较大区别的茶类，称为再加工茶。例如，茉莉花茶就是典型的再加工茶。

茶叶再加工后，有的品质与原毛茶相比差异不大，但有的却相差甚远。例如，茉莉烘青绿茶是以烘青绿茶和茉莉鲜花为原料加工而成的，制成后的品质与绿茶比较接近；而普洱熟茶（饼茶）则是以晒青绿毛茶为原料，经过渥堆、蒸压而成的饼茶，其品质与晒青绿毛茶相差较大。因此，如何对再加工茶类分类也是一个值得探讨的问题。

中国农业科学院茶叶研究所陈启坤先生提出，再加工茶叶的分类，应以毛茶为依据，再加工后，品质变化较小，则哪一类毛茶再加工，仍就归哪一类；如变化较大，与原来的毛茶品质不同，则以变成靠近哪个茶类，改属哪个茶类。这就是目前较为公认的再加工茶类的分类依据。

例如，茉莉烘青在再加工茶类分类中，其品质接近绿茶，因此，按再加工茶分类原则，则茉莉烘青属于绿茶类。同理，桂花乌龙属于乌龙茶类。同理，再加工后的普洱茶，普洱生茶品质与绿茶类相近，属绿茶类，而普洱熟茶划分为黑茶类。但是，普洱生茶在陈放过程中，逐渐形成了黑茶的风格特点，此时则应属黑茶类。因此，再加工茶的分类不是绝对的。

三、茶叶的鉴别

（一）真茶与假茶的鉴别

假茶是指用外形与茶树叶片相似的其他植物的嫩叶制作与茶叶外形相似的产品，并冒充茶叶，如柳树叶、冬青树叶等。真茶与假茶的判别，除专业机构可采用化学方法分析鉴定外，一般都依靠感官来辨识。

感官辨识真假茶的主要途径有：①嗅香：具有茶类固有的清香的是真茶，如果有青腥气或其他异味的是假茶。②观色：真茶的干茶或茶汤颜色与茶名相符，如绿茶翠绿，汤色淡黄微绿。红茶乌润，汤色红艳明亮。假茶则颜色杂乱不协调，或与茶叶本色不一致。③观形：即观察叶底来进行识别，虽然茶树的叶片大小、厚度、色泽不尽相同，但茶叶具有某些独特的形态特点，是其他植物所没有的。如茶树叶片背部叶脉凸起，主脉明显，侧脉相连，成闭锁的网状系统；茶树叶片边缘锯齿为 16~32 对，上密下疏，近叶柄处无锯齿；茶树叶片在茎上的分布，呈螺旋状互生；茶树叶片背部的绒毛基部短，多呈 45°~90° 弯曲等，这些特点都是茶树独有的。

根据以上几个方面，真茶、假茶是可以鉴别出的，但真假原料混合加工的假茶，鉴别难度就较大。

需要指出的是，茶叶是一种健康饮品，绝不允许在茶叶中添加任何化学添加剂，对于在茶叶中添加危害健康的化学添加剂，将承担法律责任。

（二）新茶与陈茶的鉴别

一般情况下，新茶品质总是比陈茶好（极个别茶除外，如普洱茶陈的可能比新的品质好）。这是因为茶叶在存放过程中，受环境中的温度、湿度、光照及其他气味的影响，使得其中的内含物质如酸类、醇类及维生素类，容易发生缓慢的氧化或缩合，从而使茶叶有利的品质成分减少或组分发生变化，以至于茶叶失去原有的色、香、味品质特色。

鉴别新茶与陈茶，可通过以下几个措施来判断：①察形：新茶外观新鲜，干硬疏松；而陈茶暗软紧缩。②触摸：新茶干燥，手捻便碎；陈茶软而重，不易捻碎。③嗅香：新茶气味清香、浓郁；陈茶香气低浊，甚至有霉味或无味。④观色：新茶看起来都较有光泽，茶汤清澈；而陈茶均较灰暗。如绿茶新茶青翠嫩绿，陈茶则黄绿、枯灰；红茶新茶乌润，而陈茶灰褐。⑤尝味：新茶滋味醇厚、鲜爽；陈茶滋味淡薄、滞钝。

（三）春茶、夏茶、秋茶和冬茶的鉴别

我国长江中下游地区是主要产茶区域。一般来讲，春茶是指当年5月底之前采制的茶叶；夏茶是指6月初至7月底采制的茶叶；而8月以后采制的当年茶叶，称为秋茶；10月以后就是冬茶了。

以绿茶为例，春茶由于茶树休养生息一个冬天，新梢芽叶肥壮，而春季温度适中，雨量充沛，使春茶色泽翠绿，叶质柔嫩，毫毛多，叶片中有效物质含量丰富。所以，春茶滋味鲜爽，香气浓烈，是全年品质最好的时期。而夏季时，茶树生长迅速，叶片中可溶物质减少，咖啡碱、花青素、茶多酚等苦涩味物质增加。因此，夏茶滋味较苦涩，香气也不如春茶浓。秋季的茶树已经过两次以上采摘，叶片内所含物质相对减少，叶色泛黄，大小不一，滋味、香气都较平淡。

从干茶来看，春茶茶芽肥壮，毫毛多，香气鲜浓，条索紧结。春茶红茶乌润，绿茶翠绿。夏茶条索松散，叶片宽大，香气较粗老。夏茶红茶红润，绿茶灰暗。秋茶则叶片轻薄，大小不一，香气平和。秋茶红茶暗红，绿茶黄绿。

从开汤看，春茶冲泡时茶叶下沉快，香气浓烈持久，滋味鲜醇，叶底为柔软嫩芽。春茶红茶汤色红艳，绿茶汤色绿中透黄。夏茶冲泡时茶叶下沉慢，香气欠高，滋味苦涩，叶底较粗硬。夏茶红茶汤色红暗，绿茶汤色青绿。秋茶则汤色暗淡滋味淡薄，香气平和，叶底大小不等。

华南茶区少部分地区采摘冬茶，制作乌龙茶，因气温低，生长慢，叶片相对较小。

（四）窨花茶与拌花茶的鉴别

窨花茶制作完成后，已经失去花香的花干，要充分剔除，一般高级花茶中不能留下花干。窨花茶有浓郁的花香，香气鲜纯，冲泡多次仍可闻到。

而拌花茶则是在茶叶中拌入花干，以作点缀，闻起来只有茶味，没有花香，冲泡后仅在第一泡时有些低浊的香气。

（五）高山茶与平地茶的鉴别

高山出好茶，是由于高山生态环境适宜茶树生长，如雨量充沛、光照适中、土壤肥沃、植被繁茂等，这些条件都较平地优越。因此，高山茶芽叶肥壮，颜色绿，茸毛多，茶叶条索紧结，白毫显露，香气浓郁，滋味醇厚，耐冲泡。而平地茶芽叶较小，质地轻薄，叶色黄绿，茶叶香气略低，滋味略淡。

四、茶叶的选择

对于茶艺师，茶叶在选择时要注重茶叶的质量，同时要考虑气候季节与茶类的搭配，并要根据人的身体、生理状况来合理选择茶叶。

（一）茶叶质量的选择

茶叶质量的选择，一般要注重"新、干、匀、香、净"。

所谓"新"，是要避免使用"香沉味晦"的陈茶，尤其是名茶和高档绿茶更应如此，因为新茶香气清鲜，滋味鲜爽，汤明叶亮，给人以清新的感觉。

所谓"干"，是指茶叶干燥，含水量不超过 6%，用手可碾成粉末。干燥是茶叶保鲜的重要条件，若含水量高，茶叶的内含化学成分，如茶多酚、氨基酸、叶绿素等易被破坏，导致茶叶色、香和味的陈化。

所谓"匀"，是指茶叶粗细、大小和色泽的均匀一致程度。"匀"是衡量茶叶采摘和加工优劣的重要依据。合理的采摘，芽叶完整，产品中的单片和老片少，规格一致；良好的加工，色泽均匀，无焦斑爆点，上、中、下档茶比例适宜，片末碎茶少。

所谓"香"，是指香气高而纯正，茶香纯正与否，有无烟、焦、霉、酸、馊等异杂气味，都可从干茶香中鉴别出来。

所谓"净"，是指净度好，茶叶中不掺杂异物。这里所指的异物包括两类：一类茶树本身的夹杂物，如朴、片、梗、籽、毛衣等；另一类是非茶夹杂物，如草叶、泥沙、竹丝、树叶、竹片、棕毛等。这些夹杂物直接影响到茶叶的品质和卫生。

(二）气候、季节与茶类的搭配

气候条件是影响人们生活方式的重要因素，饮茶消费习俗的形成也与消费者所在地的气候条件密切相关。非洲炎热干旱地区沙漠气候下的人多喜欢饮用绿茶，并在绿茶中加入薄荷等清凉饮料，用于解暑。在纬度偏北的高寒地区，人们需要温暖驱寒，因此多喜欢热饮红茶。红茶性温，再加上热饮，可驱寒暖身。

饮茶还需根据一年四季气候的变化来选择不同属性的茶类。夏日炎日宜饮绿茶或白茶，可以驱散身上的暑气，消暑解渴。冬天寒冷，饮用红茶或发酵程度较重的乌龙茶，可给人以生热暖胃之感，因此有"夏饮绿茶，冬饮红茶"之说。

(三）根据人的身体、生理状况选择茶叶

茶虽是保健饮料，但由于各人的体质不同，习惯有别，每个人更适合喝哪种茶要因人而异。一般说来，初次饮茶或偶尔饮茶的人，最好选用高级名绿茶，如西湖龙井、蒙顶甘露、竹叶青等。喜欢清淡口味者，可以选择高档烘青和名优茶，如茉莉烘青、敬亭绿雪、黄山毛峰等；如平时要求茶味浓醇者，则以选择炒青类茶叶为佳，如珍眉、屏山炒青等。若平时畏寒，以选择红茶为好，因红茶性温，有去寒暖胃之功；若平时畏热，那么以选择绿茶为上，因为绿茶性寒，有使人清凉之感。如果是身体肥胖的人，以饮用乌龙茶或黑茶更为合适，可以起到消脂减肥之功效。

五、茶叶贮藏与保鲜

茶叶贮藏时必须干燥，贮藏环境宜低温干燥，包装材料不透光，包装容器内含氧量宜少，且要求无异味。

(一）家庭茶叶贮藏与保鲜

1. 石灰缸常温贮藏

该法利用生石灰吸潮风化作用，吸收茶叶的水分，使之保持充分干燥。杭州茶农普遍采用这种方法用于存放龙井茶。一般选用陶瓷坛作为存放茶叶的容器，先将茶叶用牛皮纸包好，茶包宜小不宜大。然后放置于陶瓷缸内，沿缸四周排列，缸中央放置一袋生石灰块（石灰袋用白布制成，每袋装半袋未风化的石灰块，约 0.5 千克）。用棉花或厚软草纸垫于盖口，并盖紧缸口。贮藏期间，视石灰风化情况及时更换。

有的地方用木炭代替石灰，能有相同的效果。

2. 金属罐贮藏

最好选用窄口大肚的锡罐或内镀锡的铁皮罐。将茶叶用纸包好或直接装入罐中，尽量摇紧装足，减少罐内空气，并置于阴凉处。盖口缝可用胶纸加封。如果放入一包干燥的硅胶，效果更好。值得注意的是，若是新罐或原先存放他物有气味的罐子，可用少许茶叶先置于罐内，放置数日以吸收异味。

3. 密封塑料袋贮藏

将干燥的茶叶用纸包好，装入无毒、无味、无孔隙的密封袋，挤出空气，封好口。一般可在外面再套一个密封袋，也排出空气，然后置于干燥、无味处保存。

4. 热水瓶贮藏

这是利用热水瓶阴凉干燥的特点，将茶叶装入干燥的热水瓶内，尽量摇紧装足，盖好塞子。若一时不饮用，可用蜡封口，这样可以保存数月，茶叶仍如新。

5. 低温贮藏

将茶叶装入密封性能好的贮器内，置5℃以下的冰箱中。但要注意，利用正在使用的冰箱藏茶时，一定要密封严密，否则冰箱内异味严重，很容易被茶叶吸收而影响茶香。

上述各种方法可在短时间内能较好地保持茶叶的干燥度，一般只适用于家庭式的少量贮藏。但对于生产和经营而言，上述方法贮藏量太少，同时保鲜时间也相对较短，因此不适应生产和经营中消费者对茶叶高质量的要求。

（二）茶叶经营中贮藏与保鲜

近年来，茶业界通过各种方法手段，以避免温度、水分、氧气、光照等外界因素对茶叶品质的不利影响，成为当前茶叶贮藏保鲜的有效手段。

1. 大型冷藏库低温冷藏

安徽农业大学设计的大容量茶叶保鲜库，采用低温、低湿、避光贮藏的方法，有较好的保鲜效果。茶叶放入冷库或采用其他保鲜处理的时间一般选择在4月中旬左右。

2. 铝箔复合膜包装

铝箔复合膜具有阻光和高气密性，对茶叶的保色、保香有较好的效果。

3. 抽真空或充气包装

充气包装是用氮气和二氧化碳气体置换茶叶包装容器内的空气，减少氧气含量，以保持茶叶品质，这种方法早已在食品领域内应用。真空和充气包装于二十世纪五十年代后期开始应用于绿茶贮藏，六十年代中期得到推广应用。七十年代初，由于气体密闭性能高的茶袋和自动包装机的问世，茶叶真空和充氮包装贮藏进一步获得推广应用。

4. 脱氧包装保鲜

脱氧包装是指采用气密性良好的复合膜容器，装入茶叶后再加入一小包脱氧剂（或称除氧剂），然后封口。脱氧剂是经特殊处理的活性氧化铁，该物质在包装容器内可与氧气发生反应，从而消耗掉容器内的氧气。一般封入脱氧剂24 小时左右，容器内的氧气浓度可降低到 0.1% 以下。

第二节　茶具知识

品茶之趣，讲究茶的色、香、味、形和品茶的心态、环境，而要获得良好的沏泡效果和品茶享受，泡茶用具的选配是至关重要的，故有"水为茶之母，器为茶之父"之说。茶具，也称茶器或茗器，在不同时期有不同的理解。唐代陆羽《茶经》把采茶、加工茶的工具称为茶具，泡茶、饮茶称为茶器；宋代又合二而一，把茶具、茶器合称为茶具；而现代所讲的茶具，主要指与泡茶、饮茶有关的器具，有广义和狭义之分。广义的茶具是指完成茶叶泡饮全过程所需的各种设备、器具及茶室用品；狭义的茶具主要是指泡茶和饮茶的用具，即以茶杯、茶壶为重点的主茶具。

总体而言，对茶具的要求是实用性与艺术性并重，既要有益于茶汤口感，又要力求典雅美观。明代许次纾在《茶疏》中说："茶滋于水，水藉乎器，汤成于火。四者相须，缺一则废"，专门指出了"器"与茶的关系。中国茶具种类繁多，造型优美，兼具实用性和鉴赏价值，为历代饮茶爱好者所青睐。茶具的使用、保养、鉴赏和收藏，已成为专门的学问，世代不衰。

一、茶具的发展与演变

有关茶具的记载，最早出现于西汉王褒的《僮约》，文中的"烹茶尽具"被理解为"煮茶并清洁煮茶的用具"。晋代的士大夫嗜酒爱茶，崇尚清谈，促进了民间饮茶之风，开始出现明确的茶具。晋代杜育在《荈赋》中记载"器择陶简，出自东隅。酌之以匏，取式公刘"，其中的陶器和舀水的匏都是饮茶用具，说明当时茶具已初步成型。在唐代，"王公上下无不饮茶"，茶成为款待宾客和祭祀的必备之物，成为"比屋之饮"，茶具的制作也进入一个新的历史阶段，进一步推进了茶叶的品饮。

茶具的发展与演变，与茶具制作工艺和茶叶加工方法紧密联系，也是不同时代饮茶方式、品饮艺术和审美情趣的综合反映，各个时期对茶具的追求也不同。

秦汉时期的泡饮方法是将饼茶捣成碎末放入壶中并注入沸水，再加上葱、姜和橘了等调味品煮饮，这样只需要简单的陶器即可。从秦汉到唐代，随着饮茶习俗的传播和饮茶区域的扩大，人们对茶叶功用的认识逐渐提高，陶器得到很大发展，出现瓷器，茶具也考究、精巧起来。从汉代至唐宋，随着制茶和饮茶风俗的进步与发展，从茶饼碾碎加料煎煮到不加佐料，及至元代末期改为散茶煎煮，到明代直接用开水冲泡饮用，茶具也随之由繁到简、由粗到精，出现茶盏、茶杯、茶壶等专用的器皿并逐渐定型。

（一）唐代

在唐代，产于浙江的越瓷晶莹似玉，光泽如水，釉色青，造型好，"口唇不卷，底卷而浅"，使用方便，备受人们喜爱。当时饮茶的汤色淡红，遇白色、黄色、褐色的瓷器，都会使茶汤呈现红色、紫色、黑色，故人们普遍认为除越瓷外，"悉不宜茶"。由于斗富之风盛行，在唐代的上层社会，茶具象征富贵，宫廷和贵族家中出现金、银、铜、锡等金属茶具。1987年法门寺出土的茶具（图3-2）充分证实了这一点，说明当时宫廷和佛门的茶事盛况以及宫廷茶事中茶具规格之高。唐代陆羽在《茶经》中第一次较系统地记述了茶具，其中提到20多种茶具。因唐代饮茶以煮饮为主，这些茶具中与饮用直接相关的并不多。

图3-2 西安法门寺出土的唐代茶具 （部分）

（二）宋代

宋代茶具大体承袭唐代，但更为精细，其主要的变化是与宋代流行的斗茶相配套的，如煎水的用具改为茶瓶，茶盏崇尚黑色，还增加了"茶筅"。唐代注茶用碗或瓯，宋代则改成盏，所用的碗也更轻巧。盏是一种敞口小底、壁厚的小碗，当时人们喜欢黑釉盏（图3－3）。同时，北方饮茶风尚发生转化，茶肆、茶楼由寺庙僧众经营转向民间，功能趋向多样化和社会化。

图3－3 宋代黑釉盏（左）与兔毫盏（右）

宋代的陶瓷工艺进入黄金时代，当时汝、官、哥、定、钧五大名窑的产品瓷质之精、釉色之纯、造型之美达到了空前绝后的地步。还出现了专为斗茶而用的兔毫盏这一极富有特色的茶具。兔毫盏黑白相映，对比强烈。福建建窑的兔毫盏釉黑青色，盏底有向上放射状的毫毛纹条，内有奇幻的光彩，美丽多变。用此盏点茶，以茶汤面泡沫鲜白，着盏无水痕，持久者好。此外，宜兴紫砂茶具开始萌芽，茶壶的式样也发生了变化，由饱满变为细长，茶托与盏底的结合也更精巧。

宋代茶具的演变与发展还表现为茶具材料的多样化，金属茶具较多，以铜、铁、银为主，铜质最多，还出现了专门的茶具产地。可以说，宋代茶具的清奇淡雅、自然淳朴适应了当时人们对茶具艺术多式样、高品位的要求，将茶、茶具的内涵、风格、色彩与他们的审美情趣和精神情感融合起来。

（三）元代

到元代，江西景德镇的青花瓷茶具声名鹊起，开始为人们普遍喜爱。茶具的造型也有所变化，主要在于壶的流子（嘴），宋代流子多在肩部，元代则移至腹部。

（四）明代

明代以后，"斗茶"不再时兴，盛行散茶，茶也改为冲饮、泡饮为主，饮用之茶改为蒸青、炒青，逐渐出现与现在炒青绿茶相似的茶叶，汤色黄绿，用纯白的茶碗与之配套效果很好，因此对茶具的色泽要求又出现了较大的变化。青花瓷、彩瓷的茶具成为社会生活中最引人瞩目的器皿。

明代中后期又出现了使用瓷壶和紫砂壶的风韵，特别是紫砂陶茶壶应运而生，将中国茶具引入一个五彩的时代。

（五）清代

清代茶馆成为一种文化经济交流的场所，饮茶的内涵也大大丰富，前朝的茶具已成收藏的古玩，茶和茶具成为人们生活中不可或缺的事，再加上紫砂茶具的制作中，文人的介入大大提高了其文化品位，使茶具登堂入室，成为一种雅玩。至此，茶具与酒具彻底分开，茶具艺术作为一门独特的艺术门类而引人瞩目。

另外，紫砂陶器与瓷器相互竞争，茶具的范围也有扩展，瓷器中除了素瓷、彩瓷，还有从法国传入的珐琅瓷，广州织金彩瓷、福州脱胎漆器等茶具也相继出现。至此，中国的茶具生产制作出现一个色彩纷呈、数量空前的时期。

二、茶具的种类

我国地域辽阔，茶类繁多，民族众多，民俗差异，饮茶习俗不同，所用器具异彩纷呈。茶具的门类和品种、造型和装饰、材料和工艺丰富多彩，除实用价值外，也有颇高的艺术价值，因而驰名中外，为历代饮茶爱好者所青睐。茶具的使用、保养、鉴赏和收藏，已成为专门的学问，世代不衰。

（一）按茶具的质地分类

从茶具的质地而言，多达十多种，有陶、瓷、金、银、铜、锡、漆器、水晶、玛瑙、竹木、果壳、石、不锈钢、搪瓷、塑料、玻璃等。不同的茶具体现出不同的风格，蕴含不同的文化内容，目前广泛使用的主要是陶、瓷、玻璃茶具。

1. 陶器茶具

陶器茶具以黏土烧制而成，其中以宜兴制作的紫砂陶茶具最为著名，其造型古朴，色泽典雅，光洁无瑕，制作精美，有"土与黄金争价"之说。

从北宋时期开始用紫砂泥烧制成紫砂陶器，使陶茶具的发展逐渐走向高峰，成为中国茶具的主要品种之一。用紫砂茶具泡茶，"盖既不夺香，又无熟汤气"。加之保温性能好，即使在盛夏酷暑，茶汤也不易变质发馊，能较长时间保持茶叶的色、香、味。

陶器茶具中最具有代表性和艺术价值的是紫砂壶（图 3-4）。紫砂壶的造型分为仿古、光素货（无花无字）、花货（拟松、竹、梅的自然形象）、筋囊（几何图案）等多种，艺人们以刀作笔，所创作的书、画和印融为一体，构成一种古朴清雅的风格。紫砂壶式样繁多，所谓"方非一式，圆不一相"，加之壶上雕刻花鸟山水和各体书法，使之成为观赏和实用巧妙结合的产品。特别是名家所作紫砂壶，造型精美，色泽古朴，光彩夺目，成为美术品。

图3-4　各种造型独具匠心的紫砂茶壶

2. 瓷器茶具

瓷茶具采用长石、高岭土、石英为原料烧制而成，质地坚硬致密，敲击时声音清脆响亮，表面光洁，薄者可呈半透明状，吸水率低。根据釉色可分为白瓷茶具、青瓷茶具和黑瓷茶具等。

瓷器是中国古代伟大的发明，历史悠久，原始青瓷产生于3000年前的商代，制作工艺在东汉时期成熟，三国两晋南北朝时期南方的青瓷生产迅速发展。隋代统一全国后，南北对峙几百年的战乱结束，南方的茶叶大量北上，瓷器供应日益增长。

到隋代后期，越窑青瓷与邢窑白瓷分别成为南北瓷器的典型代表，形成"南青北白"两大系统，成了茶具中的精品。

宋代时的瓷器主要分为两大支系，一为黑釉盏系，另一为青花瓷系。"建盏"是黑釉中的佼佼者。越窑青瓷的釉色有一种碧绿的质感，有"九秋风露越窑开，夺得千峰翠色来"之美誉，如同大自然的千峰翠色，被誉为"千峰翠色"。

瓷茶具保温、传热适中，能较好地保持茶叶的色、香、味、形之美，而且洁白卫生，不污染茶汤。如果加上图文装饰与优美造型，具有较高艺术欣赏价值（图3-5）。

3. 金属茶具

金属茶具是指由金、银、铜、铁、锡、铝等金属材料制作而成的器具。

金属器具是我国最古老的日用器具之一，大约南北朝时期我国出现了包括饮茶器皿在内的金属器具。到隋唐时期，金属器具的制作达到高峰。二十世纪八十年代中期，陕西扶风法门寺出土的一套唐僖宗使用的银质鎏金茶具，计11种12件，可谓是金属茶具中罕见的稀世珍宝（图3-2）。

图3-5　部分精美的瓷器茶具

然而在宋代以后，古人对金属茶具有褒有贬，如明代张谦德把金、银茶具列为次等，把铜、锡茶具列为下等。元代以后，尤其从明代开始，随着茶类的创新，饮茶方法的改变，陶瓷茶具的兴起，金属茶具逐渐销声匿迹，尤其是用锡、铁、铅等金属制作的茶具，用它们来煮水泡茶，认为会使"茶味走样"，以致很少有人使用。但用金属制成贮茶器具，如锡瓶、锡罐等，却较为常见。由于金属贮茶器具的密闭性要比纸、竹、木、瓷、陶等好，有较好的防潮、避光、防异味性能，更有利于散茶的保藏，因此用锡制作的贮茶器具至今仍十分流行。

另外，用不锈钢制成的茶具也较多。这种茶具能抗腐蚀、不透气、传热快。外表光洁明亮，造型富有现代气息，产品有盖茶缸、行军壶、双层保温杯等。

4. 漆器茶具

漆器茶具是采割天然漆树液汁进行炼制，掺进所需色料，制成绚丽夺目的茶具，是我国先人的创造发明之一。脱胎漆茶具的制作精细复杂，先要按照茶具的设计要求，做成木胎或泥胎模型，其上用夏布或绸料以漆裱上，再连上几道漆灰料，然后脱去模型，再经填灰、上漆、打磨、装饰等多道工序，才最终成为古朴典雅的脱胎漆茶具。

漆器茶具历史悠久，工艺独特，既能生产民用粗放型茶具，又可制作出工艺奇巧、镶镂精细的产品。漆器茶具较著名的有北京雕漆茶具、福州脱胎茶具、脱胎漆器（江西波阳、宜春等地生产）等，均别具艺术魅力。

从清代开始，由福建福州制作的脱胎漆器茶具日益引起人们的关注。脱胎漆茶具古朴典雅，形状多姿多彩，有"宝砂闪光""金丝玛瑙""釉变金丝""仿古瓷""雕填""高雕"和"嵌白银"等多个品种，通常是一把茶壶连同4只茶杯，存放在圆形或长方形的茶盘内，壶、杯、盘通常呈一色，多为黑色，也有黄棕、棕红、深绿等色，并融书画于一体，饱含文化意蕴；且轻巧美观，色泽光亮，明镜照人；又不怕水浸，能耐温、耐酸碱腐蚀。脱胎漆茶具除有实用价值外，还有很高的艺术欣赏价值，常为鉴赏家所收藏，特别是在创造了红如宝石的"赤金砂"和"暗花"等新工艺后，更加绚丽夺目，逗人喜爱（图3-6）。

图3-6　福州脱胎漆器

5. 竹、木茶具

隋唐以前的饮茶器具，除陶瓷外，民间多用竹木制作而成。陆羽在《茶经》中列出的28种茶具多数是用竹木制作的。

竹木茶具，轻便实用，取材简易，制作方便，对茶无污染，对人体也无害，因此，竹木茶具一直受到茶人的欢迎。但竹木茶具不能长时间使用，无法长久保存，文物价值不高。

到了清代，四川出现了一种竹编茶具，它既是一种工艺品，又富有实用价值，主要品种有茶杯、茶盅、茶托、茶壶、茶盘等，多为成套制作。竹编茶具由内胎和外套组成，内胎多为陶瓷类饮茶器具，外套用精选慈竹，制成粗细如发的柔软竹丝，经烤色、染色，再按茶具内胎形状、大小编织嵌合，使之成为整体如一的茶具（图3-7）。这种茶具，不但色调和谐，美观大方，而且能保护内胎，减少损坏；同时，泡茶后不易烫手，并富含艺术欣赏价值。

图3-7　四川瓷胎竹编茶具

6. 玻璃茶具

古人称玻璃为流璃或琉璃，有色半透明。用这种材料制成的茶具，能给人以色泽鲜艳、光彩照人的感觉。我国的琉璃制作技术虽然起步较早，但直到唐代，随着中外文化交流的增多，西方琉璃器具的不断传入，我国才开始烧制琉璃茶具。陕西法门寺地宫出土的淡黄色素面圈足琉璃茶盏和茶托，是地道的中国琉璃茶具，虽然造型原始，装饰简朴，透明度低，但却表明我国的琉璃茶具在唐代已经起步。

近代随着玻璃工业的崛起，玻璃茶具很快兴起，由于玻璃质地透明，光泽夺目，可塑性大，用它制成的茶具，形态各异，用途广泛，加之价格低廉，购买方便。特别是用玻璃茶杯（或玻璃茶壶）泡茶，尤其是冲泡各类名优茶，茶汤的色泽鲜艳，叶芽朵朵在冲泡过程中上下浮动，叶片逐渐舒展、亭亭玉立等，一目了然，可以说是一种动态的艺术欣赏，别有风趣，能增加饮茶情趣，但它传热快，不透气，容易破碎，茶香容易散失。虽如此，目前玻璃茶具在茶叶泡饮中仍占有重要地位。

7. 搪瓷茶具

搪瓷茶具坚固耐用，图案清新，轻便耐腐蚀，携带方便，实用性强，二十世纪五六十年代在我国各地较为流行，以后又为其他茶具所替代。

搪瓷工艺起源于古代埃及，以后传入欧洲，大约在元代传入我国。明景泰年间，我国创制了珐琅镶嵌工艺品景泰蓝茶具，清代乾隆年间景泰蓝从宫廷流向民间。在众多的搪瓷茶具中，洁白、细腻、光亮，可与瓷器媲美的仿瓷茶杯；饰有网眼或彩色加网眼，且层次清晰，有较强艺术感的网眼花茶杯；式样轻巧、造型独特的鼓形茶杯和蝶形茶杯；能起保温作用且携带方便的保温茶杯，以及可作放置茶壶、茶杯用的加彩搪瓷茶盘，受到不少人的青睐。但搪瓷茶具传热快，易烫手，放在茶几上，会烫坏桌面，加之"身价"较低，所以，使用时受到一定限制，一般不作居家待客之用。

8. 石茶具

石茶具以石制成，经人工精雕细刻、磨光等多道工序完成，产品以小型茶具为主。根据原料的不同有大理石茶具、木鱼石茶具等。石茶具质地厚实沉重，保温性能良好，且石料有天然纹理，色泽光润华丽，有较高的艺术欣赏价值。

9. 玉茶具

玉茶具由玉石雕制而成，光洁柔润，纹理清晰。唐代即出现，大都为皇室贵族所有，当代仍有生产。用玉石、水晶、玛瑙等材料制作的茶具，因器材制作困难，价格昂贵，实用价值小，主要是作为摆设，以显示主人的富有。

10. 塑料茶具

塑料茶具，用塑料压制而成。色彩鲜艳，形式多样，轻便，耐磨，但不透气，且因质地关系，常带有异味，这是饮茶之大忌，最好不用。

还有一种无色、无味、透明的一次性塑料软杯，在旅途中用来泡茶也时有所见，主要是卫生和方便。

（二）按茶具的用途分类

根据日常生活中茶叶泡饮需要，将泡茶、饮茶主要的用具称主茶具，其他称为辅泡器和其他器具。主泡器包括茶壶、茶船、茶海等，辅泡器包括茶盘、茶荷、茶匙等。

1. 茶壶

茶壶是主要的泡茶容器，一般由壶嘴、壶盖、壶身和圈足四部分组成。

评价一个好的茶壶，应从以下方面考虑：①壶嘴：壶嘴的出水要流畅，不淋滚茶汁，不溅水花。②壶盖：壶盖与壶身要密合，水壶口与出水的嘴要在同一水平面上。③壶身：壶身宜浅不宜深，壶盖宜紧不宜松。方便置入茶叶，容水量足够。④质地：质地无泥味、杂味，能适应冷热急遽之变化，不渗漏，不易破裂。能配合所冲泡茶叶的种类，将茶的特色发挥得淋漓尽致。⑤保温：泡后茶汤能够保温，不会散热太快，能让茶叶成分在短时间内适宜浸出。

2. 茶船

茶船是指用来放置茶壶的垫底茶具，又称茶池或壶承。其常用的功能主要有盛热水烫杯，盛接茶壶中溢出的茶水，保持泡茶温度。既可增加美观，又可防止茶壶烫坏桌面。

3. 茶海

茶海又称茶盅或公道杯。盛放泡好的茶汤，再分倒各杯，使各杯茶汤浓度相同，同时也可沉淀茶渣。也可于茶海上覆一滤网，以滤去茶渣、茶末。没有专用的茶海时，也可用茶壶充当。

4. 茶杯

茶杯是盛装泡好的茶汤并用于饮用的器具。茶杯的种类、大小应有尽有。喝不同的茶用不同的茶杯，有的茶杯还配有边喝茶边闻茶香的闻香杯。根据茶壶的形状、色泽，选择适当的茶杯，搭配起来也颇具美感。为了便于欣赏茶汤颜色及容易清洗，杯子内面最好上釉，而且是白色或浅色。

5. 盖碗

盖碗又称盖杯，由盖、碗、托三部件组成，泡饮合用，也可单用。

6. 辅泡器和其他器具

（1）茶盘　摆置茶具，用以承放茶杯或其他茶具的盘子，以盛接泡茶过程中流出或倒掉之茶水。茶盘有竹、木、金属、陶瓷、塑料、不锈钢、石制品，有规则形、自然形、排水形等多种。

（2）茶荷　是控制置茶量的器皿，用竹、木、陶等制成，是置茶的用具，兼有赏茶功能。主要是将茶叶由茶罐移至茶壶，既实用又可当艺术品。

（3）茶匙　从贮茶器中取干茶的工具，或在饮用添加茶时作搅拌用，常与茶荷搭配使用。

（4）茶漏　茶漏在置茶时放在泡茶壶口上，以导茶入壶，防止茶叶掉落壶外。

（5）茶挟　又称"茶筷"，泡第一道茶时用来刮去壶口泡沫的用具，形同筷子，也用于夹出茶渣。也常有人拿它来挟着茶杯洗杯，防烫又卫生。

（6）茶巾　又称为茶布，茶巾的主要功用是干壶，于置茶之前将茶壶或茶海底部残留的杂水擦干，也可擦拭滴落桌面之茶水。

（7）茶针　茶针的功用是由壶嘴伸入流中疏通茶壶的内网，防止茶叶阻塞，以保持水流畅通的工具，以竹木制成。

（8）煮水器　由烧水壶和热源两部分组成。泡茶的煮水器在古代用风炉，目前较常见的热源为酒精炉、电炉、炭炉、瓦斯炉及电磁炉等，烧水壶有电壶和陶壶。

（9）茶叶罐　储存茶叶的罐子，必须无杂味、能密封且不透光，其材料有马口铁、不锈钢、锡合金及陶瓷等。

三、茶具对泡茶效果的影响

（一）茶具质地对泡茶的影响

茶具对茶汤的影响，主要表现在茶具颜色对茶汤色泽的衬托和茶具的材料对茶汤滋味和香气的影响两个方面。

茶具的密度与泡茶效果有很大关系。密度受陶瓷茶具的烧结程度影响，烧结程度高的壶，敲出的声音清脆，吸水性低，泡起茶来，香味比较清扬，如绿茶、花茶、白毫乌龙、红茶可用密度较高的瓷壶来泡。密度低的壶，用来泡茶，香味比较低沉，如铁观音、水仙、佛手、普洱茶可用密度较低的陶壶来泡。

金属器里的银壶是很好的泡茶用具，密度、传热比瓷壶还好。"清茶"最重清扬的特性，而且香气的表现决定品质的优劣，用银壶冲泡最能表现这方面的风格。

（二）茶具形状对泡茶的影响

选用茶具时还要考虑茶壶形状。就视觉效果而言，茶具的外形有如茶具的色调，应与所泡茶叶相匹配，如用一把紫砂松干壶泡龙井，就没有青瓷番瓜壶来得协调，但紫砂松干壶泡铁观音就显得非常合适。

就泡茶的功能而言，壶形仅表现在散热、方便与观赏三方面。壶口宽敞的、盖碗形的，散热效果较佳，用来冲泡需要 70～80℃ 水温的茶叶最为适宜。因此盖碗经常用以冲泡绿茶、香片与白毫乌龙。壶口宽大的壶与盖碗在置茶、去渣方面也显得异常方便，很多人习惯将盖碗作为冲泡器具使用就是这个道理。盖碗或是壶口大到几乎像盖碗形的壶，冲泡茶叶后，打开盖子很容易观赏到茶叶舒展的情形与茶汤的色泽、浓度，有利于茶叶的欣赏和茶汤的控制。配以适当的色调，可以很好地表现龙井、碧螺春、白毫银针、白毫乌龙等注重外形的茶叶。

（三）茶具色调对泡茶的影响

将茶器的质地分为瓷、火石、陶三大类。白瓷土显得亮洁精致，用以搭配绿茶、白毫乌龙与红茶颇为适合，为保持其洁白，常上层透明釉。黄泥制成的茶器显得甘饴，可配以黄茶或白茶。朱泥或灰褐系列的火石器土制成的茶器显得高香、厚实，可配以铁观音、冻顶等轻、中焙火的茶类。紫砂或较深沉陶土制成的茶器显得朴实、自然，配以稍重焙火的铁观音、水仙相当协调。

茶器外表施以釉药，釉色的变化又左右了茶器的感觉，如淡绿色系列的青瓷，用以冲泡绿茶、清茶，感觉上颇为协调。有种乳白色的釉彩如"凝脂"，很适合冲泡白茶与黄茶。青花、彩绘的茶器可以表现白毫乌龙、红茶或熏茶、调味的茶类。铁红、紫金、钧窑之类的釉色则用以搭配冻顶、铁观音、水仙之类的茶叶。天目与深褐色系的釉色用来表现黑茶。

（四）茶具上釉与否对泡茶的影响

使用内侧不上釉的茶壶冲泡不同风味的茶会有相互干扰的缺点，尤其是使用久了的老壶或是吸水性强的壶。吸水性强的茶壶吸了满肚子的茶汤，用后陈放，容易有霉味。

如果只能有一把壶，而要冲泡各种茶类，最好使用内侧上釉的壶，每次使用后彻底洗干净，可以避免留下味道干扰下一种茶。

评茶师用以鉴定各种茶叶的标准杯，都采用内外上釉的瓷器。

四、茶具的选用

茶具的种类丰富多彩，材料各异，功能不一，而且，不同茶具的泡茶效果也有很大区别。泡茶时要根据具体实际，选用、配置合适的茶具。

（一）古人选用的茶具

古往今来，大凡讲究品茗情趣的人，都注重品茶韵味，崇尚意境高雅，强调"壶添品茗情趣，茶增壶艺价值"。认为好茶好壶，犹似红花绿叶，相映生辉。对于一个爱茶人来说，不仅要会选择好茶，还要会选配好茶具。唐代陆羽通过对各地所产瓷器茶具的比较后，从茶叶欣赏的角度提出"青则益茶"，认为以青色越瓷茶具为上品。而唐代的皮日休和陆龟蒙则从茶具欣赏的角度提出了茶具以色泽如玉，又有画饰的为最佳。从宋代开始，饮茶习惯逐渐由煎煮改为"点注"，团茶研碎经"点注"后，茶汤色泽已近"白色"了。这样，唐时推崇的青色茶碗也就无法衬托出"白"的色泽。而此时作为饮茶的碗也改为盏，这样对盏色的要求也就起了变化，"盏色贵黑青"，认为黑釉茶盏才能反映出茶汤的色泽。宋代蔡襄在《茶录》中写道："茶色白，宜黑盏。建安（今福建建瓯）所造者绀黑，纹如兔毫，其坯微厚，之久热难冷，最为要用"。

明代，从团茶改饮散茶，茶汤又由宋代的"白色"变为"黄白色"，这样对茶盏的要求当然不再是黑色了，而是时尚"白色"。对此，明代的屠隆认为茶盏"莹白如玉，可试茶色"。明代张源在《茶录》中也写道："茶瓯以白磁为上，蓝者次之。"明代中期以后，瓷器茶壶和紫砂茶具兴起，茶汤与茶具色泽不再有直接的对比与衬托关系。人们饮茶注意力转移到茶汤的韵味上来了，对茶叶色、香、味、形的要求，主要侧重在"香"和"味"。这样，人们对茶具特别是对壶的色泽，并不给予较多的注意，而是追求壶的"雅趣"。明代冯可宾在《茶录》中写道"茶壶以小为贵，每客小壶一把，任其自斟自饮方为得趣。何也？壶小则香不涣散，味不耽搁。"强调茶具选配得体，才能尝到真正的茶香味。

清代随着多种茶类的出现，人们对茶具的种类与色泽、质地与式样，以及茶具的轻重、厚薄、大小等提出了新的要求，茶具品种增多，形状多变，色彩多样，再配以诗、书、画、雕等艺术，从而把茶具制作推向新的高度。

（二）现代茶具的选用

1. 根据茶类选择茶具

各种茶类可合理选配适宜的茶具。

（1）花茶 饮用花茶，为有利于香气的保持，可选用青瓷、青花瓷、斗彩、五彩等品种的盖碗、盖杯或壶杯泡茶。

（2）绿茶　饮用大宗绿茶，单人夏秋季可用无盖、有花纹或冷色调的玻璃杯；春冬季可用青瓷、青花瓷等各种冷色调瓷盖杯。多人则选用青瓷、白瓷等冷色调壶杯具。如果是品饮细嫩名优绿茶，用透明无花纹、无色彩的无盖玻璃杯或白瓷、青瓷无盖杯直接冲泡最为理想。不论冲泡何种细嫩名优绿茶，茶杯均宜小不宜大，大则水量多，热量大，会将茶叶泡熟，使茶叶色泽失却翠绿，其次会使芽叶熟化，不能在汤中林立，失去姿态；第三会使茶香减弱，甚至产生"熟汤味"。

（3）红茶　饮用红碎茶可用暖色瓷壶或紫砂壶来泡茶，然后将茶汤倒入白瓷杯中饮用。工夫红茶选用杯内壁上白釉的紫砂、白瓷、白底红花瓷的壶杯具、盖碗均可。

（4）乌龙茶　饮用轻发酵及重发酵类乌龙茶，用白瓷及白底花瓷壶杯具或盖碗，半发酵及重焙火类乌龙茶宜用紫砂茶具。在我国民间，还有"老茶壶泡，嫩茶杯冲"之说。这是因为较粗老的老叶，用壶冲泡，一则可保持热量，有利于茶叶中的水浸出物溶解于茶汤，提高茶汤中的可利用部分；二则较粗老茶叶缺乏观赏价值，用来敬客，不大雅观，这样，还可避免失礼之嫌。而细嫩的茶叶，用杯冲泡，一目了然，同时可收到物质享受和精神欣赏之美。

2. 根据地方风俗选择茶具

茶具的选用还与地方风俗相联系。中国地域辽阔，各地的饮茶习俗不同，对茶具的要求也不一样。

（1）长江以北地区　长江以北一带大多喜爱选用有盖瓷杯冲泡花茶，以保持花香，或者用大瓷壶泡茶，尔后将茶汤倾入茶盅（杯）饮用。在长江三角洲沪杭宁和华北京津等地一些大中城市，人们爱好品细嫩名优茶，既要闻其香，啜其味，还要观其色，赏其形。因此，特别喜欢用玻璃杯或白瓷杯泡茶。

（2）江浙地区　在江、浙一带的许多地区，饮茶注重茶叶的滋味和香气，因此喜欢选用紫砂茶具泡茶，或用有盖瓷杯沏茶。

（3）华南地区　福建及广东潮州、汕头一带，习惯于用小杯啜饮乌龙茶，故选用"茶房四宝"——潮汕炉、玉书碨、孟臣罐、若琛瓯泡茶，以鉴赏茶的韵味。

潮汕风炉是一种粗陶炭炉，专作加热之用；玉书碨是一把瓦陶壶，高柄长嘴，架在风炉之上，专作烧水之用；孟臣罐是比普通茶壶小一些的紫砂壶，用来泡茶；若琛瓯是只有半个乒乓球大小的小茶杯，每只能容纳约4毫升左右茶汤，专供饮茶用。

（4）四川等地　四川、甘肃饮茶特别钟情盖碗茶，喝茶时，左手托茶托，不会烫手，右手拿茶碗盖，用以拨去浮在汤面的茶叶。加上盖，能够保香，去掉盖，又可观形赏色。选用这种茶具饮茶，颇有清代遗风。至于我国边疆少数民族地区，至今多习惯于用碗喝茶，古风犹存。

第三节 泡茶用水

明代张大复在《梅花草堂笔谈》中说："茶性必发于水，八分之茶，遇十分之水，茶亦十分矣；八分之水，试十分之茶，茶只八分耳。"可见好茶必须配以好水，水质的好坏，对茶叶的色、香、味，特别是对茶汤的滋味影响很大。因此，鉴水也就成为修习茶艺中重要的一环。

一、古人论茶与水

"水为茶之母，壶为茶之父"。明代许次纾在《茶疏》中说："精茗蕴香，借水而发，无水不可与论茶也。"水是茶叶滋味和内含有益成分的载体，茶的色、香、味和各种营养保健物质，都要溶于水后，才能供人享用。

"龙井茶，虎跑水"、"扬子江心水，蒙山顶上茶"皆是古人为之追求的茶与水的最佳组合。可见用什么水泡茶，对茶的冲泡及效果起着十分重要的作用。

（一）古人选水标准

郑板桥有一副茶联："从来名士能评水，自古高僧爱斗茶。"古人评水，凭的是感性经验，依靠的是视觉、嗅觉与味觉等感官及简单的工具。

1. 以水源辨优劣

唐代陆羽《茶经》："其水，用山水上，江水中，井水下。其山水，拣乳泉石池漫流者上，其瀑涌湍漱勿食之。"泉水经过砂石过滤，又处于流动状态，因而比较洁净清爽，水质也相对稳定；江水含有一定的泥沙，比较混浊，容易受环境污染；井水是浅层地下水，缺乏流动，水源易受污染。

2. 以感官来鉴别水质

宋徽宗赵佶在《大观茶论》中写道："水以清、轻、甘、冽为美"，后人又在他提出的美水基础上，增加了个"活"字，从而完善了泡茶之水的评判标准。即"清、活、轻、甘、冽"。

清，是指水质无色透明，清澈可辨，这是古人对水质的最基本要求。

活，是指流动的水。宋代唐庚《斗茶记》载："水不问江井，要知贵活。"南宋胡仔在其《苕溪渔隐丛话》中载："茶非活水则不能发其鲜馥。"煎茶的水要活，这在古人有深刻的认识，并常常赋之以诗文。苏东坡有一首《汲江煎茶》诗，前四句诗为：活水还需活火烹，自临钓石取深清。大瓢贮月归春瓮，小勺分江入夜瓶。

轻，是古人品水的一条标准。根据现代化学分析，每升含有 8 毫克以上钙、镁离子的水为硬水，不到 8 毫克的为软水，硬水重于软水。用硬水泡茶，茶汤色变，香味也会大为逊色。古人虽然不懂得这些科学道理，但是他们凭长期的饮水经验认为水轻为佳。古代鉴别水轻重的方法主要是采用衡器测量，乾隆皇帝就曾以银斗称量天下名泉，他认为北京玉泉山水最轻，也就是内含杂质最少，因而赢得"天下第一泉"的美誉。此后，乾隆每次外出，都要带上玉泉山的泉水泡茶。

甘，是指水的滋味，就是水一入口，舌与两颊之间产生甜滋滋的感觉，颇有回味。明人屠隆认为"凡水泉不甘，能损茶味"。明代罗廪《茶解》中载："梅雨如膏，万物赖以滋养，其味独甘，梅后便不堪饮。"

冽，就是水的温度要冷、要寒。古人十分推崇冰雪煮茶，清代文人高鹗的《茶》诗："瓦铫煮春雪，淡香生古瓷。晴窗分乳后，寒夜客来时。"这个看法自然有其依据，水在结晶过程中，杂质下沉，冰为结晶体，当然较为洁净。至于雪水，更是宝贵。现代科学证明，自然界中的水，只有雪水、雨水才是纯软水，最宜泡茶。

（二）古人对泡茶用水的处理

1. 试水

以前通过感官比较。明代《茗笈》（作者不详）记载，辨水质有五法：第一煮试，煮熟、澄清，下有沙土者，此水质恶。第二日试，清水置白瓷器中，放于日光下，若有埃，此水质恶也。第三叶味试，无味者真水。第四秤试，轻者为上。第五丝帛试，用纸或绢帛之类，打湿后再干，无迹者为上。

2. 洗水

洗水即用各种方法处理汲囊准备煮茶的水，使之洁净、甘冽。

（1）石洗法　即用细砂过滤。

（2）炭洗法　用大瓮收黄梅雨水、雪水，下置鹅卵石，将三寸长的栗炭烧红投入水中，不生跳虫。

（3）水洗法　乾隆出巡时车载北京玉泉水随行，日久水色、味变化，从而发明了"以水洗水"。即以大器储水，刻分寸，入他水搅之，则污浊皆沉淀于下，而上面之水清澈矣。盖他水质重，则水沉，玉泉体轻，故上浮。

3. 养水（贮水）

水的贮藏应尽量保持其天然的特质，古人贮水讲究保持水之灵性，在容器选择、环境保护方面应注意："水性忌木，松杉为甚。"木桶贮水不好，明代许次纾："贮水瓮须置阴庭中，覆以纱帛，使雨星露之气，则神气常存"。

4. 煮水

明代许次纾《茶疏》载："茶滋于水，水藉于器，汤成于火，四者相须，缺一不可"。

（1）程度　煮水程度以二沸水煎茶最好。陆羽《茶经》云："其沸如鱼目，微有声，为一沸；缘边如涌泉连珠，为二沸，腾波鼓浪为三沸"。《苏轼》："蟹眼已过鱼眼生，飕飕欲作松风鸣"。明代许次纾《茶疏》曰："蟹眼过后，水有声时，是为当时。"《茶说》云："汤者茶之司命，见其沸如鱼目，微微有声，是为一沸。铫缘涌如连珠，是为二沸。腾波鼓浪，是为三沸。一沸太稚，谓之婴儿沸；三沸太老，谓之百寿汤；若水面浮珠，声若松涛，是为二沸，正好之候也。"

为什么说"水老、水嫩不可食"？

①水未烧沸，谓之嫩，一是有微生物，二是水的温度没有达到要求，茶叶的香气和滋味出不来；三是水中的钙、镁离子会影响茶汤滋味。

②水烧开过头，谓之老。泡出的茶有熟汤味。现在的泡茶用水多属暂时性硬水，水烧过头，会使溶解于水中的 CO_2 释放殆尽，导致水质变"钝"，从而减弱茶汤的鲜爽味，茶汤变得"木口"；并且水中含有微量的硝酸盐，高温久沸水分蒸发，亚硝酸盐浓度含量相对提高，易产生致癌物质，不利于人体健康。

煮水的关键，一是要注意通气，以免燃烧产生异味；二是灶、器要保持清洁；三是急火快煮，水沸离火。

（2）煮水燃料　古人"活水还须活火煮"。活火——古人指有焰之炭火，陆羽主张用木炭煮水，干柴次之。潮汕工夫茶讲究用橄榄核烧炭煎茶。现代则要求燃料的燃烧性好，热量大而持久，燃烧物不能带有异味和冒烟，而煤气、酒精、电等热能较好。煮水场所还要通气。

（3）煮水容器　煮水器具要求洁净。在煮水容器的质地和材料方面，铁壶使红茶茶汤变褐，绿茶茶汤变暗；而铜壶铜含量高；瓦壶、铝壶和不锈钢壶较好。

煮水器的容积大，器壁厚，传热差，烧水时间长，导致水质变"钝"，用来泡茶，茶汤失去鲜爽度，变得"木口"。

二、现代用水标准

泡茶用水须符合饮用水的水质标准。

1. 感官指标

色度不超过15°，浑浊度不超过5°，不得有异味、臭味，不得含有肉眼可见物。

2. 化学指标

pH6.5～8.5，总硬度不高于 25°，铁不超过 0.3mg/L，锰不超过 0.1mg/L，铜不超过 1.0mg/L，锌不超过 1.0mg/L，挥发酚类不超过 2μg/L，阴离子合成洗涤剂不超过 0.3mg/L。

3. 毒理指标

氟化物不超过 1.0mg/L（适宜质量浓度 0.5～1.0mg/L），氰化物不超过 0.05mg/L，砷不超过 0.05mg/L，镉不超过 0.01mg/L，铬（六价）不超过 0.05mg/L，铅不超过 0.05mg/L。

4. 细菌指标

细菌总数不超过 100 个/mL，大肠菌群不超过 3 个/L。

以上四个指标，主要是从饮用水最基本的安全和卫生方面考虑，作为泡茶用水，还应考虑各种饮用水内所含的化学成分。

三、水与茶的关系

水有软水和硬水之分，凡水中钙、镁离子小于 4mg/L 的为极软水，4～8mg/L 为软水，8～16mg/L 为中等硬水，16～30mg/L 为硬水，超过 30mg/L 为极硬水。在自然水中，一般只有雨水和雪水为软水，其他均为硬水。硬水可分为永久性硬水和暂时性硬水。永久性硬水含有钙、镁硫酸盐和氯化物，经煮沸仍溶于水，不可用于泡茶。因为水中不同的矿物离子对茶的汤色和滋味有很大的影响。低价铁会使茶汤变暗，滋味变淡；锰、钙、铝都会使茶汤滋味发苦；钙、铅会使味涩；镁、铝会使味淡。暂时性硬水因含碳酸氢钙、碳酸氢镁而引起的硬水在煮沸后，生成不溶性的沉淀（即水垢），使硬水变成软水，对泡茶效果没有什么影响。

水的 pH 对茶汤色泽有较大影响，一般名茶用 pH 为 7.1 的蒸馏水冲泡，茶汤 pH 大体在 6.0～6.3 之间，炒青绿茶 pH 在 5.6～6.1。若泡茶用水 pH 偏酸或偏碱，即影响茶汤 pH。绿茶的茶汤，当 pH 大于 7 呈橙红色，大于 9 呈暗红色，大于 11 呈暗褐色。红茶茶汤，当 pH 为 4.5～4.9 汤色明亮，大于 5 则汤色较暗，大于 7 则汤色暗褐，而小于 4.2 则汤色浅薄。由此可见，泡茶用水以中性及偏酸性的较好。

另外，水中离子也会影响到泡茶质量。如钠离子多则茶汤味咸，钙离子多则味涩，硫离子多则味苦，镁离子多则茶汤色变淡，铁离子多则茶汤变暗、黑（与多酚类反应，生成锈油），铝离子多则茶汤滋味变淡。

四、泡茶用水类型

选择泡茶用水时应首先对水的软硬度与茶汤的品质有一个简单了解。按照水的来源，宜茶用水可分为天水类、地水类、再加工水类三大类。

（一）天水类

此类水包括雨、雪、霜、露、雹等。在雨水中最适宜泡茶的为立春雨水。立春雨水中得到自然界春始生发万物之气，用于煎茶可补脾益气。梅雨季节，和风细雨，有利于微生物滋长，泡茶品质较次，夏季雷阵雨，常伴飞沙走石，水质不净，泡茶茶汤浑浊，不宜饮用。我国中医认为露是阴气积聚而成的水液，是润泽的夜气。甘露更是"神灵之精、仁瑞之泽、其凝如脂、其甘如饴"。用草尖上的露水煎茶可使人身体轻灵、皮肤润泽。用鲜花中的露水煎茶可使人容颜娇艳。

（二）地水类

此类水包括泉水、溪水、江水、河水、池水、井水等。

（1）泉水科学分析表明，泉水涌出地面之前为地下水，经地层反复过滤，涌出地面时，水质清澈透明。沿溪涧流淌，吸收空气，增加溶氧量，并在二氧化碳的作用下，溶解了岩石和土壤中的钠、钾、钙、镁等元素，具有矿泉水的营养成分。我国的五大名泉都是沏茶的优质泉水。山泉水大多出自岩石重叠的山峦，悬浮物含量少，富含二氧化碳和各种对人体有益的微量元素；而经过砂石过滤的泉水，水质清净晶莹，含氯、铁等的化合物极少，用这种泉水泡茶，能使茶的色香味形得到最大发挥。但也并非山泉水都可以用来沏茶，如硫黄矿泉水是不能沏茶的。另一方面，山泉水也不是随处可得。因此，对于多数茶客而言，只能视条件去选择宜茶水品了。

（2）江、河、湖水均属地表水，含杂质较多，混浊度较高。一般说来，江、河、湖水沏茶难以取得较好的效果，但在远离人烟、植被生长繁茂、污染物较少之地江、河、湖水，仍不失为沏茶好水。如浙江桐庐的富春江水、淳安的千岛湖水、绍兴的鉴湖水就是例证。唐代陆羽在《茶经》中说："其江水，取去人远者"。说的就是这个意思。

（3）井水宜取深井之水。因为深井之水也属地下水，在耐水层的保护下，不易被污染；同时被过滤的距离远，水质洁净。而浅层井水则易被地面污染物污染，水质一般较差。有些井水含盐量高，不宜用于泡茶。所以若能汲得活水井的水沏茶，同样也能泡得一杯好茶。

（4）自来水一般采自江、河、湖水，经过净化处理后符合饮用水卫生标准。但有时因为处理水质所用的氯化物过多，使自来水产生一种异味，对沏茶是不利的。此时可将自来水注入洁净的容器，让其静置过夜，使氯气挥发散失。煮水时适当延长沸腾的时间，也可收到同样效果。

（三）再加工水类

此类水主要指经过再次加工而成的太空水、纯净水和蒸馏水等。

五、中国主要名泉

我国泉水（即山水）资源极为丰富。其中比较著名的就有百余处之多。镇江中冷泉、无锡惠山泉、苏州观音泉、杭州虎跑泉和济南趵突泉，号称中国五大名泉。

（一）镇江中冷泉

中冷泉又名南零水，早在唐代就已天下闻名。中冷泉原位于镇江金山之西的长江江中涡险处，汲取极难。"铜瓶愁汲中冷水（即南零水），不见茶山九十翁。"这是南宋诗人陆游的描述。文天祥也有诗写到："扬子江心第一泉，南金来北铸文渊，男儿斩却楼兰首，闲品茶经拜羽仙。"

如今，因江滩扩大，中冷泉已与陆地相连，仅是一个景观罢了。

（二）无锡惠泉

惠泉号称"天下第二泉"。此泉于唐代大历十四年开凿，迄今已有1200余年历史。张又新《煎茶水记》中说："水分七品等……惠山泉为第二。"元代大书法家赵孟頫和清代吏部员外郎王澍分别书有"天下第二泉"，刻石于泉畔，字迹苍劲有力，至今保持完整。这就是"天下第二泉"的由来。

唐代宰相李德裕用"水道"运无锡惠山泉到长安（西安）品茶，宋代蔡襄特选惠山泉与人斗茶。

（三）苏州观音泉

观音泉为苏州虎丘胜景之一。张又新在《煎茶水记》中将苏州虎丘寺石水（即观音泉）列为第三泉。该泉甘冽，水清味美。

（四）杭州虎跑泉

相传，唐代元和年间，有个名叫"性空"的和尚游方到虎跑，见此处环境优美，风景秀丽，便想建座寺院，但无水源，一筹莫展。夜里梦见神仙相告："南岳衡山有童子泉，当夜遣二虎迁来。"第二天，果然跑来两只老虎，刨地作穴，泉水逐涌，水味甘醇，虎跑泉因而得名。

据分析，该泉水可溶性矿物质较少，总硬度低。

（五）济南趵突泉

趵突泉为当地七十二泉之首，列为全国第五泉。趵突泉位于济南旧城西南角，泉的西南侧有一建筑精美的"观澜亭"。宋代诗人曾经写诗称赞："一派遥从玉水分，暗来都洒历山尘。滋荣冬茹温常早，润泽春茶味至真。"

第四节　茶艺礼仪

我国著名茶学家、茶学教育家庄晚芳教授指出："客来敬茶虽然只有一句话，但包括了很广泛的知识。"它不但要讲究茶叶的质量，还要讲究泡茶的艺术和待客礼仪。它在包含物质和文化的同时，更汇聚着内心的情感，以茶为媒，体现出主人的修养、素质和举止，而达到重情好客、亲近有加的目的。

一、茶艺师的基本要求

茶艺是泡茶和品茶的技艺，是茶文化的精粹和典型的物化形式。作为茶艺师，应该具有较高的文化修养，得体的行为举止，熟悉和掌握茶文化知识以及泡茶技能，做到以神、情、技动人。也就是说，无论在外形、举止乃至气质上，都有更高的要求。

茶艺师是指在茶艺馆、茶室、宾馆等场所专职从事茶饮艺术服务的人员。

1999年国家劳动和社会保障部将茶艺师列为新的职业，从初级茶艺师到高级茶艺技师，共分为五级。

台湾茶艺大师范增平先生在《一位茶艺教师应有的认识和使命》文章中说到："茶艺的内涵，包括技艺、礼法、道三个部分。"认识茶艺包含："一、专业知识的素养，认识茶叶，了解和掌握茶叶的分类，主要名茶的品质特点、制作工艺，以及茶叶的鉴别、贮藏、选购等内容，这是学习茶艺的基础。二、了解茶艺的技术部分，茶艺的演示程式、动作要领、解说内容，茶叶色、香、味、形的欣赏，茶器的应用、鉴赏和收藏等技巧。三、了解茶艺的礼仪、礼节，仪容、仪表，迎来送往、交流与沟通等内容。四、了解茶艺的规范，以作为茶人的态度和教学的观念，体现茶人的品质、精神和素养。五、悟道，道是一种生活的道路和方向，一种修行，是人生的哲学。悟道是茶人的风范、茶艺的一种最高境界，是通过泡茶与品茶去感悟生活、感悟人生，探寻生命的意义。"

（一）职业道德要求

茶艺从业人员具备良好的职业道德素质和修养能激发茶艺从业人员的工作

热情和责任感，热情待客、提高服务质量，即人们常说的"茶品即人品，人品即茶品"。

真诚守信和一丝不苟是做人的基本准则，也是一种社会公德。对茶艺从业人员来说也是一种态度，它的基本作用是树立信誉，树立起值得他人信赖的道德形象。

礼貌待客、热情服务是茶艺工作最重要的业务要求和行为规范之一，也是茶艺职业道德的基本要求之一。它体现出茶艺从业人员对工作的积极态度和对他人的尊重，这也是做好茶艺工作的基本条件。

文明经商，满足服务对象的需求是茶艺工作的最终目的。因此，茶艺从业人员要在维护顾客利益的基础上方便顾客、服务顾客，为顾客排忧解难，做到文明经商。

（二）职业能力要求

作为茶艺师，应该有相当的专业知识，有较强的语言表达能力，一定的人际交往能力，一定的形体知识能力，较敏锐的嗅觉、色觉、味觉和一定的美学鉴赏能力。

（1）接待要求　具备仪容仪表知识，有较强的语言表达能力和沟通能力，掌握服务礼仪中的接待艺术。

（2）茶艺准备　具备茶叶质量分级知识、茶具质量知识、茶艺茶具配备基本知识。

（3）茶艺演示　具备茶艺器具的应用知识、不同茶艺演示要求及注意事项。

（4）茶事服务　能够介绍清饮法和调饮法的不同特点、能够向顾客介绍中国各地名茶、名泉、能够解答顾客有关茶艺的问题、茶叶茶具的包装知识、结账的基本程序知识、茶具的养护知识。

（5）销售　能够根据茶叶、茶具销售情况，提出货品调配建议。

（三）综合素质要求

一名茶艺师至少应该具备以下综合素质：

（1）懂茶，掌握丰富的茶知识　比如茶的品种、各类茶的主要生产场地、特性，懂得如何来鉴别茶，对中国古老的茶文化有一定了解。

（2）泡好茶，掌握泡茶的技艺　泡好一杯茶并非易事，要懂得如何选茶、择器、置水，要掌握好茶与水的比例、泡茶时间和浸泡程度。懂得了这些知识之后，还须用心去泡，因为茶汤的颜色、香气与滋味、口感，完全可能因为不同泡茶者的技法和感觉而不同。如果不是用心去钻研，而是按部就班地机械操作，很难泡好茶。

（3）要对中国的古典文化有所了解 唐诗宋词、书法绘画。了解了一些古代文化，再来理解茶文化，就能够触类旁通。

（4）茶艺师多少需要懂得一些插花的技巧、花语及不同风格的音乐等，最好再懂得一门外语，可以与其他国家的茶文化爱好者进行交流和沟通，也可以向海外人士介绍中国的茶文化。

二、茶艺师的礼仪要求

茶文化是雅俗共赏的文化，茶艺六要素——人之美、茶之美、器之美、水之美、境之美、艺之美，其中茶由人制、境由人创、水由人鉴、茶具由人选择组合、茶艺程序由人编排演示。所以，在茶事活动中首先是人美，人美体现在服装、言谈举止、礼仪礼节、品行、职业道德、服务技能和技巧等方面。茶艺师整个人要从上至下都给人美感，通过自己的言行举止来烘托出一种文化，让人们更加深切地感受茶、了解茶，让人们在浮躁、快节奏的生活中感受到宁静、淡泊的氛围。

（一）仪容、仪表美

仪表是指人的外表，包括服装、形体容貌、修饰（化妆、装饰品）、发型、卫生习惯等内容。仪表与个人的生活情调、文化素质、修养程度、道德品质等内在修养有着密切联系。

（1）面部 面部清新健康，平和放松，微笑，不化浓妆，不喷香水，牙齿洁白整齐。

（2）手型 优美的手型，要求不戴手饰，手指干净，指甲无污物，洗手液不能有味道，不涂指甲。女士纤小结实，男士浑厚有力。

（3）发型 要求发型原则上要根据自己的脸型，适合自己的气质，给人一种很舒适、整洁、大方的感觉，不论长短，操作时头发不要挡住视线，长发应束起，不染发。

（4）服饰 要求新鲜、淡雅，中式为宜，袖口不宜过宽，服装和茶艺表演内容相配套。着装要遵循 TPO 原则，即 Time（时间）、Place（地点）和 Occasion（场合）适宜。

（二）仪态、神韵美

风度是一个人的性格、气质、情趣、修养、精神世界和生活习惯的综合外在表现，是社交活动中的无声语言。

一个人的个性很容易从泡茶的过程中表露出来。评判一位茶艺表演者的风度优次，主要看其动作的协调性。茶事活动中的每一个动作都要圆活、柔和、连贯，而动作之间又要有起伏、虚实、节奏，使观者深深体会其中的韵味。

1. 仪态美

礼仪周全、举止端庄，在茶艺活动中，走有走相，站有站相，坐有坐相。

（1）站姿　在泡茶过程中，可以坐着冲泡，也可以站着泡茶。即使是坐着冲泡，从行走到下坐之间，也需要有一个站立的过程。这个过程，是冲泡者给客人的"第一印象"，显得格外重要。

茶艺表演中的站姿要求身体重心自然垂直，从头至脚有一线直的感觉，取重心于两脚之间，不向左、右方向偏移。站立时需做到双腿并拢，身体挺直，双肩放松，两眼平视，面带微笑。女性应将双手虎口交叉，右手握住左手手指，左手指尖不可外露，并置于胸前，脚尖开度45°～60°；男士同样应将双手虎口交叉，但要将左手贴在右手上，置于胸前，而双脚可呈外八字稍作分开。

（2）坐姿　坐是茶艺表演中常用的举止，在茶事活动中坐姿一般分为四种：开膝坐与盘腿坐（男士）、并式坐与跪坐。

正确的坐姿给人以端庄、优美的印象。对坐姿的基本要求是端庄稳重、娴雅自如，注意四肢协调配合，即头、胸、髋三轴，与四肢的开、合、曲、直对比得当，便会形成优美的坐姿。姿态优美需要身体、四肢的自然协调配合，茶道对坐姿形态上的处理以对称美为宜，它具有稳定、端庄的美学特性。

冲泡者端坐在椅子或凳子中央，上身挺直，双肩放松，舌尖抵上颚，鼻尖对向腹部。双腿膝盖至脚踝并拢，如果是女士，可将双手手掌上下相搭，右手搭在左手上放于两腿之间；而男士则可将双手手心平放于左右两边大腿的前方。

入座讲究动作的轻、缓、紧，即入座时要轻稳，走到座位前自然转身后退，轻稳地坐下，落座声音要轻，动作要协调柔和，腰部、腿部肌肉需有紧张感，女士穿裙装落座时，应将裙向前收拢一下再坐下。起立时，右脚抽后收半步，而后站起。

（3）行姿　稳健优美的走姿可以使一个人气度不凡，产生一种动态美。

①前行步：行走时双肩放松、下颌微收，两眼平视。如是女性，脚步须成一直线，上身不可摇摆扭动，以保持平衡。可以将双手虎口交叉，右手搭在左手上，提放于胸前，以免行走时摆幅过大。也可以双臂作小幅自由摆动，双臂摆动幅度不超过35°；若是男士，双臂可随两腿的移动，做小幅自由摆动。当来到客人面前时应稍倾身，面对客人，然后上前完成各种冲泡动作。

两脚距离，女士以23厘米左右为宜，速度每分钟大约118步；男士以28厘米左右为宜，每分钟大约100步。

②前行步转弯：前行过程中遇左转弯，当行至转弯处，略停顿然后迈左

脚；调右转弯，应在行至转弯处，略停顿然后迈右脚。

③后退步：面对客人后退两步，并步，再转身，头身动作要缓。以表示对客人的恭敬。

④侧行步：带领客人时在客人左侧前后。上下楼梯靠右走。

（4）跪姿 包括跪坐、盘腿坐、单腿跪蹲。

①跪坐：即日本的"正坐"。两腿并拢双膝跪在坐垫上，双足背搭着地。臀部坐在双脚上，腰挺直，双肩放松，向下微收，舌抵上颚，双手搭放于前，女性右手在上，男性左手在上。

②盘腿坐：只限于男性，双腿向内屈伸相盘，双手分搭两膝，其他姿势同跪姿。

③单腿跪蹲：左膝与着地的左脚呈直角相屈，右膝与右脚尖同时点地；其他姿势同跪坐。这一姿势常用于奉茶，如果桌面较高，可转换成单腿半蹲式，即左脚前跨膝微屈，右膝顶在左腿小肚处。

（5）蹲姿 包含单腿半蹲式、高低式蹲姿和交叉式蹲姿。

①高低式蹲姿：下蹲时，左脚在前，右脚稍后，不重叠；两腿靠紧向下蹲，左脚全脚掌着地，小腿基本垂直于地面，右脚跟抬起，脚掌着地；右膝低于左膝，右膝内侧靠于左小腿内侧，形成左膝高右膝低的姿态，臀部向下。

②单腿半蹲式：左下蹲时，左脚在前，左脚前膝微屈，右膝顶在左腿小腿肚处。右下蹲时，右脚在前，右脚前膝微屈，左膝顶在左腿小腿肚处。

③交叉式蹲姿：可以左右交叉。交叉时膝微屈，左右小腿要相靠，注意保持平衡。

2. 神韵美

神韵美是神情和风韵的综合体现。

仪表美是静态美，"媚"是动态美。古代美学家李渔："媚态之在人身，犹火之有焰，灯之有光，珠贝金银之有宝色。是无形之物，似有形之物也。唯其是物非物，无形似有形；是以为尤物矣。"这就是茶人应该追求的神韵美——神定气朗。

茶艺的神韵美：巧笑倩兮、美目盼兮。

（1）"巧笑" "巧笑"使人感到亲切、温暖、愉悦、通过顾盼生辉打动人心。

（2）眼神 眼神是脸部表情的核心，能表达最细妙的表情差异，尤其在表演型茶道中更要求表演者神光内敛、柔和，眼观鼻，鼻观心，或目视虚空、目光笼罩全场。忌表情紧张、左顾右盼、眼神不定。

（3）表情 修习茶艺表演应保持恬淡、宁静、端庄的表情。一个人的眼睛、眉毛、嘴巴和面部表情肌肉的变化，能体现出一个人的内心，对人的语言起着解释、澄清、纠正和强化的作用，茶艺表演中要求表情自然、典雅、庄重，眼睑与眉毛要保持自然的舒展。

（4）**手法** 茶艺表演活动中的手法要求规范适度。例如在放下器物时，要有种恋恋不舍的感觉，给人一种优雅、含蓄、彬彬有礼的感觉。在操作时讲究指法细腻、动作优美。在各种茶艺表演活动中，运用的各种手法十分丰富，如插香手法、托茶盘手法、递茶盏手法、洗杯手法、接茶杯的手法、沏茶手法等。

冲泡动作要轻灵、连绵、圆合。所谓轻灵，即取器时手法要轻，放时要沉稳。而连绵则要求一个动作和一个动作之间要一气呵成、不间断。前一个动作结束，就是后一个动作的开始。所谓圆合，每一动作，姿势成弧状运行，伸缩自然。

茶艺表演中的各种姿态，实际都是采用静气功和太极拳的准备姿势，目的是为人体吐纳自如，真气运行，经络贯通，气血内调，势动于外，心、眼、手、身相随，意气相合，泡茶才能进入"修身养性"的境地。

（三）语言美

1. 语言规范

待客有五"声"，即客来问候声、落座招呼声、致谢声、致歉声以及客走道别声。待客要多用敬语、谦让语以及郑重语。杜绝使用蔑视语（不尊重客人）、烦躁语、不文明的口头语和自以为是为难他人的斗气语。

2. 语言艺术

俗话说"好语一句三冬暖，恶语一句三伏寒"、"话有三说、巧说为妙"。美学家朱光潜说："话说得好就会如实的达意，使听者感到舒适，发生美的感受，这样的话就成了艺术"。

达意，就是要求语言准确、吐音清晰、用词得当、不可含糊其辞、不夸大其词。而舒适，则要求声音柔和悦耳、吐字娓娓动听、抑扬顿挫、风格诙谐幽默、表情真诚、表达流畅自然。

口头语辅助以身体语言，如手势、眼神、面部表情的配合让人感到情真意切。

在茶艺服务过程中，冲泡者须做到语言简练、语意正确、语调亲切、使饮者真正感受到饮茶也是一种高雅的享受。

（四）心灵美

心灵美即具备"恻隐之心、善恶之心、辞让之心、是非之心、爱国之心"。心灵美所包含的内心、精神、思想等均可从恭敬的言语和动作中体现出来。

儒家对"仁"的理解有三个层次：人爱—爱人—爱己（最高境界）。"爱己"是对自己人格的自信、自尊、自爱，不是自私。茶人从爱己之心出发，表现出"爱人"之行，才是最感人的心灵美。

心灵美具体表现在茶事活动中，尊重客人，一切为客人着想，热情周到地服务。

（1）心诚　应主动询问客人的饮茶嗜好及口味习惯。应根据客人的情况选用茶叶，或调整茶汤的浓度。应根据客人的情况备用茶点，或调整茶点的甜度。

（2）体恭　端送茶、点时应先行礼，再上前一步，然后递茶或点心。递送茶、点心时应用手势和语言劝茶、劝点心。送完茶、点心后应退后一步再次行礼，然后离开。收茶杯及点心盘时应先行礼，致谢后再上前一步收器皿。拿好器皿后应退一步再转身离开。茶艺师应在表演前和表演结束后向客人行礼。

（3）敬客　茶艺师应把沥泡好的茶汤立即端给客人。为客人送去的茶汤应温度适中，茶量适中。如为客人再次斟茶时，茶艺师应双手执壶，或一手执壶一手扶巾。

（4）惜缘　珍惜客人的宝贵时间，上下场动作迅速，并在预定时间内完成冲泡。茶艺师在有条件的情况下，应主动迎送客人。茶艺师应不忘记客人的名字。茶艺师表演是两个人时，在开始与结束时应有相互的问候。

三、接待礼仪

茶艺师在茶事活动中要做到"三轻"，即说话轻、操作轻、走路轻。茶艺表演时要注意两件事，一是将各项动作组合的韵律感表现出来，二是将泡茶的动作融进与客人的交流中。

（一）茶艺师的人格魅力

茶馆服务的核心是茶艺师，茶艺师的素养和服务质量直接影响到茶馆的经营。一位推销大师说得好，"推销自己比推销商品更重要"。茶艺师吸引贵客靠的是自己的人格魅力，那么，怎样做足自己，实现个性化服务呢？

1. 有一定的语言能力和沟通技巧

茶艺服务人员在整个服务过程中，脸上始终呈现发自内心的得体的微笑，保持亲切、热情、自然的态度，耐心周到，百挑不厌、百问不烦。

与客人交谈时要掌握技巧，注意分寸。与客人交谈时目光友好、专注，注意语气的轻重、语速的快慢。应耐心、友善、认真地听取客人的意见，随时察觉对方对服务的要求，听讲过程中不要随意去打断对方的谈话，也不要任意插话作辩解。即使在双方意见各不相同的情况下，也不能在表情和举止上流露出反感、蔑视之意，只可婉转地表达自己的看法，而不能当面提出否定的意见。除此之外，茶艺服务人员还可以用关切的询问、征求的态度、提议的问话和有针对性的回答来加深与宾客的交流和理解，有效地提高茶艺馆的服务质量。

在茶艺表演时不要讲得太满，从头到尾都是自己在说，这会使气氛紧张。应该给客人留出空间，引导客人参与进来，除了让客人品茶外，还要让客人开口说话。引出客人话题的方法很多，如赞美客人，评价客人的服饰、气色、优点等，这样可以迅速缩短你和客人之间的距离。

2. 具有一定的应变能力

如果有人问茶馆老板："您最头疼的是什么？"大多数老板会告诉你是"有的员工不会讲话、不会应变、不会促销"。

茶艺服务人员在具体的导购、推销工作中，必须摸清顾客心理，热情有度，在两厢情愿的前提下，见机行事。

一是要敢讲话。在一线工作的茶艺师，90%左右是女士。而有的女茶艺师，在服务中特别是在促销中常常不敢开口。究其原因，有的是新手，初干服务工作有点怯场；有的虽然是老员工，但存在心理障碍，好像一张口促销就是从顾客兜里掏钱；也有的是责任心不强。因此，要加强服务意识和茶艺服务光荣意识的培训，开导员工大胆讲话、主动讲话，适当地多与顾客交流。

二是要会讲话。会讲话往往比敢讲话还重要，比如，遇到顾客打听老板家地址时可以说："对不起，老板没带我们去过。"遇到顾客夸奖自己时，一定要表示感谢。发现老顾客或会员好久没来了，可以给他打电话："您好，我是×××茶艺馆的××，您好久没来了，我们这儿的服务员都特别想您。是不是最近工作特别忙啊？噢，对了！我们茶馆昨天刚到了春季铁观音，我记得您最喜欢喝了。您是不是抽空过来尝尝呀？要不我给您送过去？或者帮您留一份吧！"

还有，中文里没有"您们"这个词，对新顾客，要用标准普通话接待，对比较熟悉的公务员，可以简称其"李处"、"王局"，但不要简称为"张省"、"刘部"。这些，都应该注意。

敢讲话、会讲话是茶艺师的基本功。要练好嘴功，就应努力增加知识储备。有机会，要多读读报刊、多在大场合讲讲话，还要加强"会话、应变、促销"等模拟训练。

3. 具备较强的专业知识和技能，有较丰富的茶文化知识

能够根据茶叶的品质，选择相适的水质、水量、水温和冲泡器具，进行茶水艺术冲泡；能够向顾客介绍名茶、名泉以及饮茶知识、茶叶保管方法；能为客人选配茶点；按不同茶艺要求，选择或配置相应的音乐、服装、插花、熏香等，制造适宜的环境氛围。全面了解茶艺馆的情况，熟悉各种茶、茶具、茶点，对客人进行适当推销。

（二）茶事活动礼节

1. 鞠躬礼

鞠躬礼是中国的传统礼仪，即弯腰行礼。一般用在茶艺表演者迎宾、送客或开始表演时。根据鞠躬的弯腰程度可分为真、行、草三种。"真礼"用于主客之间，"行礼"用于客人之间，"草礼"用于说话前后。

（1）"真礼"　上半身和地面呈90°角。

（2）"行礼"　上半身和地面呈45°角。

（3）"草礼"　上半身稍微向前倾斜呈15°角。

（4）站式鞠躬　"真礼"以站姿为预备，将相搭的两手分开放在大腿根部，沿大腿缓缓下滑至指尖触至膝盖上沿为止，上半身平直弯腰（弯腰时吐气，直腰时吸气，使人体背中线的督脉和脑中线的任脉进行小周天的气循环）；头、背与腿呈近90°的弓形（切忌只低头不弯腰，或只弯腰不低头），略作停顿，表示对对方真诚的敬意。然后，慢慢直起上身，表示对对方连绵不断的敬意，同时手沿脚往上提，恢复原来的站姿。

（5）坐式鞠躬　若主人是站立式，而客人是坐在椅（凳）上的，则客人用坐式答礼。"真礼"以坐姿为准备，行礼时，将两手沿大腿前移至膝盖，腰部顺势前倾，低头，但头、颈与背部呈平弧形，稍作停顿，慢慢将上身直起，恢复坐姿。"行礼"时将两手沿大腿移至中部，其余同"真礼"。"草礼"只将两手搭在大腿根，略欠身即可。

（6）跪式鞠躬　"真礼"以跪坐姿为预备，背、颈部保持平直，上半身向前倾斜，同时双手从膝上渐渐滑下，全手掌着地，两手指尖斜相对，身体倾至胸部与膝间只剩一个拳头的空当（切忌只低头不弯腰或只弯腰不低头），身体呈45°前倾，稍作停顿，慢慢直起上身。同样行礼时动作要与呼吸相配，弯腰时吐气，直身时吸气，速度与他人保持一致。"行礼"方法与"真礼"相似，但两手仅前半掌着地（第二手指关节以上着地即可），身体约呈55°前倾；行"草礼"时仅两手手指着地，身体约呈65°前倾。

2. 伸手礼

伸手礼是在茶事活动中常用的特殊礼节。表示"请"与"谢谢"，主客双方均可采用；伸手礼主要在向客人敬茶时使用，送上茶之后，将右手放在茶杯的右侧下方，同时讲"请您品茶"。

伸掌姿势为：左手或右手从胸前自然向左或向右前伸，将手斜伸在所敬奉的物品旁边，五指自然并拢，虎口稍分开；手心侧向上，手掌略向内凹，手心中要有含着一小气团的感觉。手腕要含蓄用力，不至于动作轻浮。行伸掌礼同时应欠身点头微笑，讲究一气呵成。

3. 注目礼和点头礼

注目礼即眼睛庄重而专注地看着对方。点头礼即点头致意。这两个礼节可在向客人敬茶或送上某物品时同时使用。

4. 奉茶礼

端送茶、点心时应先行礼，再上前一步，然后递茶或点心。递送茶、点心时应用手势和语言劝茶、劝点心。送完茶、点后应退后一步再次行礼，然后离开。收茶杯及点心盘时应先行礼，致谢后再上前一步收器皿。拿好器皿后应退一步再转身离开。

5. 寓意礼

（1）叩手礼 "叩手礼"（或称"叩指礼"），以"手"代"首"，二者同音，"叩首"为"叩手"所代，即以叩手礼表示感谢。

叩手礼有三种：

①晚辈向长辈、下级向上级行的礼：行礼者，将五个手指并拢成拳，拳心向下，五个手指同时敲击桌面，相当于五体投地跪拜礼。一般情况下，敲三下就可以了，相当于三拜。

②平辈之间行的礼：行礼者，将食指和中指并拢，同时敲击桌面，相当于双手抱拳作揖。敲三下，表示对对方的尊重。

③长辈对晚辈或上级对下级行的礼：行礼者，将食指或中指敲击桌面，相当于点头。一般只需敲一下，表示点一下头，如果特别欣赏、喜欢对方，可以敲三下。通常，老师对自己的得意门生，都会敲三下。

（2）凤凰三点头 用手提水壶高冲低斟反复三次，寓意为向来宾三次以示欢迎。高冲低斟是指右手提壶靠近茶杯（碗）口注水，再提腕使开水壶提升，此时水流如"酿泉泄出于两峰之间"，接着仍压腕将开水壶靠近茶杯（茶碗）口继续注水。如此反复3次，恰好注入所需的水量即提腕断流收说。

（3）双手逆时针内旋 双手内旋即环抱的动作。在进行回转注水、斟茶、温杯、烫壶等动作时用到单手回旋，则右手必须按逆时针方向动作，类似于招呼手势。寓意"来、来、来"表示欢迎；反之则变成暗示挥斥"去、去、去"了。两手同时回旋时，按主手方向动作。

（4）壶嘴不对客人 放置茶壶时壶嘴不能正对他人，一是防止开水蒸气伤人，二是避免表示请人赶快离开之意。

（5）斟茶时只斟七分满 为客人斟茶一定要顺时针方向。

（6）不同民族、地区的忌讳 如蒙古族敬茶，客人应鞠身双手接，不可单手；土家族忌用裂缝或缺口茶碗；藏族人忌把茶具倒扣（死人用过的碗才如此）；西北人忌高斟茶、起泡沫；广东人要客人揭开茶杯才能掺水；香港人、广东人习惯说"愉快"，不说"快乐"；海外华人长者忌再三请其饮茶，因古人有再三请茶提醒客人离去之说。

6. 茶桌上的其他礼节

敬茶要礼貌，一定要洗净茶具，切忌用手抓茶，茶杯无论有无柄，端茶一定要在下面加托盘。

敬茶时温文尔雅、笑容可掬、和蔼可亲，双手托盘，至客人面前，躬腰低声说"请用茶"，客人即应起立说声"谢谢"，并用双手接过茶托。

陪伴客人饮茶时，在客人已喝去半杯时即添加开水，使茶汤浓度、温度前后大略一致。

第四章　冲泡技艺

我国是一个多民族的国家，不同地区、不同民族的饮茶形成了多姿多彩的饮茶习惯。好茶需得好水泡，好茶需得精美的茶具来衬托，而要品得好滋味，就要掌握科学的冲泡方法。

第一节　冲泡基本要求

一、如何泡好一壶茶或一杯茶

要泡好一壶茶，既要讲究实用性、科学性，又讲究艺术性。

所谓"实用性"，就是要从实际需要与条件出发，可以是冲泡一杯普通的"大碗茶"，也可以是冲泡一壶高贵的名茶；所谓"科学性"，就是要了解各类茶叶的特点，掌握科学的冲泡技术，使茶叶的固有品质能充分地表现出来；所谓"艺术性"，就是要选用合适的器皿以及优美的、文明的冲泡程序与方法等。

（一）讲究泡茶用水

古人对泡茶用水的选择，一是甘而洁，二是活而鲜，三是贮水得法。现代科学技术的进步提出了科学的水质标准，卫生饮用水的水质标准规定了感官、化学、毒理学和细菌四方面的内容。具体要求前文已述，此处不再重复。

（二）讲究泡茶器皿

在泡茶器皿上，乌龙茶可用紫砂、瓷茶具；名优绿茶用无花玻璃杯，白瓷、青瓷盖碗；普通绿茶和花茶用盖碗、瓷杯；红茶用瓷杯或壶、宜兴紫砂或涂白釉的紫砂杯；红碎茶用各种咖啡茶具；白茶、黄茶用玻璃杯或瓷杯。

（三）泡茶三要素

茶叶的泡茶包括三个要素，即泡茶水温、茶水比例、泡茶次数和时间。

1. 泡茶水温

泡茶水温高低是影响茶叶水溶性成分溶出比例和香气成分挥发的重要因素。水温低，茶叶滋味成分不能充分溶出，香味成分也不能充分散出来。但水温过高，尤其加盖长时间闷泡嫩芽茶时，易造成汤色和嫩芽黄变，茶香也变得低浊。而且，煮水时水沸过久也加速水溶氧的散失而缺乏刺激性，用这种水泡茶时，茶汤应有的新鲜风味也受到损失。唐代陆羽《茶经》早有叙述："其沸，如鱼目、微有声，为一沸；边缘如涌泉连珠，为二沸；腾波鼓浪为三沸；以上水老，不可食也"。明代许次纾的《茶疏》也持相同观点，认为"水一入铫，便需急煮，候有松声即去盖以消息其老嫩。蟹眼之后，水有微涛，是为当时。大涛鼎沸、旋至无声，是为过时；过则老而散香，决不堪用"。

不同茶类，因其嫩度和化学成分含量不同，对泡茶所用水温的要求也不同。高级绿茶，特别是各种芽叶细嫩的名茶，不能用100℃的沸水冲泡，一般以80℃（指水烧开后再冷却）左右为宜，这样泡出的茶汤嫩绿明亮，滋味鲜爽，茶叶维生素C也较少破坏，而在高温下，茶汤容易变黄，造成"熟汤失味"。但气候寒冷时，由于茶具温度低，对泡茶用水的冷却作用明显，可适当提高沏茶用水的温度。一般红茶、绿茶、花茶宜用正沸的开水冲泡，如水温低，茶中有效成分浸出较少，茶味淡薄。泡饮乌龙茶、普洱茶和沱茶，每次用茶量较多，而且茶叶较粗老，必须用100℃的滚开水冲泡，有时，为了保持和提高水温，还要在冲泡前用开水烫热茶具，冲泡后在壶外冲淋开水。原料老的紧压茶，用煮渍法沏茶，要将砖茶敲碎，放在锅中熬煮。可使茶叶在沸水中保持较长时间，充分提取茶叶的有效成分，以便获得浓度适宜的茶汤。

2. 茶水比例

现代科学证明，茶水比为1：50时冲泡5分钟，茶叶的多酚类和咖啡因溶出率因水温不同而有异。水温87.7℃以上时，两种成分的溶出率分别为57%和87%以上。水温为65.5℃时，其值分别为33%和57%。茶水比例不同，茶汤香气的高低和滋味浓淡各异。据研究，茶水比为1：7、1：18、1：35和1：70时，水浸出物分别为干茶的23%、28%、31%和34%，说明在水温和冲泡时间一定的前提下，茶水比越小，水浸出物的绝对量就越大。另一方面，茶水比过小，茶叶内含物被浸溶出茶汤的量虽然较大，但由于用水量大，茶汤浓度却显得很低，茶味淡，香气薄。相反，茶水比过大，由于用水量少，茶汤浓度过高，滋味苦涩，而且不能充分利用茶叶的有效成分。试验表明，不同茶类、不同泡法，茶的香、味成分含量及其溶出比例不同。不同饮茶习惯，对茶叶滋味浓度要求各异，对茶水比的要求也不同。

茶叶种类繁多，茶类不同，用量各异，一般认为，冲泡红、绿茶及花茶，茶水比可掌握在1∶50为宜。若用玻璃杯或瓷杯冲泡，每杯约置3克茶叶，注入150毫升沸水。品饮铁观音等乌龙茶时，要求香、味浓度高，用若琛杯细细品尝，茶水比可大些，可1∶18～1∶22。即用壶泡时，茶叶体积约占壶容量的1/2～2/3。紧压茶，如金尖、康砖、茯砖和方苞茶等，因茶原料较粗老，用煮渍法才能充分提取出茶叶香、味成分，而原料较细嫩的饼茶则可采用冲泡法。用煮渍法时，茶水比可用1∶80，冲泡法则茶水比略大，约1∶50。品饮普洱茶，如用冲泡法时，茶水比一般用1∶30～1∶40。泡茶所用的茶水比大小还依消费者的嗜好而异，经常饮茶者喜爱饮较浓的茶，茶水比可大些。相反，初次饮茶者则喜淡茶，茶水比要小。此外，饮茶时间不同，对茶汤浓度的要求也有区别，饭后或酒后适饮浓茶，茶水比可大；睡前饮茶宜淡，茶水比应小。

3. 泡茶次数和时间

茶叶的泡茶次数和时间决定于茶叶种类、沏茶方式和沏茶水温等因子。按照中国人的饮茶习俗，一般红茶、绿茶、乌龙茶以及高档名茶均采用多次冲泡品饮法，其主要目的有三个，一是充分利用茶叶的有效成分。如在前述茶水比、水温条件下，第一次冲泡虽可溶出88%的茶多酚，但茶叶中各种成分的溶出速率是有区别的，有些物质溶出速率比茶多酚慢。因此，茶叶的水浸出物在第一次冲泡时有50%～55%，第二、第三次分别为30%和10%。所以，一般红茶、绿茶、花茶和高档名茶多以泡茶三次为宜。而且，每次添水时，杯内应留有约1/3的茶水，以使每泡茶汤浓度比较近似。如用茶杯泡饮一般红绿茶，每杯将茶叶3克左右放入杯中后，先倒入少量开水，以浸没茶叶为度，加盖3分钟左右，再加开水到七八成满，便可趁热饮用。当喝到杯中余三分之一左右茶汤时，再加开水，这样可使前后茶汤浓度比较均匀，一般以冲泡三次为宜。如饮用颗粒细小、揉捻充分的红碎茶与绿碎茶，用沸水冲泡3～5分钟后，其有效成分大部分已浸出，便可一次快速饮用，饮用速溶茶，也是采用一次冲泡法。品饮乌龙茶多用小型紫砂壶，用茶量较多，第一泡1分钟就要倒出来，第二泡比第一泡增加15秒，从第二泡开始要逐渐增加冲泡时间，这样前后茶汤浓度才比较均匀。

各类茶叶冲泡三要素归纳整理如表4-1所示。

表 4-1　　　　　　　　　　　主要茶类泡茶三要素

茶类	茶水比例	开水温度/℃	冲泡时间	冲泡次数
绿茶	1:50	高档 80~85℃，中低档 95℃	3′	2~3
红茶	1:50	95	3′	2~3
黄茶	1:50	70	10′	2~3
白茶	1:50	70	10′	2~3
花茶	1:50~1:80	高档 80~85℃，中低档 95℃	3′	3~4
乌龙茶	1:22	95~100	第一泡 1′左右，第二泡 1′15″，第三泡 1′40″，第四泡 2′15″，第五泡 2′40″	4~6
黑茶	1:30~1:40	100	第一泡 30″左右，第二泡 20″，第三泡 1′左右，以后逐次增加	4~6

（四）正确的冲泡程序

对于冲泡艺术而言，非常重要的一点是讲究理趣并存的程序，讲究形神兼备。茶的冲泡程序可分为备茶、赏茶、置茶、冲泡、奉茶、品茶、续水、收具。

二、习茶基本姿态、冲泡手法

（一）习茶基本姿态

1. 取用器物手法

（1）捧取法　以女性坐姿为例。搭于前胸或前方桌沿的双手慢慢向两侧平移至肩宽，向前合抱欲取的物件（如茶样罐），双手掌心相对捧住基部移至需安放的位置，轻轻放下后双手收回；再去捧取第二件物品，直至动作完毕、复位。多用于捧取茶样罐、著匙筒、花瓶立式物。

（2）端取法　双手伸出及收回动作同前，端物件时双手手心向上，掌心下凹"荷叶"状，平稳移动物件。多用于端取赏茶盘、茶巾盘、扁形茶荷、茶匙、茶点、茶杯等。

2. 提壶手法

（1）侧提壶　大型壶——右手食指、中指勾住壶把，大拇指于食指相搭，左手食指、中指按住壶纽或盖，双手用力同时提壶。中型壶——右手食指、中指勾住壶把，大拇指按住壶盖一侧提壶。小型壶——右手拇指与中指勾住壶把，无名指与小拇指并列抵住中指，食指前伸呈弓形压住壶盖的盖纽或其基部提壶。

（2）飞天壶 右手大拇指按住盖纽，其余四指勾握壶把提壶。

（3）握把壶 右手大拇指按住盖纽或盖一侧，其余四指握壶把提壶。

（4）提梁壶 右手除中指外四指握住偏右侧的提梁，中指抵住壶盖提壶（若提梁较高，则无法盖。此时五指握提梁右侧提壶）。大型壶（如开水壶）亦用双手法——右手握提梁把手食指、中指按壶的盖纽或壶盖。

（5）无把壶 右手虎口分开，平稳握住茶壶口两侧外壁（食指亦可抵住盖纽）提壶。

3. 握杯法

（1）大茶杯 无柄杯——右手虎口分开，握住茶杯基部，女士需用左手指尖轻托杯底。有柄杯——右手食指、中指勾住杯柄，大拇指与食指相搭，女士用左手指尖轻托杯底。

（2）闻香杯 右手虎口分开，手指虚拢成握空心拳状，将闻香杯直握于拳心；也可双手拳心相对虚拢作合十状，将闻香杯捧在两手间。

（3）品茗杯 右手虎口分开，大拇指、食指握杯两侧，中指托杯底，无名指及小指自然弯曲，称"三龙护鼎法"；女士可以将无名指与小指微外翘呈兰花指状，左手指尖必须托住杯底。

（4）盖碗 右手虎口分开，大拇指与中指扣在杯身两侧，食指屈伸按住盖纽下凹处，无名指及小指自然搭扶碗壁。女士应双手将盖碗连杯托端起，置于左手拳心后如前握杯，无名指及小指可微外翘起作兰花指状。

4. 翻杯手法

（1）无柄杯 右手虎口向下、手背向左（即反手）握面前茶杯的左侧基部，左手位于右手手腕下方，用大拇指和虎口部位轻托在茶杯的右侧基部；双手同时翻杯成手相对捧住茶杯，轻轻放下。对于很小的茶杯如乌龙茶泡法中的饮茶杯，可用单手动作左右同时翻杯，即手心向下，用大拇指与食指、中指三指扣住茶杯外壁，向内转动手腕成手心向上，轻轻将翻好的茶杯置于茶盘上。

（2）有柄杯 右手虎口向下，手背向左（即反手），食指插入杯柄环中，用大拇指与食指、中指三指捏住杯柄，左手手背朝上用大拇指、食指与中指轻扶茶杯右侧基部；双手同时向内转动手腕，茶杯翻好轻置杯托或茶盘上。

5. 温具手法

（1）温壶法 左手大拇指、食指和中指捏住壶纽，揭开壶盖后手腕向内旋转放置壶盖，右手提壶注水，按逆时针方向低斟，先浇淋壶的外壁，再使水流顺茶壶口冲进；再使水从高处冲入茶壶；等注水量为茶壶的 1/2 时再低斟，使开水壶及时断水，轻轻放下。双手取茶巾放在左手手指上，右手把茶壶放在茶巾上，双手按逆时针方向转动，使茶壶各部分充分接触开水，然后把水倒入水盂中即可。

（2）温盅及漉网法　用开壶盖法揭开盅盖（无盖者省略），将漉网放置在盅内，注开水及其余动作同温壶法。

（3）温杯法　大茶杯——右手提开水壶，逆时针转动手腕，使水流沿茶杯壁冲入，水量约容量的 1/3 后断水，逐个注水完毕后开水壶复位。用右手的大拇指、食指和中指捏住玻璃杯上部无水处，无名指、小指自然向外，左手托杯底，然后右手手腕逆时针转动，将水沿杯口借助手腕的自然动作，旋转一周后将开水倒入水盂，保存滴水不漏。小茶杯——翻杯时即将茶杯相连排成一字过圆圈，右手提壶，用往反斟法向杯内注入开水至满，壶复位；右手大拇指、食指与中指端起一只茶杯侧放到邻近一只杯中，用无名指勾动杯底如"招手"状拨动茶杯，令其旋转，使茶杯内外均被开水烫到。复位后取另一茶杯再温，直到最后一只茶杯，杯中温水轻荡后将水倒去（通常在双层茶盘上进行温杯，将弃水直接倒入茶盘即可）。

（4）温盖碗法

①斟水：盖碗的碗盖反放着，近身侧略低且与碗内壁留有一个小缝隙。提开水壶逆时针向盖内注开水，待开水顺小缝隙流入碗内约 1/3 容量后右手提腕令开水壶断水，开水壶复位。

②翻盖：右手如握笔状取渣匙插入缝隙内，左手手背向外护在盖碗外侧，掌沿轻靠碗沿；右手把渣匙由内向外拨动碗盖，左手大拇指，食指与中指随即将翻起的盖正盖碗上。

③烫碗：右手虎口分开，大拇指与中指搭在内外两侧碗身中间部位，食指屈伸抵住碗盖盖纽下凹处；左手托住碗底，端起盖碗，右手手腕呈逆时针运动，双手协调令盖碗内各部位充分接触热水后，放回茶盘。

④倒水：右手提盖纽将盖碗靠右侧斜盖，即在盖碗左侧留一小缝隙；依前法端起盖碗平移于水盂上方，向左侧翻手腕，水即从盖碗左侧小缝隙中流进水盂。

6. 置茶手法

（1）开闭盖

①套盖式茶样罐：双手捧取茶样罐，两手食指用力向上顶外层铁盖，用左手托茶样罐身，右手轻轻转动茶样罐盖，转动手腕取下后按抛物线轨迹移放到茶盘右侧后方角落；取茶完毕仍以抛物线轨迹取盖扣回茶样罐，用两手食指用力向下压紧盖好后放下。

②压盖式茶样罐：双手捧住茶样罐，右手大拇指、食指与中指捏住盖纽，

向上提盖沿抛物线轨迹将其放在茶盘右侧后方角落，取茶完毕依前法盖回放下。

（2）取茶样

①茶荷、茶匙法：左手横握已开盖的茶样罐，开口向右移至茶荷上方；右手以大拇指、食指及中指三指背向上捏茶匙，伸进茶样罐中将茶叶轻轻扒出拨进茶荷中；目测估计茶样量，认为足够后右手将茶匙搁放在闸荷上；依前法取盖压紧盖好，放下茶样罐。右手重拾茶匙，从左手托起的茶荷中将茶叶分别拨进冲泡具中。在名优绿茶冲泡时常用此法取茶样。

②茶匙法：左手竖握（或端）住已开盖的茶样罐，右手放下罐盖后弧形提臂转腕向着匙筒边，用大拇指、食指、中指三指捏住茶匙柄取出；将茶匙插入茶样罐，手腕向内旋转掏取茶样；左手应配合向外旋转手腕令茶叶疏松易取；茶匙掏出的茶叶直接投入冲泡器；取茶毕，右手将茶匙复位；再将茶样罐盖好复位。此法可用于多种茶冲泡。

③茶荷法：右手握（托）住茶荷柄从著匙筒内取出（茶荷口朝向自己），左手横握茶样罐，凑到茶荷边，手腕用力令其来回滚动，茶叶缓缓散入茶荷；有将茶叶直接投入冲泡具，或将茶荷放到左手（掌心朝上虎口向外）令茶荷朝向自己并对准冲泡器具壶口，右手取茶匙将茶叶拨入冲泡具。足量后右手将茶匙复位，两手合作将茶样罐盖好放下。这一手常用于乌龙茶泡法。

7. 茶巾折叠法

（1）长方形（八层式）　用于杯（盖碗）泡法时，以此法折叠茶巾，呈长方形放茶巾盘内。以横折为例，将正方形的茶巾平铺桌面，将茶巾上下对应横折至中心线处，接着将左右两端竖折至中心线，最后将茶巾对折即可。将折好的茶巾放在茶盘内，折口朝内。

（2）正方形（九层式）　用于壶泡法时，不用茶巾盘。以横折为例，将正方形茶巾平铺在桌面，将下端向上平折至茶巾 2/3 处，接着将茶巾对折；然后将茶巾右端向左竖折至 2/3 处，最后对折即成正方形。将折好的茶巾放茶盘中，折口朝内。

（二）冲泡手法

冲泡时的动作要领是：眼神与动作要和谐自然，头正身直、目不斜视；双肩齐平、抬臂沉肘、提腕，要用手腕的起伏带动手的动作，切忌肘部高高抬起。

在行茶过程中，一般用右手冲泡，则左手半握拳搁放在桌上，冲泡过程中左右手要尽量交替进行，不可总用一只手去完成所有动作，并且左右手尽量不要有交叉动作。

1. 注水手法

头正身直、目不斜视，双肩齐平、抬臂沉肘。如果开水壶比较沉，双手取茶巾放在左手上，右手提壶左手托住壶底；右手使水流顺着茶壶口内壁冲到茶壶（杯）里。要求茶壶嘴不能正对客人。

（1）凤凰三点头 提壶出水，手臂三起三落，使水流也三起三落。但要注意水流要流畅，粗细一致。不能断断续续，粗细不同。壶嘴三起三落像凤凰三点头，表示对各位来宾的再三致意。

（2）高冲手法 持壶从杯边缘出水，再慢慢提高至手臂持平为止，并保持水流不断，待水到杯需装水的4/5时再低斟并持平壶断水。

（3）单手回转冲泡法 右手提开水壶手腕逆时针回转，令水流沿茶壶口（茶杯口）内壁入茶壶（杯）内。

（4）双手回转冲泡法 如果开水壶比较沉可用此冲泡法。双手取茶巾置于左手手指部位，右手提壶，左手垫茶巾于茶壶底部；右手手腕逆时针回转，令水流沿茶壶口（茶杯口）内壁入茶壶（杯）内。

（5）回转高冲低斟法 乌龙茶冲泡时常用此法。先用单手回转法右手提开水壶注水，令水流先从茶壶壶肩开始，逆时针绕圈至壶口、壶心，提高水壶令水流在茶壶中心处持续注入，直至七分满时压腕低斟（仍同单手回转手法）；水满后提腕令开水壶壶流上翘断水。淋壶时也用此法，水流按茶壶壶肩、壶盖、盖纽的顺序逆时针打圈浇淋。

2. 投茶方法

一般春秋两季采用中投法，夏季采用上投法，冬季采用下投法。

（1）上投法 先在杯中注入七成水，再从水面上将茶叶徐徐拨入。主要是用来冲泡一些著名绿茶中的早春细嫩茶芽。

（2）中投法 先在杯中注入少量水，然后投入茶叶，使茶叶舒展一下后再注入开水。

（3）下投法 用茶匙将茶叶拨入杯中，再注入开水。

（4）乌龙茶投茶法 取最粗者填壶底孔眼处，次用细末填于中层，稍粗之茶撒在其上，这样可使茶汁浸出均匀，又可免于茶汤有碎茶倾出。

3. 泡茶过程中的三个度

冲泡手法要求"道法自然"，行云流水，一气呵成。动作力度不可太强，亦不可太弱，太强显生硬，太弱无精打采。动作速度不可太快，亦不可太慢，太快显节奏紧促，太慢又显疲沓。动作幅度不可太大，亦不可太小，太大夸张，太小不潇洒。

茶艺表演要达到"气韵生动"需经过三个阶段的训练。第一阶段达到动作熟练，第二阶段达到动作规范、细腻到位，第三阶段则要传神达韵，要注意

"静"和"圆",其中"静"需身心俱静,"圆"则动作一气呵成。

第二节 冲泡程序

泡茶的程序分为三个阶段:准备→操作→结束。茶的冲泡方法有简有繁,各地由于饮茶嗜好、地方风习的不同,冲泡方法和程序会有一些差异。但不论泡茶技艺如何变化,要冲泡任何一种茶,除了备茶、选水、烧水、配具之外,都共同遵守以下泡茶程序。

(一)温具

温具的目的是提高茶具温度使茶叶冲泡后温度相对稳定,不使温度过快下降,这对较粗老茶叶的冲泡,尤为重要。

温具方法如下:

①玻璃杯(或盖碗):在玻璃杯(或盖碗)中倒入 1/3 的开水进行温杯,旋转清洗后再将水倒入公道杯以备洗其他茶具。

②紫砂壶:热水冲淋茶壶,包括壶嘴、壶盖,同时烫淋茶杯。随即将茶壶、茶杯沥干。

(二)赏茶

鉴赏干茶的形状、色泽。

(三)置茶

按茶壶或茶杯的大小,用茶则置一定数量的茶叶入壶(杯)。如果用盖碗泡茶,泡好后可直接饮用,也可将茶汤倒入杯中饮用。

置茶有三种方法:上投法、中投法、下投法。不同的茶叶种类,因其外形、质地、相对密度、品质及成分浸出率的异同,而应有不同的投茶法。对身骨重实、条索紧结、芽叶细嫩、香味成分高,并对茶汤的香气和茶汤色泽均有要求的各类名茶,可采用"上投"法。茶叶的条形松展、相对密度轻、不易沉入茶汤中的茶叶,宜用"下投"或"中投"法沏茶。对于不同的季节,则可以参考"秋季中投,夏季上投,冬季下投"的方法。

(1)上投法 在杯中先冲满沸水后再放茶叶,称为"上投法"。

(2)中投法 沸水冲入杯中约三分之一容量后再放入茶叶,浸泡一定时间后再冲满水,称"中投法"。

(3)下投法 在杯中先放茶叶,后冲入沸水,此称为"下投法"。

（四）润茶

润茶的目的，一是为提高茶叶的温度，使其接近沏茶的水温，而提高茶汤的质量；二是为了有利于鉴赏茶叶之香气及鉴别茶叶品质之优劣。

具体方法为，将茶壶或茶杯温热并放入茶叶后，即用温度适宜的开水，以逆时针旋转方式注入壶或杯中三分之一的开水。如果是乌龙茶，则应随即将盖盖上，将壶杯中的茶水立即倒掉，就是所谓沏茶方法中的"温润泡"法。温润泡法较适宜于沏焙火稍重的茶或陈茶、老茶，如对焙火轻、香气重的茶叶，则沏泡时动作要快，以保持茶叶香气的鉴赏。

如果是其他的茶，则以逆时针旋转方式旋转茶杯，让茶叶充分吸收热量与水分，使原来的"干茶"变成含苞待放的"湿茶"，品茶者就可欣赏茶叶的"汤前香"，这就是沏茶方法中的"润茶"法。

（五）冲泡

置茶入壶（杯）后，按照茶与水的比例，将开水冲入壶中。冲水时，除乌龙茶冲水须溢出壶口、壶嘴外，通常以冲水七八分满为宜。如果使用玻璃杯或白瓷杯冲泡注重欣赏的细嫩名茶，冲水也以七八分满为度。冲水时，在民间常用"凤凰三点头"之法，即将水壶下倾上提三次，其意一是表示主人向宾客点头，欢迎致意；二是可使茶叶和茶水上下翻动，使茶汤浓度一致。

冲泡时要掌握高冲低斟原则，即冲水时可悬壶高冲或根据泡茶的需要采用各种手法，但如果是将茶汤倒出，就一定要压低泡茶器，使茶汤尽量减少在空气中的时间，以保持茶汤的温度和香气。

（六）奉茶

奉茶时，茶艺师要面带笑容，最好用茶盘托着送给客人。如果直接用茶杯奉茶，放置客人处，手指并拢伸出，以示敬意。从客人侧面奉茶，若左侧奉茶，则用左手端杯，右手做请茶用茶姿势；若右侧奉茶，则用右手端杯，左手作请茶姿势。或从客人正面双手奉上，用手势表示请用，客人同样用手势进行对答（宾主都用右手伸掌作请的姿势）。奉茶时要注意先后顺序，先长后幼、先客后主。这时，客人可右手除拇指外其余四指并拢弯曲，轻轻敲打桌面，或微微点头，以表谢意。

斟茶时也应注意不宜太满，"茶满欺客，酒满心实"，这是中国谚语。俗话说"酒满尊人，茶满欺人"，所以"斟茶只斟七分满，留下三分是情意。"

这样方便端杯奉茶和喝茶。同时，在奉有柄茶杯时，一定要注意茶杯柄的方向是客人的顺手面，即有利于客人右手拿茶杯的柄，一切为客人着想。

（七）品茶

品茶包括四方面内容：一审茶名，二观茶形色泽（干茶、茶汤），三闻茶香（干茶、茶汤），四尝滋味。

如果饮的是高级名茶，那么，茶叶一经冲泡后，不可急于饮茶，应先观色察形，接着端杯闻香，再啜汤赏味。赏味时，应让茶汤从舌尖沿舌两侧流到舌根，再回到舌头，如此反复二三次，以留下茶汤清香甘甜的回味。

茶叶中鲜味物质主要是氨基酸类成分，苦味物质是咖啡碱，涩味物质是多酚类，甜味物质是可溶性糖。当然，品茶时也要注重精神的享受。品茶不光是品尝茶的滋味，在了解茶的知识和文化的同时，提高品茶者的自身修养，并增进茶友之间的感情。

（八）续水

一般当已饮去2/3（杯）的茶汤时，就应续水入壶（杯）。若一道茶水全部饮尽时再续水，则续水后的茶汤就会淡而无味。续水通常二三次就足够了。如果还想继续饮茶，那么，应该重新冲泡。

（九）收具

做事要有始有终，茶艺过程的最后一项工作就是整理、清洁茶具。这一过程可在客人离开后进行。收具要及时，过程要有序，清洗要干净，不能留有茶渍。特别注意的是茶具要及时进行消毒处理。

第三节　主要茶叶种类的冲泡技巧

喝茶是为了满足生理上的需求，重在提神、解渴、保健，没有什么特别的讲究。品茗，则是为了追求精神上的满足，重在意境的感受和追求，将饮茶视为一种艺术欣赏活动。六大茶叶种类花色品种众多，品质各异，要想感受茶汤美妙的色、香、味、形，得到审美的愉悦，就得掌握因茶而异的冲泡技巧。

一、绿茶

（一）行茶方法

行茶方法有玻璃杯泡法、盖碗泡法、壶泡法。

"嫩茶杯泡，老茶壶泡"。凡高档细嫩名绿茶，一般选用玻璃杯或白瓷杯饮茶，而且无须用盖，这样一则便于人们赏茶观姿；二则防嫩茶泡熟，失去鲜嫩色泽和清鲜滋味。至于普通绿茶，因不注重欣赏茶的外形和汤色，而在品尝滋味，或佐食点心，也可选用茶壶泡茶。

（二）冲泡步骤

绿茶冲泡步骤：备具→备水→翻杯→赏茶→洁杯→置茶→浸润泡→摇香→冲泡→奉茶→收具。

1. 玻璃杯冲泡法

泡茶用具：茶船、玻璃杯、盖碗、随手泡、茶叶罐、茶巾、茶荷、废水盂、茶具组（茶则、茶夹、茶漏、茶匙、茶针）。

（1）温杯　将开水倒至杯中1/3处，右手拿杯旋转将温杯的水倒入茶船中。温杯的目的是因为稍后放入茶叶冲泡热水时不致冷热悬殊。

（2）赏茶　取少量茶叶，置于茶荷上，供品饮者观看茶的形态，察看茶的色泽，嗅闻茶的清香。

（3）置茶　用茶则取茶叶至茶荷中，便于宾主更好地欣赏干茶。将茶荷中的茶拨至玻璃杯中。茶水比例一般为1∶50或根据个人需要而定。

（4）浸润泡　向杯中倾入1/4开水（水温90℃）。放下水壶，提杯向逆时针方向转动数圈，让茶叶在水中浸润，使芽叶吸水膨胀慢慢舒展，便于可溶物浸出，初展清香。这时的香气是整个冲泡过程中最浓郁的时候。时间掌握在15秒以内。

（5）冲泡　提壶冲水入杯，用"凤凰三点头"（即将水壶下倾上提三次）法冲泡，利用水的冲力，使茶叶和茶水上下翻动，使茶汤浓度一致。冲水量为杯总量的七成满左右，意在"七分茶，三分情"或俗语说的"茶七饭八酒满杯"。

（6）奉茶　用双手有礼貌地将茶向宾客奉上。

（7）品茶　品茶当先闻香，后赏茶观色，可以看到杯中轻雾缥缈，茶汤澄清碧绿，芽叶嫩匀成朵，亭亭玉立，旗枪交错，上下浮动栩栩如生。然后细细品啜，寻求其中的茶香与鲜爽，滋味的变化过程，以及甘醇与回味的韵味。

2. 盖碗（瓯）冲泡法

（1）赏茶　取少量茶叶，置于茶荷上，供品饮者观看茶的形态，察看茶的色泽，嗅闻茶的清香。

（2）温具　用开水冲洗盖瓯，目的在于洁净茶具，并使冲泡时水的温差不至于太大。

（3）置茶　绿茶用量视饮者的需要而定。通常一只普通的盖瓯，放上3克左右绿茶也就可以了。

（4）冲水　冲水量视茶瓯容水量和置茶量而定。细嫩名优绿茶的水温以

80℃左右为好，冲水量以七八分满为宜。

（5）洗盖 一手提瓯盖，使瓯盖侧立；一手执开水壶，用开水冲洗瓯盖里侧，以洁净瓯盖。然后将瓯盖稍加倾斜，盖在盖瓯上，使盖沿与瓯沿之间有一空隙，以免将瓯中茶叶闷黄泡熟。

（6）奉茶 绿茶冲泡完毕，然后连同盖瓯托一起，用双手有礼貌地将茶向宾客奉上。

（7）品茶 喝茶时左手端着茶船，右手用拇指、食指、中指拿盖顶，用茶盖轻刮汤面，先闻香；再用茶盖荡开表面浮茶，也使茶水上下翻滚，茶盖半张半合即可慢慢品饮。

二、红茶

红茶茶量投放与绿茶相同，茶具用玻璃杯、瓷杯、或宜兴紫砂茶具均可。中、低档工夫红茶、红碎茶、片末红茶等，一般用壶冲。冲泡中不加调料的为"清饮"；添加调料的为"调饮"。中国绝大多数地方饮红茶是"清饮"，在广东一些地方也采用"调饮"，调饮有特殊风味，营养价值也更高。

红茶冲泡步骤：备具→备水→翻杯→赏茶→温盖碗→温盅及品茗杯→置茶→浸润泡→摇香→冲泡→倒茶分茶→奉茶→收具。

1. 冲泡红茶的要素

茶器尽量使用材质为瓷质、紫砂、玻璃制品的茶。冲泡之前先要烫杯，用沸水烫温茶杯、茶壶等茶器，以保持红茶投入后的温度。掌握好茶叶的投放量，投茶量因人而异，也要视不同饮法而有所区别。控制冲泡水温和浸润时间，冲泡的开水以95～100℃的水温为佳。浸泡时间视茶叶粗细、档次来衡量。

将泡好的红茶倒入杯中一般要用过滤器，以滤除茶渣。红茶泡好后不要久放，放久后茶中的茶多酚会迅速氧化，茶味变涩。

浸润红茶不能单凭茶色来判断，因为不同种类的茶叶，颜色会稍有不同，也会随冲泡时间的长短而改变色泽。原则是细嫩茶叶时间短，约2分钟；中叶茶约2分30秒；大叶茶约3分钟，这样茶叶才会变成沉稳状态。

2. 工夫红茶的冲泡

泡茶用具：茶船、玻璃茶壶（盖瓯或瓷壶均可）、玻璃公道壶、白瓷杯、随手泡、茶叶罐、茶巾、茶荷、茶具组（茶则、茶夹、茶漏、茶匙、茶针）。

（1）温具 将开水倒至壶中，再转注至公道壶和品茗杯中。温杯的目的是因为稍后放入茶叶冲泡热水时不致冷热悬殊。

（2）赏茶 用茶则盛茶叶拨至茶荷中赏茶。

（3）置茶 用茶匙将茶叶拨入壶内。

（4）冲泡　向杯中倾入 90～100℃ 的已开过的水，提壶用回转法冲泡，而后用直流法，最后用"凤凰三点头"法冲至满壶。若有泡沫，可用左手持壶盖，由外向内撇去浮沫，加盖静置 2～3 分钟。

（5）出汤　将茶汤斟入公道壶中。

（6）分茶　将公道壶中茶汤一一倾注到各个茶杯中。

（7）品茶。

3. 袋泡红茶的冲泡

袋泡红茶与工夫红茶一样先进行烫杯、洁具，然后在预热过的杯中放袋泡红茶，标签放在杯外，用约 95℃ 左右的开水冲泡。

加盖闷浸，浸泡时间视茶叶而定，一般为 40～90 秒。抖动袋泡茶数次后，取出袋泡茶，一杯汤色红艳、甘香四溢的袋泡红茶就泡好了。

注意红茶包不要在茶汤中浸泡太久，否则茶汤会失去香味、变涩。

4. 调制牛奶红茶

先将适量红茶放入茶壶中，茶叶用量比清饮稍多些，然后冲入热开水，约 5 分钟后，从壶嘴倒出茶汤放在咖啡杯中。如果是红茶袋泡茶，可将一袋茶连袋放在咖啡杯中，用热开水冲泡 5 分钟，弃去茶袋。然后往茶杯中加入适量牛奶和方糖，牛奶用量以调制成的奶茶呈橘红、黄红色为度。奶量过多，汤色灰白，茶香味淡薄，奶量过少，失去奶茶风味，糖的用量因人而异，以适口为度。

三、乌龙茶

乌龙茶的泡饮方法最讲究，对茶品、茶水、茶具和冲泡技巧都非常注意。因冲泡颇费工夫，故称为工夫茶。

（一）冲泡乌龙茶的要素

（1）首先要选用高、中档的乌龙茶，如福建武夷山的水仙、奇种、黄金桂，福建安溪的铁观音，广东的凤凰单枞，台湾的冻顶乌龙、包种等。其中武夷岩茶、安溪铁观音、凤凰单枞、冻顶乌龙是乌龙茶中的极品。

（2）泡茶的水最好取用山泉、清溪，水温以初开、缘边如涌泉连珠时为宜。

（3）茶具配套，小巧精致，称为"四宝"，即玉书碨（开水壶）、潮汕烘炉（火炉）、孟臣罐（茶壶）、若深瓯（茶杯）。茶壶容水 100 克，多用宜兴紫砂，这种壶年代越久越好，不断使用，土气尽消，泡出的茶汤能保持原味。茶杯多用景德镇产品，容水不过 15 毫升。

（4）泡茶前先用沸水冲洗茶壶、茶杯，既保持清洁又有了相当的热度。放茶时，茶量约占壶容量的 1/3 ~ 1/2，先放碎末填壶底，再盖粗条，中、小叶排在上面，这样做是为了避免碎末塞进壶内口，阻碍茶汤顺利斟出。

（5）提沸水冲茶讲究高冲，即从茶壶上方 26 厘米左右的高度将沸水缓缓冲入，使壶内茶叶打滚，直至水漫至壶沿，稍停片刻，再把茶水倒掉，这称之为"茶洗"，为的是冲去茶叶表面尘污，"茶洗"后再用沸水冲泡第二次，用壶盖刮去面上的浮沫，然后把盖盖好。其间还不断用沸水浇淋壶身，为的是加温，把茶的精美真味泡出来。

（6）斟茶时，讲究低斟，即壶嘴紧挨着茶杯斟茶，既保持了茶温，又避免茶汤冒泡沫。

目前，最具代表性的乌龙茶冲泡方法有三种：一是以福建为代表；二是以广东潮汕为代表；三是以台湾为代表。

乌龙茶冲泡步骤：备具→备水→翻杯→赏茶→温壶→置茶→温润泡→壶中续水冲泡→温盅、品茗杯及闻香杯→倒茶分茶→奉茶→收具。

（二）安溪铁观音的冲泡法

安溪式泡法，重香，重甘，重纯。茶汤九泡为限，每三泡为一阶段。第一阶段闻其香气是否高，第二阶段尝其滋味是否醇，第三阶段看其颜色是不是有变化。所以有口诀曰："一二三香气高，四五六甘渐增，七八九品茶醇。"

泡茶用具：茶船、盖碗（茶瓯）、品茗杯、随手泡、茶叶罐、茶巾、茶荷、茶具组（茶则、茶夹、茶漏、茶匙、茶针）。

（1）温具　用开水洗净茶瓯、品茗杯。洗杯时，最好用茶挟子，不要用手直接接触茶具，并做到里外皆洗。这样做的目的有二：一是清洁茶具，二是温具，以提高茶的冲泡水温。

（2）置茶　用茶匙摄取茶叶，投入量为 1 克茶 20 毫升水，差不多是盖瓯容量的三四成满。

（3）润茶　将煮沸的开水先低后高冲入茶瓯，使茶叶随着水流旋转，直至开水刚开始溢出茶瓯为止。加盖后倒入品茗杯，目的是使茶叶湿润，提高温度，使香味能更好地发挥。

（4）冲泡　用刚煮沸的沸水采用悬壶高冲、凤凰三点头（先低后高）的方法冲入瓯中。

（5）刮沫　左手提起瓯盖轻轻地在瓯面上绕一圈把浮在瓯面上的泡沫刮起，俗称"春风拂面"，然后右手提起水壶把瓯盖冲净，盖好瓯盖后静置 1 分钟左右。

（6）分茶　先将品茗杯中的洗茶留香水一一倒掉。用拇指、中指挟住茶瓯口沿，食指抵住瓯盖的纽，在茶瓯的口沿与盖之间露出一条水缝，提起瓯盖，沿茶船边缘绕一圈把瓯底的水刮掉，然后用茶巾吸去残存的水渍。分茶时，把茶水巡回注入弧形排开的各个茶杯中，俗称"关公巡城"，这样做的目的在于使茶汤均匀一致。

（7）点茶 倒茶后，将瓯底最浓的少许茶汤，要一滴一滴地分别点到各个茶杯中，使各个茶杯的茶汤浓度达到一致，俗称"韩信点兵"。

（8）品茶 先端起杯子慢慢由远及近闻香数次，后观色，再小口品尝，让茶汤巡舌而转，充分领略茶味后再咽下。

（三）潮汕工夫茶的冲泡法

泡茶用具：茶船、紫砂壶或盖瓯、品茗杯、随手泡、茶叶罐、茶巾、茶荷、茶具组（茶则、茶夹、茶漏、茶匙、茶针）。

（1）温具 泡乌龙茶前，用初沸水淋壶或盏和杯，目的在于预热和洁净茶具。随即倒去壶和杯中开水待用。

（2）置茶 先将茶从茶罐中倾于素纸上，再分别粗细。取最粗者填壶底滴口处，次用细末填于中层，稍粗之茶撒在其上，这样可使茶汁浸出均匀，又可免于茶汤有碎茶倾出。

用茶量视乌龙茶品种和茶的整碎度而定。大致说来，半球形的乌龙茶，条卷结，间隙小，用茶量以壶或瓯的五六成满即可；松散形乌龙茶，条索松直爽，空隙大，置茶以容器的九成满为宜。此外，整茶的空隙比碎茶大，因此，用量相对要大。实践表明，用茶量的多少至关重要，它关系到茶汤的香气和滋味。

（3）冲点 用沸水沿壶口缘冲入。冲水时，要做到水柱从高处冲入壶内，俗称"高冲"，要一气呵成，不可断续。这样可使热力直透壶底，茶末上扬，进而促使茶叶散香。

（4）刮沫 冲水满壶后会使茶汤中的白色泡沫浮出壶口，这时随即用拇指和食指抓起壶纽，沿壶口水平方向刮去泡沫。也可用沸水冲到刚满过茶叶时，立即在几秒钟之内将壶中之水倒掉，称之为洗茶，目的在于把茶叶表面尘灰洗去，使茶之真味得以充分发挥。随即再向壶内冲水到九成满，并加盖保香。

（5）淋壶 加盖后，提水淋遍壶的外壁追热，使之内外夹攻，以保壶中有足够的温度，进而清除沾附壶外的茶末。尤其是寒冬冲泡乌龙茶，这一程序更不可少。只有这样，方能使壶中茶叶起香。

（6）烫杯 淋壶后，再用水壶沸水烫杯，并加满沸水。接着滚杯，即用拇指和中指捏住杯口和底沿，使杯子侧立，浸入另一个装满沸水的茶杯，用食指轻拨杯身，使整个杯子的内外转动一周，均匀受热，洁净杯子。相对于温度而言，可以说，这是第二次温杯了。目的也是使茶叶起香，当然还有清洁茶杯的作用。

（7）斟茶　经淋壶后约1分钟即可斟茶。斟茶时，茶壶应靠近茶杯，这称作低斟。一是可以避免激动泡沫，发出"滴嗒"声；二是防止茶汤散热快而影响香气和滋味。倾茶入杯时，应将壶中茶汤，依次来回轮转，倾入茶杯。通常需反复2~3次。俗称其为"关公巡城"。目的在于使各杯茶汤色、香、味均匀。壶中茶汤倾毕，尚有余滴，需尽数一滴一滴依次巡回滴入各个茶杯，称为"韩信点兵"。它也体现了一种茶人精神，即"天下茶人是一家"，不分你我他。

（8）品茶　品潮汕工夫茶时，先用右手拇指和食指捏住茶杯口沿，中指抵住杯底部，称"三龙护鼎"，手心朝内，手背向外，缓缓提起茶杯，将杯沿接唇，杯面迎鼻，边嗅边饮，一般是三口见底。饮毕，再嗅杯底。

（四）台湾工夫茶的冲泡法

台湾工夫茶的冲泡，与福建工夫茶和潮汕工夫茶冲泡方法相比，突出了闻香这一程序，专门制作了一种与茶杯相配套的长筒形闻香杯。另外，为使各杯茶汤浓度均匀，还增加了一个公道杯（茶盅）相协调。

泡茶用具：茶船、紫砂壶、品茗杯、闻香杯、杯托、茶盅（公道杯）、随手泡、茶叶罐、茶巾、茶荷、茶具组（茶则、茶夹、茶漏、茶匙、茶针）。

（1）温具　方法同福建茶工夫茶，茶具包括茶壶、品茗杯、闻香杯和茶盅（公道杯）。

（2）赏茶　将茶由茶罐倒入茶荷，供品饮者欣赏茶叶外观。

（3）置茶　将茶荷中茶叶按需置于茶壶中待泡。

（4）闻香　闻茶壶中茶的干香（此动作可省略）。

（5）冲点　方法同福建工夫茶。

（6）斟茶　斟茶时，先将壶中茶汤包括滴沥在内，全部倾入公道杯中，使前后倾入的茶汤在公道杯中得以充分混合，以使倾入到每个品茗杯中的茶汤均匀一致。这对饮茶者而言，可谓公道。然后，将茶汤一一倾入到闻香杯中，至七分满为止，随即用品茗杯作盖，分别倒置于闻香杯上。茶汤在闻香杯中逗留15~30秒后，用拇指压住品茗杯底，食指和中指挟住闻香杯底，向内倒转，使原来品茗杯由上向下倒置，闻名杯由下向上作底；变成闻香杯由上向下倒置，品茗杯由下向上作底。随即用拇指、食指和中指撮住闻香杯，使其成一定倾斜度，并慢慢转动，使茶汤倾入品茗杯中。再将闻香杯送入鼻端闻香。然后，将闻香杯挟住在双手的手心间，一边闻香，一边来回搓动。这样可利用手中热量，使留在闻香杯中的香气得到最充分的挥发。

（7）分茶　也可省去用闻香杯，而直接将茶汤分别倾入茶杯闻香尝味。将茶盅中茶汤分别倾入品茗杯中。

（8）奉茶 有礼貌地将冲泡好的乌龙茶奉送给宾客。

四、花茶

花茶又名"窨花茶"、"香片"，属再加工茶，是茶叶加鲜花窨烘而成，它融茶之清韵与花之幽香于一体，是诗一般的茶。用什么花窨，就称该种茶的花茶，例如，绿花茶、红花茶、玫瑰针螺、茉莉花茶、桂花乌龙等。

花茶的饮法与普通绿茶基本相同，但需要注意防止香气的散失，一般使用白瓷盖碗冲泡，盖碗包括盖、杯身、杯托，杯为白瓷反边敞口的瓷碗。以江西景德镇出产的最为著名。盖碗适合冲泡重香气的茶，茶泡好后揭盖闻香，既可品尝茶汤，又可观看茶姿。

品饮花茶先看茶坯质地，好茶才有适口的茶味；其次看蕴含香气如何。这有三项质量指标，一是香气的鲜灵度（香气的新鲜灵活程度，与香气的陈、闷、不爽相对），二是香气浓度，三是香气的纯度。

茉莉花茶的冲泡程序如下：

（1）备具 盖瓷杯、盖碗，如是细嫩的花茶，可采用透明玻璃杯冲泡。

（2）赏茶 双手拿起茶荷请客人观赏干茶的外形和色泽。介绍茶叶名称。

（3）洁具 将开水倒至盖碗中1/3处，双手端盖碗逆时针旋转1~2圈将水倒入茶船中。只洗碗及盖，不洗碗托。

（4）置茶 用茶则从茶叶罐中量取茶叶入碗，一般置茶2~3克。

（5）润茶 向盖碗注入约1/4的沸水，浸润茶叶干茶充分吸取水之甜润甘醇，初步伸展。

（6）摇香 盖上碗盖，拿起盖碗逆时针轻转2~3圈，使茶水充分接触，四溢茶香。

（7）冲泡 大盖碗宜用"凤凰三点头"手法高冲；小盖碗可用"高冲低斟"手法，收势稍回旋一下。注水以八分满为度，立即斜盖盖子，避免香气散失。静置2分钟即可。

（8）奉茶 双手端碗托将茶奉献于客人面前，并行伸掌礼。

（9）品茶 品饮前，右手将瓯托端起交与左手，右手揭盖闻香，即可感到扑面而至的清香。右手用盖轻轻推开浮叶，欣赏茶汤，再从斜置的碗盖和碗沿的缝隙中小口啜饮。一饮后，留下1/3茶汤，续水二饮，再三饮。

（10）静坐回味，点头向客人示意。

五、普洱茶

历史上的普洱茶，是指云南的思茅、西双版纳两地用云南大叶种茶树的鲜叶，经杀青、揉捻、晒干而制成的晒青茶，以及用晒青经蒸压制成的各种规格的紧压茶。所以，普洱茶可分为散茶和紧压茶，而最初是经云南的普洱销售到各地的，于是称之为普洱茶。

根据普洱茶的品质特点和耐泡的特性，普洱茶一般用盖碗冲泡，因用盖碗能产生高温宽壶的效果，普洱茶为陈茶，在盖碗内，经滚沸的开水高温消毒、洗茶，将普洱茶表层的不洁物和异味洗去，就能充分释放出普洱茶的真味。而用紫砂壶作公道壶，可去异味，聚香含淑，使韵味不散，得其真香真味。

泡茶用具：茶船、盖碗（茶瓯）、品茗杯、紫砂壶作公道杯、随手泡、茶叶罐、茶巾、茶荷、茶具组（茶则、茶夹、茶漏、茶匙、茶针）。

普洱茶的冲泡程序如下：

（1）温壶　又称温壶涤器，即用烧沸的开水冲洗盖碗（三才杯）、若琛杯（小茶杯）、紫砂壶。

（2）置茶　俗称普洱入宫，即用茶匙将茶置入盖碗。

（3）涤茶　又称游龙戏水，即用现沸的开水呈45°角大水流冲入盖碗中，即定点冲泡，使盖碗中的普洱茶随高温的水流快速翻滚，达到充分洗涤的目的。

（4）淋壶　又称淋壶增温，即将盖碗中冲泡出的茶水淋洗公道壶，达到增温的目的。

（5）泡茶　又称祥龙行雨，即用现沸开水冲入盖碗中泡茶。第一泡1分钟，第二泡2分钟，第三泡起每次冲泡3分钟。如此，可冲泡多次。若是久陈的普洱茶，至第10泡以后，茶汤还甘滑回甜，汤色仍然红艳。

（6）出汤　又称出汤入壶，即将盖碗中冲泡的普洱茶汤倒入公道壶中，出汤前要刮去浮末。

（7）沥茶　又称凤凰行礼，即把盖碗中的剩余茶汤全部沥入公道壶中，以凤凰三点头的姿势，表示向客人频频点头行礼致意。

（8）分茶　又称普降甘霖，即将公道壶中的茶汤倒入若琛杯中，每杯倒一样满，以茶汤在杯内满七分为度。

（9）敬茶　又称奉茶敬客，即将若琛杯中的茶放在茶托中，由泡茶者举杯齐眉，一一奉献给客人。让品茗者含英咀华，领悟陈韵。

六、白茶与黄茶

（一）君山银针的冲泡

君山银针（黄茶）是一种较为特殊的茶，它作为茶，有幽香，有醇味，具有茶的所有特性。但从品茗的角度而言，这是一种重在观赏的特种茶，因此，特别强调茶的冲泡技术和程序。

冲泡君山银针，用水以清澈的山泉为佳，茶具宜用透明的玻璃杯，杯子高度 10~15 厘米，杯口直径 4~6 厘米。每杯用茶量为 3 克，太多太少都不利于欣赏茶的姿形景观。冲泡程序如下：

（1）赏茶　用茶匙摄取少量君山银针，置于洁净赏茶盘中，供宾客观赏。

（2）洁具　用开水预热茶杯，清洁茶具，并擦干杯中水珠，以避免茶芽吸水而降低茶芽的竖立率。

（3）置茶　用茶匙轻轻地从茶叶罐中取出君山银针约 3 克，放入茶杯待泡。

（4）高冲　用水壶将 70℃ 左右的开水利用水的冲力先快后慢冲入茶杯，至 1/2 处，使茶芽湿透。稍后，再冲至七八分杯满为止。为使茶芽均匀吸水，加速下沉，这时可用玻璃片盖在茶杯上，经 5 分钟后，去掉玻璃盖片。在水和热的作用下，茶姿的形态、茶芽的沉浮、气泡的发生等都是其他茶泡时罕见的，这是君山银针茶的特有氛围。

（5）奉茶　大约冲泡 10 分钟后就可开始品饮。这时双手端杯，有礼貌地奉给宾客。

（二）白毫银针的冲泡

白茶白毫银针的泡饮，与黄茶君山银针有些相似，这是一种富含观赏性的特种茶。

冲泡白毫银针的茶具，为便于观赏，通常以无色无花的直筒形透明玻璃杯为好，这样可使品茶从各个角度欣赏到杯中的形和色，以及它们的变幻和姿色。冲泡程序如下：

（1）备具　多采用玻璃杯泡茶。

（2）赏茶　用茶匙取出白茶少许，置于茶盘，供宾客欣赏干茶的形与色，以引起对白茶的兴趣。

（3）置茶　取白茶 2 克，置于玻璃杯中。

（4）浸润　将 70℃ 的开水少许冲入杯中，使茶叶浸润 10 秒左右。

（5）泡茶　随即用高冲法，按同一方向冲入开水 100~120 毫升。

（6）奉茶　有礼貌地用双手端杯奉给客人饮用。

第四节　茶的品饮

品茗是为了追求精神上的满足，重在意境的感受和追求，将饮茶视为一种艺术欣赏活动，墨子曰："目之于色，有同美焉；口之于味，有同嗜焉。"茶叶没有绝对的好坏之分，"适口者珍"，完全要看个人喜欢哪种口味而定。各种茶叶都有它的高级品和劣等货，茶中有高级的乌龙茶，也有劣等的乌龙茶；有上等的绿茶，也有下等的绿茶。所谓的好茶、坏茶是就比较品质的等级和主观的喜恶来说。

茶美之内涵，一般指名美、形美、色美、香美、味美五个方面。

目前的品茶用茶，主要集中在两类，一是乌龙茶中的高级茶及其名枞，如铁观音、黄金桂、冻顶乌龙及武夷名枞、凤凰单枞等。二是以绿茶中的细嫩名茶为主，以及白茶、红茶、黄茶中的部分高档名茶。这些高档名茶，或色、香、味、形兼而有之，它们都在一个因子、两个因子或某一个方面上有独特表现。

一、品茶的内容

品茶包括四方面内容：一赏茶名，二观茶形、色泽（干茶、茶汤），三闻茶香（干茶、茶汤），四尝滋味。

（一）一赏茶名

茶名反映茶叶品质特征，通常结合茶叶产地的山川名胜命名，也有突出茶叶采制方面的特点命名（采摘时间、茶的嫩度与质量）。各地名茶的命名，一般是前冠地名，后接专名。茶名不仅具有描写性特征、还有文艺性特征，如：

一旗一枪，旌风招展；
六安瓜片，片片可人；
顾渚紫笋，破土而出；
安化松针，风吹林鸣；
信阳毛尖，小荷初露；
蒙顶甘露，沁人心脾；
武夷红袍，状元披挂；
江山牡丹，洛阳花贱；
金坛雀舌，小鸟歌醉……

通常茶名的构成如下：

（1）地名加茶树植物学名称，如西湖龙井。

（2）地名加茶叶外形特征，如君山银针。

（3）地名加富有想象力的名称，如庐山云雾。

（4）以美妙动人的传说命名，如大红袍。

（二）二赏茶形

观赏茶叶的外形美分为两部分，即观赏干茶和开汤观形。

我国的基本茶叶种类主要有绿茶、红茶、乌龙茶、黄茶、白茶和黑茶六大类。这些茶叶中，绿茶、红茶、黄茶、白茶多属于芽茶类，是由鲜嫩的茶芽精制而成。一般将没有展开的尖尖的茶芽，直的称之为"针"或"枪"；弯曲称之为"眉"，卷曲的称为"螺"，圆的称之为"珠"，一芽一叶称之为"旗枪"，一芽两叶的称之为"雀舌"。

乌龙茶属于叶茶，茶芽一般要到一芽三开叶时才采摘，所以制成的茶叶显得"粗枝大叶"，但是茶人们视其为另一种美。如将安溪铁观音形容为"青蒂绿腹蜻蜓头，美如观音重如铁"；形容武夷岩茶是"乞丐的外形、菩萨的心肠、皇帝的身价"。

对于茶叶的外形美还有相关的专业术语，如显毫、匀齐、细嫩、紧结、浑圆、圆结、挺秀等。而文人们更是妙笔生花，苏东坡将宋代的龙凤团茶称为"天上小团月"，清代乾隆皇帝更是把茶形容为"润心莲"，并说"眼想青芽鼻想香"。

开汤后，茶叶的形态会产生各种变化，或快或慢，宛如曼妙的舞姿，令人赏心悦目。一般来讲以茶叶舒展顺利、茶汁分泌最旺盛、茶叶身段最为柔软飘逸的茶叶，是为好茶。

（三）三观色泽

茶的色之美主要包括干茶的色泽和茶汤的色泽两个方面。不同的茶叶应具有不同的茶色。干茶色泽，绿茶主要有嫩绿、黄绿、浅黄、墨绿、翠绿等；红茶主要有乌黑、乌润、乌红不等；乌龙茶的色泽有青褐、暗沙绿、黄绿、深绿等；黄茶则色泽金黄、微黄、嫩黄、橙黄不等；白茶色泽银白；黑茶则色泽乌润或褐红。

茶汤色泽主要有嫩绿、黄绿、浅黄、深黄、橙黄、黄亮、金黄、红亮、红艳、浅红、深红、棕红、黑褐、棕褐、红褐、姜黄等。茶汤色泽因茶而异，即使是同一种茶类茶汤色泽也有一点不同，大体上说，绿茶茶汤翠绿清澈，红茶茶汤红艳明亮，乌龙茶茶汤黄亮浓艳各有特色。此外在专业审评时，常用的专业术语有清澈（茶汤清净透明有光泽）、鲜艳（汤色鲜明有活力）、鲜明（汤色明亮略有光泽）、明亮（茶汤清净透明）、乳凝（茶汤冷却后出现的乳状混浊现象）、混浊（茶汤中有大量悬浮物，透明度差，是劣质茶的表现）等。

观茶汤色泽时要快而及时，因为茶多酚类物质，溶解在热水中后与空气接触很容易氧化变色。例如，绿茶的汤色氧化即变黄，红茶的汤色氧化即变暗且时间过久会使茶汤浑浊而沉淀。红茶在茶汤温度降至20℃以下时常发生凝乳混汤现象，俗称"冷后浑"。这是红茶色素和咖啡碱结合产生黄浆状不溶物的结果。

茶汤的颜色也会因为发酵程度不同、焙火轻重有别而呈现深浅不一的颜色。但是，不管颜色深或浅，一定不能浑浊、灰暗，清澈透明才是好茶汤。

（四）四闻妙香

茶香缥缈不定，变化无穷。有的清幽淡雅，有的馥郁甜润；有的高爽持久，有的鲜香沁人。茶叶的香型主要有花香型和果香型两大类。其表现出来的香气又可分为清香、高香、浓香、幽香、纯香、甜香、火香、陈香等。

对于茶香的鉴赏一般要三闻，一是闻干茶的香气，二是闻开泡后充分显示出来的茶的本香，三是要闻茶香的持久性。温嗅主要评比香气的高低、类型、清浊，冷嗅主要看其香的持久程度。

（1）茶闻香　将少许干茶放在器皿中或直接用手抓一把茶叶，闻一闻干茶的香气，判断一下有无异味、杂味等。

（2）茶之本香　从壶中将刚泡好的茶汤倒入茶杯，趁热闻闻茶汤的香气，判断一下茶汤的香型是菜香、花香、果香还是麦芽糖香，同时判断茶汤有无烟味、焦味、油臭味或其他异味。待茶汤温度稍降后，再闻茶之温香，此时可以辨别茶汤香味的清浊浓淡，更能认识其香气特质。

（3）茶香持久　等喝完茶汤待茶渣冷却后，可闻茶的"冷香"。只有香气较高且持久的茶叶，才是好茶，如果是劣等茶叶，香气早已消失殆尽了。

闻香的方法也有三种，一是直接从茶汤中闻香，二是闻杯盖上的留香，三是用闻香杯慢慢地闻杯底留香。

（五）五品滋味

茶有百味，其中主要有甘、鲜、苦、涩、活。甘是指茶汤入口回味甘甜；鲜是指茶汤的滋味清爽宜人；苦是指茶汤入口舌根感到的类似奎宁的一种不适的味道；涩是指茶汤入口的麻舌之感；活是指品茶时有一种舒适美妙，富有活力的心理感受。在这五味的基础上，茶汤的滋味又可具体分为鲜爽、浓烈、浓厚、浓醇、鲜醇、醇厚、回甘等。

茶汤的滋味，以微苦中带甘为最佳。好茶喝起来甘醇浓稠，有活性，喝后喉头甘润的感觉持续很久。为了能够更好地品味一杯好茶，必须注意以下事项：

（1）舌头的姿势要正确　把茶汤吸入嘴内后，舌尖顶住上层齿根，嘴唇微微张开，舌稍向上抬，使茶汤摊在舌的中部，再用腹部呼吸从口慢慢吸入空气，使茶汤在舌上微微滚动，连续吸气两次后，辨出滋味。

（2）茶汤的温度要适宜　品茶汤的温度以 40～50℃ 为最适合，如高于 70℃，味觉器官容易烫伤，影响正常品味；低于 30℃ 时，味觉品评茶汤的灵敏度较差，且溶解于茶汤中与滋味有关的物质在汤温下降时，逐步被析出，汤味由协调变为不协调。

（3）茶汤的量要适宜 品饮时，每一口茶汤的量以5毫升左右最适宜。过多时，感觉满口是汤，口中难于回旋辨味；过少又觉得口空，不利于辨别。每次在3~4秒内，将5毫升的茶汤在舌中回旋2次，品味3次即可。

另外，茶之味淡，因此要想品出真正的茶味，在品茶前最好不要吃有强烈刺激味觉的食物，如蒜、葱、糖等，也不宜吸烟，以保持味觉与嗅觉的灵敏度。

二、各类茶的品饮

茶类不同，花色不一，其品质特性各不相同，因此，不同的茶，品的侧重点不一样，由此导致品茶方法上的不同。

（一）高级细嫩绿茶的品饮

高级细嫩绿茶，色、香、味、形都别具一格，讨人喜爱。品茶时可先透过晶莹清亮的茶汤，观赏茶的沉浮、舒展和姿态，再察看茶汁的浸出、渗透和汤色的变幻，然后端起茶杯，先闻其香，再呷上一口，含在口，慢慢在口舌间来回旋动，如此往复品赏。

（二）乌龙茶的品饮

乌龙茶的品饮，重在闻香和尝味，不重品形。在实践过程中，又有闻香重于品味的（如台湾）或品味重于闻香的（如东南亚一带）。潮汕一带强调热品，即撒茶入杯，以拇指和食指按杯沿，中指抵杯底，慢慢由远及近，使杯沿接唇，杯面迎鼻，先闻其香，尔后将茶汤含在口中回旋，徐徐品饮其味，通常三小口见杯底，再嗅留存于杯中茶香。台湾采用的是温品，更侧重于闻香。品饮时先将壶中茶汤趁热倾入公道杯，尔后分注于闻香杯中，再一一倾入对应的小杯内，而闻香杯内壁留存的茶香，正是人们品乌龙茶的精髓所在。品啜时，先将闻香杯置于双手手心间，使闻香杯口对准鼻孔，再用双手慢慢来回搓动闻香杯，使杯中香气尽可能得到最大限度的享用。至于啜茶方式，与潮汕地区无多大差异。

（三）红茶品饮

红茶，也有人称迷人之茶，这不仅由于色泽红艳油润、滋味甘甜可口，还因为品饮红茶，除清饮外，还喜欢调饮，酸的如柠檬、辛的如肉桂、甜的如砂糖、润的如奶酪。

品饮红茶重在领略它的香气、滋味和汤色，所以，通常多采用壶泡后再分茶入杯。品饮时，先闻其香，再观其色，然后尝味。饮红茶须在品字上下工夫，缓缓斟饮，细细品味，方可获得品饮红茶的真趣。

（四）花茶品饮

花茶融茶之味、花之香于一体，茶为茶汤的本味，花香为茶汤之精神，茶香与花香巧妙地融合，构成茶汤适口、香气芬芳的特有韵味，故而人称花茶是诗一般的茶叶。

花茶常用有盖的白瓷杯或盖碗冲泡，高级细嫩花茶，也可以用玻璃杯冲泡，高级花茶一经冲泡后，可立时观赏花在水中漂舞，茶在水中沉浮、展姿，以及茶汁的渗出和茶汤色泽的变幻，此为"目品"；3 分钟后，揭开杯盖，顿觉芬芳扑鼻而来，精神为之一振，称为"鼻品"；再喝少许茶汤在口中停留，以口吸气、鼻呼气相结合的方法使茶汤在舌面来回流动，品尝茶味和汤中香气后再咽下，此谓"口品"。

（五）细嫩白茶与黄茶品饮

白茶属轻微发酵茶。制作时，通常将鲜叶经萎凋后直接烘干而成，所以，汤色和滋味均较清淡。黄茶的品质特点是黄汤黄叶，通常制作时轻揉捻，因此，茶汁很难浸出。

由于白茶和黄茶，特别是白茶中的白毫银针，黄茶中的君山银针，具有极高的欣赏价值，因此是以观赏为主的一种茶品。当然悠悠的清雅茶香，淡淡的橙黄茶色，微微的甘醇滋味，也是品赏的重要内容。所以在品饮前，可先观干茶，它似银针落盘，如松针铺地，再用直筒无花纹的玻璃杯以 70℃ 的开水冲泡，观赏茶芽在杯水中上下浮动，最终个个林立的过程，接着，闻香观色。通常要在冲泡后 10 分钟左右才开始尝味。这些茶特重观赏，其品饮的方法带有一定的特殊性。

第五章 茶艺编创

本章主要介绍茶艺编创的内容与基本要求、茶艺程序设计、解说词编写、茶席设计（插花、香道、挂画、音乐等）以及茶艺应用案例分析。

第一节 茶艺编创的基本要求

茶艺所传播的是人与自然的交融，启发人们走向更高层次的生活境界。而多姿多彩、百花齐放的茶艺表演，是茶文化传播的最佳方式之一。茶艺表演是根据主题进行的茶艺编创，有主题的茶饮技艺只有通过演示出来，演示者和观看者才可感受到茶艺的魅力，茶艺也才可以进行交流，并进行完善和发展；也只有这样，茶艺才可真正促进茶文化的传播，达到修身养性、促进经济发展的目的。

一、茶艺之美

茶艺的根本是根据唯美是求的原则对茶艺六要素，即人、茶、水、器、境、艺进行美的赏析，然后顺应茶性，整合六美的要素，最终泡出一壶好茶。茶艺要求茶人不仅要充分展现出茶的色、香、味、韵、滋、气、形之美，同时还要享受泡茶过程中的艺术美。

（1）人——在茶艺活动中人之美主要表现在仪表美、风度美、语言美以及心灵美。

（2）茶——茶之美包括茶名之美、茶形之美、汤色之美、香气之美、滋味之美。

（3）水——水之美标准是水质要清、水体要轻、水味要甘、水温要冽、水源要活。

（4）器——要因茶制宜、因人制宜、因艺制宜、因境制宜。

（5）境——讲究环境美、意境美、人境美、心境美。

（6）艺——茶艺程序编排的内涵美、解说词的内容文字美、音韵律美、动作美、服装道具美等。

二、茶艺的内容

茶艺包括赏茶、泡饮技艺及其演示、茶艺礼仪、茶艺环境和茶艺精神五部分。

（1）赏茶包括欣赏干茶的外形、色泽和冲泡后的茶舞，主要以茶艺观赏者为主体，茶艺演示者为辅。

（2）泡饮技艺及其演示包括择器、鉴水、择茶、冲泡技艺及其演示，这是以茶艺演示者为主的，但茶艺观赏者可参与其中。品饮技艺及其演示，可以茶艺演示者辅助，茶艺观赏者品饮为主。

（3）茶艺礼仪就是茶艺中的礼仪，包括迎客礼、冲泡礼、奉茶礼、送客礼等。

（4）茶艺环境分心境和品饮环境，心境是指茶艺演示者和观赏者的心境，品饮环境包括茶艺场所环境、背景音乐、服装等。

（5）茶艺精神就是茶艺演示中所体现出来的精神内涵，也是茶艺所要展现的精神理念（包含茶德），属于茶道的一部分。

三、茶艺编创的主题

主题是一个茶艺节目的灵魂所在，立意的新颖和高远往往成为一个节目优秀与否的关键。常见的茶艺节目，如乌龙茶茶艺、大红袍茶艺、龙井茶茶艺等，主题多是围绕茶品，就茶说茶。

主题的确定有反映历代茶事的历史系列，有反映各地饮茶风情的民俗系列，有反映兄弟民族饮茶习俗的民族系列，也有反映现实生活的社会系列。

四、茶艺"创意"和"创艺"的原则

茶艺属于实用美学、生活美学、休闲美学的领域，必须根据茶艺的特点和舞台艺术的要求，结合茶叶、茶具的特点来构思，表现一定的情节和主题。既有时代性，也有地域性。

（一）大众审美优先原则

该原则指泡茶技巧与品饮艺术结合，始终坚持把通俗易懂的"茶艺"放在首位，同时还要重视"茶艺"在大众眼球和心灵的反应，并关心整台茶艺表演这二者相互协调的效果，以此获得在创意基础上再现的艺术。

（二）科学泡茶原则

茶艺表演节目的创编者，应始终贯彻于"如何泡好一壶（杯）茶的技巧和如何品饮一壶（杯）茶的艺术"的精神，泡茶讲究实用性、科学性、艺术性。

（三）生活性与艺术性相统一

茶艺与音乐、舞蹈、书画、雕刻等其他艺术形式一样有着"来源于生活，而高于生活"的艺术化基本要求。来自生活中的情感与真实体验最容易引起观赏者的共鸣。因此生活性是茶艺的本性，在茶艺编排与创作中不能背离这一点，茶艺创作与演示需遵循生活常识和习惯，反对矫揉造作，过度夸张。

茶艺作为生活化的艺术形式，如果要在舞台上进行表演，就必须将冲泡技巧进行艺术加工，以增强艺术感染力。没有艺术美感就称不上是饮茶的艺术。所以茶艺表演时，从茶席布置、音乐选配、衣着装扮、动作设计以及表演者的仪容、仪表都要符合审美的要求，通过茶叶的冲泡、品饮等一系列形体动作，反映一种生活现象，表达一定的主题思想，具有相应的情节，讲究舞台美术和音乐的合一，在使人获得共鸣和启发的同时，也给人们带来审美的愉悦。

（四）规范性与自由性相统一

茶艺表演有一定的程式、动作的规范要求。当前，从解说词、茶席布置、程式至流程完全照搬与借用成为茶艺从业者的通病。所以在遵守科学冲泡方法的前提下，充分发挥茶艺师的创造力，围绕茶这个中心，打破"练操式"的茶艺，通过多样的方式来展示茶文化的精神、茶的品质特点与茶艺师的个性风格，将是今后的发展方向。

茶艺师内在的修养越高，建立在规范基础之上的自由发挥空间越大，在一定的场景内，不会拘泥于某一机械的动作，形式与内容也会淡化，让观众去感受茶艺师所表达的深远的立意，幽远的哲思，引领观众进入茶的清雅、空灵的品茶境界，这样的茶艺表演节目的编创就达到传播茶文化的目的了。

（五）传承性与创新性相统一

创新是一切文化艺术发展的动力与灵魂。所以，在茶艺编创的动作及流程设计中，要运用巧妙的构思，不要墨守成规，要勇于创新、与时俱进，创造出茶艺的新形式、新内容。

茶艺创新是在继承传统茶艺优秀成果基础上的创新，是推陈出新。继承不是因循守旧，而是批判性地加以继承，创造性地加以继承。创造性是茶艺发展的客观要求，继承性是茶艺创新的必要前提，没有创新，茶艺就不能持续发展；没有继承，茶艺就缺少深厚的文化积淀。继承传统是创新的基础，创新又是对传统的发展。一方面，对传统茶文化的精神与文化意蕴要传承，另一方面，又要不断创造适应当代社会生活需要、符合时代审美要求的新形式、新内容，只有这样，才能让茶艺表演焕发无限生机。

（六）技术美与艺术美相统一

艺术美是通过特定的技术与技巧为手段，按照美的规律把它表现出来。泡茶技巧是茶艺表演的重要条件，是表现的基础。无论表演者对茶道的精神与内涵理解是多么透彻，内心审美感受多么细致，若没有一定的技巧和能力，就无法把它表现出来，更谈不上艺术的感染力。在茶艺表演中，如果技巧的成分过多，而缺乏恰当的情感体验和准确的艺术表现，就会使表演华而不实，他们关注的是艺术的表象，而不是茶道艺术的灵魂，这在茶艺表演中是不可取的，也无法引起观众的共鸣。

第二节　茶艺程序设计和解说词编写

一、茶艺程序编排设计

茶艺包括赏茶、泡饮技艺及其演示、茶艺礼仪、茶艺环境和茶艺精神五部分。茶艺程序编排设计内容具体包括主题与情节、茶叶选择、茶席设计、茶具选用、品茶环境、水质鉴定、茶艺人才选拔、茶艺音乐等。

（一）茶艺程序编排的内涵美

茶艺是在茶道精神指导下的茶事实践，茶艺不同于一般喝茶，也不同于寻常品茶。在长期的饮茶实践中，中国人形成了品茶的三个层次——得味、得韵、得道。

茶艺流程讲究礼貌待人、款款有序、动作细腻优美、富有茶的神韵，使人们在品茶过程中得到美的享受。茶艺包括赏茶、泡饮技艺及其演示、茶艺礼仪、茶艺环境和茶艺精神五部分。

俗话讲："外行看热闹，内行看门道"，不少茶艺爱好者在观赏茶艺时往往只注意表演时的服装美、道具美、音乐美以及动作美而忽视了最本质的东西——茶艺程序编排的内涵美。

茶艺之本在于"纯"——茶性之纯正，茶主之纯心，化茶友之净纯。

茶艺之韵在于"雅"——沏茶之细腻，动作之优美，茶局之典雅，展茶艺之神韵。

茶艺之德在于"礼"——感恩于自然，敬重于茶农，诚待于茶客，联茶友之友谊。

茶艺之道在于"和"——人与茶艺所传达的是纯、雅、礼、和的茶道精神理念。

一套茶艺的程序美不美要看四个方面：

一看是否"顺茶性"。通俗地说就是按照这套程序来操作，是否能把茶叶的内质发挥得淋漓尽致，泡出一壶最可口的好茶来。各类茶的茶性（如粗细程度、老嫩程度、发酵程度、火工水平等）各不相同，所以泡不同的茶时所选用的器皿、水温、投茶方式、冲泡时间等也应不相同。表演茶艺，如果不能把茶的色、香、味最充分地展示出来，如果泡不出一壶真正的好茶，那么表演得再花哨也称不得好茶艺。

二看是否"合茶道"。通俗地说，就是看这套茶艺是否符合茶道所倡导的"精行俭德"的人文精神，和"和静怡真"的基本理念。茶艺表演既要以道驭艺又要以艺示道。以道驭艺，就是茶艺的程序编排必须遵循茶道的基本精神，以茶道的基本理论为指导。以艺示道，就是通过茶艺表演来表达和弘扬茶道的精神。

三看是否科学卫生。目前我国流传较广的茶艺多是在传统的民俗茶艺的基础上整理出来的。有个别程序按照现代的眼光去看是不科学、不卫生的。有些茶艺的洗杯程序是把整个杯放在一小碗里洗，甚至是杯套杯清洗，这样会使杯外的脏物粘到杯内，越洗越脏。对于传统民俗茶艺中不够科学、不够卫生的程序，在整理时应当摒弃。

四看文化品位。这主要是指各个程序的名称和解说词应当具有较高的文学水平，解说词的内容应当生动、准确、有知识性和趣味性，应能够艺术地介绍出所冲泡茶叶的特点及历史。

（二）茶艺表演的动作美和神韵美

每一门表演艺术都有其自身的特点和个性，在表演时要准确把握个性，掌握尺度，表现出茶艺独特的美学风格。

茶艺是茶文化的精粹和典型的物化形式。作为茶艺师，应该具有较高的文化修养，得体的行为举止，熟悉和掌握茶文化知识以及泡茶技能，做到以神、情、技动人。也就是说，无论在外形、举止乃至气质上，都有更高的要求。

"韵"是我国艺术美学的最高范畴。可以理解为传神、动心、有余意。在古典美学中常讲"气韵生动"，茶艺表演要达到气韵生动需经过三个阶段的训练。第一阶段要求达到熟练，这是打基础，因为只有熟练才能生巧。第二阶段要求动作规范、细腻、到位。第三阶段才是要求传神达韵。在传神达韵的练习中要特别注意"静"和"圆"，关于以静求韵，明代著名琴师杨表正在其《弹琴杂说》中讲得很生动："凡鼓琴，必择净室高堂，或升层楼之上，或于林石之间，或登山巅，或游水湄，或观宇中；值二气高明之时，清风明月之夜，焚香静室，坐定，心不外驰，气血和平，方能心与神合，灵与道合。"也就是说要弹好琴，首先必须身心俱静，气血和平。茶通六艺，琴茶一理。

"圆"就是指整套动作要一气贯穿，成为一个生命的机体，让人看了觉得有一股元气在其中流转，感受到其生命力的充实与弥漫。

（三）茶艺程序设计

茶艺表演时要注意两件事：一是将各项动作组合的韵律感表现出来；二是将泡茶的动作融进与客人的交流中。所以茶艺程序设计要让观众在观看中有所感悟。

茶艺程序设计包括主题定位、茶席设计、服装设计、音乐选择、文案编写、人员及动作设计。

主题定位方面，能够根据需要编创不同茶艺表演，编制茶艺服务程序，并达到茶艺美学要求。茶席设计方面，能够根据茶艺主题，配置新的茶具组合。音乐选择方面，能够根据茶艺特色，选配新的茶艺音乐。服装设计方面，能够根据茶艺需要，安排新的服饰布景。在文案编写方面，能够用文字阐释新编创的茶艺表演的文化内涵。

1. 主题的确定

主题思想是茶艺表演的灵魂，无论是取材于古代文献记载还是现实生活，表演型茶艺都要有一个主题。有了明确的主题后，才能根据主题来构思节目风格，编创表演程序和动作，选择茶具、服装、音乐等进行排练。

2. 人物的确定

根据主题要求，首先确定表演人数。一般茶艺表演的组合有一人、二人、三人和多人。确定了表演人数之后，接下来就要挑选演员了。茶艺是门高雅的艺术，表演者的文化修养与气质将直接影响茶艺表演的舞台效果，因此必须仔细挑选。茶艺表演人员的形象要求除了要符合大众的审美标准之外，还要综合考虑演员的文化素质和艺术修养，所以应尽可能挑选有一定文化修养且又懂茶艺的演员。

3. 动作的确定

主要是指表演者的肢体语言，包括眼神、表情、走（坐）姿等。总的要求是动作要轻盈、舒缓，如行云流水，可以运用一些舞蹈动作，但动作幅度不宜太大，也不能过于夸张，以免给人做作之感。此外，编排者还应注意整个程序要紧凑，有变化，要能吸引人。

4. 服饰的确定

服饰包括服装、发型、头饰和化妆。服饰要根据主题来设计，主要以中国传统服饰为主，一般是旗袍或对襟衫和长裙。服饰选择方面要考虑应与历史相符合。服饰选择时最好还能与所泡的茶相符合。

5. 道具的确定

主要是指泡茶的器具，包括茶具、桌椅、陈设等，是茶艺表演的重要组成部分之一。道具的选择主要是根据茶艺表演的题材来确定，茶艺表演中应力戒出现明显的败笔。

6. 音乐的确定

音乐可以营造浓郁的艺术气氛，吸引观众注意力，引导大家进入诗意的境界。茶艺表演过程中，演员不宜开口说话，更不能唱歌，所以选用音乐对氛围的营造十分重要。一般来说，音乐要与主题相符，并能帮助营造氛围。

7. 背景的确定

表演型茶艺多在舞台上进行演出，因此要根据表演主题来进行背景布置。茶艺表演的背景不宜太过于复杂，应力求简单、雅致，以衬托演员的表演为主，让观众的注意力集中在泡茶者身上而不能喧宾夺主。

8. 灯光的确定

茶艺表演中灯光一般要求柔和，不宜太暗也不能太亮、太刺眼，太暗会看不清茶汤的颜色，更不能使用舞厅中的旋转灯。

二、解说词编写

茶艺解说贯穿泡茶全过程，应具有较高的文学水平。茶艺解说应契合茶道精神、生动准确、娓娓动听，既有生活性，又有趣味性。一套好的茶艺解说，内容应简明扼要、应具备说明性、顺序性、艺术性。

（一）说明性和顺序性

1. 符合茶叶特征

茶树鲜叶因加工方法不同，分为六大茶类。因采摘标准不同，有老嫩之异。由于中国各民族习茶风俗不同，对茶叶的嗜好、泡制、品饮多种多样。不同的茶类，不同的茶叶嫩度，不同的民族习茶，均要选择不同的器具，确定不同的水温、投茶方式、冲泡时间等。解说词必须围绕着如何泡好一壶茶，将茶叶的色、香、味淋漓尽致地展示出来进行编写。

2. 表达准确动情

解说词表达要准确、清晰，比喻要恰当、词语要生动、紧扣所要表演茶艺的内容，不可含糊其辞、模棱两可，也不可夸大过头、虚无缥缈。

3. 茶艺解说词的结构

茶艺解说词的结构包括问候语、自我介绍、茶文化或茶艺表演背景介绍、茶艺程序介绍以及结束语。

（二）艺术性

1. 体现茶道精神

我国是茶的故乡，我们的祖先在长期的茶事实践中融入民族传统文化精华，形成了茶文化。茶道是茶文化的核心，是茶艺的指导思想。

茶道包含有"克明峻德，格物致知，以身许国，穷通兼达"的儒家思想，也包含有"天人合一，宁静致远，道法自然，守真养真"的道家哲学理念，还包含了"茶禅一味，梵我一如，普爱万物，见性成佛"的佛法真如。茶圣陆羽在《茶经》中提出"茶之为用，味至寒，为饮最宜精行俭德之人"。要求茶人们的行为要专诚谦和，不放纵自己。浙江农业大学教授庄晚芳将茶道精神概括为四个字"廉、美、和、敬"，解释为"廉俭育德，美真康乐，和诚相处，敬爱为人"。廉是前提，以茶敬人、共赏清香、转变风气。美是内容，从茶叶的品味中得到精神上和物质上的美好享受，是品茶的真谛。和是目的，以茶为媒，联络感情，和衷共济，和睦相处。敬是条件，尊敬对方，除要有好的态度外还要有好的处事方法。掌握了茶道精神，并用它来指导茶艺实践，茶艺表演、解说，才能神形兼备，精彩动人。

2. 要有古诗词的意境

中国是一个诗的国度，一首诗，就是一篇文章，甚至是一本书。古诗散发出一种难以抗拒的魅力。古诗，是一种意境；古诗，是一幅凝固的画。

品茶之醇厚，品诗之凝练。茶艺解说词中充分运用积淀着智慧结晶、映射着理性光辉、浓缩着丰富情感、蕴涵着优美意象的诗词句，会营造出深远的意境，唤醒观众对自然、对传统文化的向往，使茶艺解说底蕴深厚，茶艺表演更加生动传神，给人带来绵长的回味。

3. 要解说优美

茶艺解说，要求声音婉转优美，柔和悦耳，吐字清爽，娓娓动听。表情谦和和投入，真诚感人。节奏抑扬顿挫，富有层次。风格诙谐幽默，别具新意。表达自然流畅，使听者感到舒适、真切，引发对茶艺表演美的共鸣，体会"两腋习习轻风生"的感觉。

第三节　茶席设计

茶席设计指的是以茶为灵魂，以茶具为主体，在特定的示茶空间形态中，与其他艺术形式相结合，所共同完成的一个有独立主题的茶道艺术组合整体。

一、茶席的历史

唐代以前的人是席地而坐的，在宴饮的时候，席是座位也是食物陈列摆放的平台，故而有酒席之称。

茶席是泡茶和喝茶的平台。茶席始于我国唐代，大唐盛世，四方来朝，威仪天下。茶，就在这个历史背景下，由一群出世山林的诗僧与遁世山水间的雅士，开始了对中国茶文化的悟道与升华，从而形成了以茶礼、茶道、茶艺为特色的中国独有的文化符号。

宋代，茶席不仅置于自然之中，宋代人还把一些取型捉意于自然的艺术品设在茶席上，而插花、焚香、挂画与茶一起更被合称为"四艺"，常在各种茶席间出现。

明代冯可宾的《茶笺·茶宜》中对品茶提出了十三宜："无事、佳客、幽坐、吟咏、挥翰、徜徉、睡起、宿醒、清供、精舍、会心、赏览、文童"，其中所说的"精舍"，指的即是茶席的摆置，从一体的艺术境界中获得对茶的更深、更丰富的心灵感受。

二、茶席的分类

（一）茶席的基本类别

茶席的基本类别，根据其展示的状态可分为静态茶席和动态茶席。

茶席设计作为静态展示时，其形象、准确的物态语言，会将一个个独立的主题表达得生动而富有情感。一台完备的茶席，每一个细节都必须考虑周详：选器、备具、摆设、焚香、插花、挂画、点茶、桌饰……再好的心意，都要通过这一席茶来传达。构思和摆布茶席时，虽然要讲究一定的方位和顺序，但不拘泥于其中，以能抒发心意为要。

当对茶席进行动态的演示时，茶席的主题又在动静相融中通过茶的泡、饮，使茶席主人的茶道思想、个性魅力和茶的品格相融，以得到更加完美的体现。动态茶席除艺术美感，其功能性与实用性是设置和设计茶席的基本条件。

从"艺"的角度，茶席是来自生活、高于生活但必然合乎情理的；要适应场地条件的限制、"勉强"自己作出各种妥协，以一拳为山一勺代水、一花呈春一叶知秋的手法或说"程式"来演绎你的立意和趣味，而同时又显得是类乎自然而整体的和谐。

艺，重在形式，关注美感和旨趣的表达。

道，不妨解为"事物的规律性"或"内在要求"。而构思和摆布茶席时，也许不要拘泥甚至更是应该抛却茶艺茶道这些名词、概念、说法的干扰，只贯注于你自己的意念的表达，而把"道"当作是一种表达的途径，一种呈现的方式。

（二）根据茶席的主题进行分类

设计一个新的泡茶席，或是更新一个原有的泡茶席，事先订个主题有助于茶席各个部分或各个因子的统一与协调，大家向着一个目标前进。

这个主题可以以季节为标的，可以以茶的种类为标的，如为碧螺春设计个茶席，为铁观音、红茶、普洱茶设计茶席；可以为春节、中秋，或新婚设计个茶席；可以表现春天、夏天、秋天或冬天的景致；可以以"空寂"、"浪漫"、"闲情"为表现的主题。

三、茶席的基本构成元素

席，本是一种布置，而因茶的介入，有了风情万种的茶席。即使只是一方小小的摆置，茶席的天地因其意境的表达可至无限远。

茶席，首先是一种物质形态，其实用性是它的主要特征。茶席的布置一般由茶品、茶具组合、席面铺垫、配饰选择、茶点搭配、空间设计六大元素组成。

（一）茶品

茶是茶席设计的灵魂，也是茶席设计的物质和思想基础。茶既是源头，也是目标。茶的色彩是异常丰富的。有绿茶、红茶、黄茶、白茶、黑茶……茶的各种美味和清香，曾醉倒天下多少爱茶人。茶的形状，千姿百态，未饮先迷人。

茶席设计思考的相配首要考虑与茶器的质地、色泽的协调性。以陶瓷茶具为例，若将茶具质地分为瓷、炻、陶三大类，瓷质茶器的感觉是细致、高频的，与不发酵的绿茶、重发酵的白毫乌龙、全发酵红茶的感觉较一致。炻质茶器的感觉较为坚实阳刚，与不发酵的黄茶、微发酵的白茶、半发酵的冻顶、铁观音、水仙的感觉较一致。陶质茶器的感觉较为粗犷低沉，与焙重火的半发酵茶、陈年普洱茶的感觉较一致。

再就茶器的颜色而言，茶器的颜色包括坯体的颜色与釉色。白瓷土显得亮洁精致，用以搭配绿茶、白毫乌龙与红茶颇为适合，为保持其洁白，常上透明釉。黄泥制成的茶器显得甘饴，可配以黄茶或白茶。朱泥或灰褐系列的炻器土制成的茶器显得高香、厚实，可配以铁观音、冻顶等轻、中焙火的茶类。紫砂或较深沉陶土制成的茶器显得朴实、自然，配以稍重焙火的铁观音、普洱熟茶相当搭调。

瓷或陶若上有色釉，釉色的变化又左右了茶器的感觉，如淡绿色系列的青瓷，用以冲泡绿茶、清茶，感觉上颇为协调。乳白色的釉彩如"凝脂"，很适合冲泡白茶与黄茶。青花、彩绘的茶器可以表现白毫乌龙、红茶或熏茶、调味的茶类。铁红、紫金、钧窑之类的釉色则用以搭配冻顶、铁观音、水仙之类的茶叶。茶叶末、天目与褐色系的釉色就用来表现黑茶。

名优茶品欣赏见本教材彩色插页。

（二）茶具组合

茶具组合是茶席构成的主体，其基本特征是实用性和艺术性相融合。实用性决定艺术性，艺术性又服务于实用性。

茶席设计的物态主体是茶具组合，在结构上，茶席设计的器物中心自然应由茶具的组合来担当。而在茶具组合中，直接表现为品饮的器具——杯具，是茶具中的核心。因此在结构上，杯具一般都放在茶席的中心位置。

茶用器具的材质、型制、色泽及其组合能够呈现茶品个性。器具的选用反映的是对茶叶的理解和对相关知识的掌握；以此为前提，再来表达诸如艺术、境界等才是站得住脚的。

茶具的组合在茶席设计上除要考虑与茶的搭配协调外还需要考虑功能搭配、材质搭配、造型搭配、色泽搭配以及与环境的搭配。茶具在搭配上要注重和谐统一与反衬互补。

就泡茶的功能而言，壶形仅显现在散热、操作方便与艺术美感三方面。壶口宽敞的、盖碗形制的，散热效果较佳，所以用以冲泡需要 70~80℃ 水温的茶叶最为适宜。因此盖碗经常用以冲泡绿茶、香片与白毫乌龙。壶口宽大的壶与盖碗在置茶、去渣方面也显得异常方便，很多人习惯将盖碗作为冲泡器使用就是这个道理。

盖碗，或是壶口大到几乎像盖碗形制的壶，冲泡茶叶后，打开盖子很容易可以观赏到茶叶舒展的情形与茶汤的色泽、浓度，对茶叶的欣赏、茶汤的控制颇有助益。尤其是龙井、碧螺春、白毫银针、白毫乌龙等注重外形的茶叶，这种形制的冲泡器，若再配以适当的色调，是很好的表现方法。

在茶席茶具组合中，较佳的和较差的案例如图 5-1 所示。

（a）较差的茶具组合　　　　　　　　　　（b）较佳的茶具组合

图 5-1　"无我茶会" 茶席中配套较差和较佳的茶具组合

（三）席面铺垫

铺垫是指茶席整体或局部下方的铺垫物。席面设计的色调通常奠定了整个茶席的主基调，布置时常用到的有各类桌布（布、丝、绸、缎、葛等）、竹草编织垫和布艺垫等；也有取法于自然的材料，如荷叶铺垫、沙石铺垫、落英铺垫等；还有不加铺垫，直接利用特殊台面自身的肌理，如原木台的拙趣、红木台的高贵、大理石台面的纹理等。

铺垫的作用，一是茶席中的器物不直接接触桌、地面，保持器物的清洁，二是以自身的特征和特性，辅助器物共同完成茶席。

铺垫的色彩要根据茶席设计的主题灵活选择，其中以单色为上、碎花为次、繁花为下。铺垫的方法有平铺、叠铺等。

（四）配饰选择

1. 茶席插花

茶席插花又称为茶花，通常茶席中的插花为体现茶道精神，追求崇尚自然、朴实秀雅的风格。插花作品可以为茶席所要表达的意境传情达意，使茶席更加生动。

插花在茶席上能发挥怎样的功能呢？它可以帮助主人说话，帮忙表达主人想要述说的茶道美学境界与茶道思想，因为它与挂画、茶具摆置、空间规划等都是茶席组成的一部分。插花这个元素还有一项特殊的功能，就是造成茶席的生动感。

茶席上要以茶为主角来搭配与衬托，让人们进到茶席，一眼望去，首先意识到的是泡茶、或是茶具的组合，进一步才注意到花在一旁助威。茶席的插花一方面受到茶席空间的限制，而且不是以插花艺术为主题，所以不能尽情地发挥。然而"配合茶道演出"的这项不易之任务，却造就了插花艺术上的一门特殊系统，被称为"茶席之花"。一般说来，茶席之花所用的花材香气不宜太强，否则干扰了茶味的欣赏；花型大小，花朵颜色都要配合整个茶席气氛与主题，没有一定的准则。"盆栽"算不算在插花艺术之列呢？这有不同的见解，但应用在茶席上是没有什么不可的，但要能把握住"以茶为主"的原则。

总体而言，茶席插花的基本特征是简洁、淡雅、小巧、精致。鲜花不求繁多，只插一两枝便能起到画龙点睛的效果。注重线条，构图的美和变化，以达到朴素大方、清雅绝俗的艺术效果（图 5-2）。

2. 焚香

焚香在茶席中不仅因香具、烟形作为艺术形态融于整个茶席中，同时，它美好的气味弥漫于茶席四周的空间，在嗅觉上获得舒适的感受。

图5-2 茶席插花示例

气味有时还能唤起人们意识中某种记忆，从而使品茶的内涵变得更加丰富多彩。香气可以协助塑造品茗空间的气氛，让人们进入到这个环境，不假思索地就可以接受到主人想要给予的感觉。比如：一缕沉香的香气让人沉思，一缕檀香的香气让人思古，一缕清新的青草香气让人感受到青春活力，一股淡雅花香将人带进爱情的浪漫之中。

在茶的品饮上，我们会感受到不发酵绿茶的清香、栗香，轻发酵茶的清花香、重发酵茶的甜花香、果香，全发酵茶的甜香，后发酵茶的陈香、木香吗？因此焚香的气味不能太强，否则会干扰到将要品茗时的茶味。

香的应用是在茶会开始之前，打扫完房间，点上一炉香，适当的强度后即停止。客人进入时，足可体会到香气的存在，也引领了该次茶会所要塑造的风格，但是强度不会影响到对茶香、茶味的欣赏。

再说"烟景"的应用。焚点香材时，会有香烟冒出，香烟会因香材的成分造成不同的烟形，油脂重的沉香类烟形偏向横面发展，油脂轻的檀香类烟形往上冲。香烟也会因熏点地方的温度与湿度起不同的形态，温度低、湿度高，烟形的扩散性较慢，也就是凝聚成形的时间较长。烟景还受香炉形状的影响，无盖的香炉，烟形都是先往上窜，然后再依其他因素起变化；有盖子的香炉，香烟都会在炉内先行聚集，然后才由炉盖的缝隙中飘出，这时会起较大的变化，有时香烟还会在盖面上盘旋一阵子才离去。还有一种柱状的"沉烟香"，点燃后其香烟是从底部的钻孔处往下飘送，如果配合香炉的造形，可以令烟景造成瀑布飞泻的效果，也可以形成如书法的线条、彩带飞舞的画面。

由于烟景是要"看"的，如果是应用在茶席的布置上，必须与泡茶席间隔开来。茶会于泡茶之前先让客人欣赏烟景的变化，然后结束焚香，开始品茗。这段时间不宜太长，以免造成的香气太重，影响到品茗的效果。烟景的欣赏也可以安排在茶会的中途，大家移动到另外一个空间，如特设的"赏香室"内，大家在那里看烟景、欣赏香气，这时就无虑香气对品茗的干扰了。

香气的应用也不全然需要熏点香料，将香花等散发香气的材料放置于香炉内，让香气从香炉散发，即是所谓的"空熏"了。也有使用香精油的，不论何种散发香气的做法，原则上都要使用天然的香料，避免造成对身体的不适；香气的强度适可而止，不要影响到茶的品饮。

3. 挂画与工艺品

挂画，又称挂轴。茶室挂画，是悬挂在茶席背景环境中书与画的统称。流行于宋代的四艺是所谓点茶、挂画、插花与烧香，是当时讲究生活情趣的人们经常应用的生活艺术。现在我们以泡茶为主，将其他的三项（挂画、插花、烧香）作为衬托茶道、增强茶道表现力的辅助性项目。

挂画是将书法、绘画等作品靠挂于泡茶席或茶室的墙上、屏风上，或悬空吊挂于空中的一种行为。挂吊的作品不论是书、画，也不论是中、西。挂画可以增进人们对艺术的理解，可以帮助人们表现自己想要述说的美感境界与气氛，也可以藉此陶冶自己、家人或其他观赏者的心性。在品茗环境里，挂画还有一个作用，就是帮助主人表达他的茶道思想给进入茶室或泡茶席的人。挂画可以是一幅墨宝，也可以是一幅绘画作品，这时为茶席造成的效应就要依它所表现的内容而定，写意的水墨画、写实的油画、抽象画……造成的效果是截然不同的。

所挂的画要与茶席（广义的茶席，包括泡茶席与茶室）相协调，整体的风格与美感要一致，否则主题不明显，理念述说的力道就不足，如此，不能称得上是好的茶席规划。挂画在茶席上也要严守配角的本分，不可挂得太多，好像画廊在举办画展一般。

茶席的风格没有一定的限制，不是非得古典中国式的不可，它可以很西方，可以很前卫，只是不要忘了主角是茶。但在众多的风格许可之下，艺术性是绝对必须把握的，因为只有这样，茶道才能将人们带往更精致的文化层次去。艺术性并没有绝对的好坏之分，因此无法说清楚一处品茗环境要达到怎样的艺术水平，但不断地增进自身对艺术的理解是有助于对茶道境界的探讨与享受的。这也就是茶道课程中，会安排许多书、画、篆刻、音乐、诗词等艺术欣赏的道理。

在 20 人以内的小型茶会，可将赏画列为茶会中的一项活动。前面述及的挂画是将这些艺术品作为塑造品茗环境的一部分，现在所说的"赏画"是除欣赏这些茶席上的字画之外，茶席主人还可以另行提供一些作品，在茶会间安排一段赏画时间，拿出来供大家欣赏。

上述提到的"挂画"与"赏画"，事实上都还可以包括雕塑、篆刻等艺术作品，这些作品除了是主人的收藏外，也可以要求与会的茶友提供。

除挂画外，与茶席主题相关的工艺品与主器具巧妙配合会引发不同的心情故事,产生共鸣。相关工艺品选择、摆放得当,常会获得意想不到的效果。但一定不能忘记茶席上茶与茶具才是茶席的主角,工艺品和插花、焚香一样处于配角的地位。

（五）茶点搭配

茶点（茶食）是对在饮茶过程中佐茶的茶点、茶果和茶食的统称。茶食是指品茗间食用的小点心,以增进茶会情趣为主要目的,尤其在茶会已过半席,情绪需要刺激、提高的时候。当然在某些茶的饮用上,台湾范增平认为"甜配绿,酸配红,瓜子配乌龙"。如绿抹茶,饮用前吃口甜食确能将茶味衬托得更美。

1. 茶食的主要特征

茶席上的茶食要分量较少、体积较小、制作精细、样式清雅。

茶食制作与准备需要注意:①茶食的制作通常会避开太强烈的味道,以免影响茶味;②选用无需吐渣或避免容易掉屑的食品,供应时都要附上一张纸巾(也有使用称为"怀纸"者),或由客人自备,以便吃过茶食擦手拭嘴,免得接下去喝茶时污染杯子;③茶食（茶点）,体积宜小,可一口食用,准备竹签以便取用。

2. 茶食类型

茶食分为主茶食与副茶食。主茶食较为考究,考虑到外形、色泽与季节的配合,一般需要特意制作;如日本茶会进行时的怀石料理,精致而考究。副茶食则较为简单,如现成的糕饼之类,类似于日本茶会中的茶果子。

供应茶食后通常还会有个喝茶的时间,以便让口腔变得清爽一些。

3. 茶食在茶席中的位置

静态茶席设计时若茶食与茶席茶会的主题关系密切,比如中秋茶席为中秋茶会而设,月饼的出现更能烘托主题。英式下午茶茶会,三层糕点盘是标志性的器具,丰盛而精致的茶食能体现主人的用心。例如2012年11月本节编者参加中韩茶文化交流时设置的茶席中供应的茶食,带有让客人果腹之意,茶食的地位就摆得多而突出（图5-3）。

图5-3　2012年中韩茶文化交流会上的部分茶食

　　若非以上情况，一般的茶食处于从属地位，摆入茶席的盛装器具要小巧、大小不可超过主导器物，质地、形状、色彩上要与茶席相协调，中式茶席放置位置不可在茶席的中心与正前方。

　　动态茶席设置中，若茶食安排在茶汤奉出后再奉出会增加茶会的情趣。茶食可先放于隐蔽的地方，制作精致的茶食在茶会的中间奉出会让客人感受到茶会主人的贴心周到。

四、茶席设计案例分析

　　茶席的设计实例只限于狭义的茶席，即泡茶席而言。泡茶席的应用是品茗环境的基础，从小空间的泡茶席到大面积的茶室、茶庭，都需要有一个泡茶、品饮、奉茶的基地，所以在品茗环境的设计上都是从泡茶席开始。

　　本节所举的实例是从比赛的茶席展中取样，因为在展览的场合，各式各样的茶席作品较为集中，而且多样化，只是难免与实际生活有段距离，如果能再佐以一些居家的作品就更好了。

（一）案例： 茶马古道

　　茶席主题：茶马古道。
　　主要冲泡茶叶为老青砖（图5-4）。
　　黑色和浅灰为主色调，风格朴素，以山形乌木、竹筏式杯垫、曲折的小石路与主题相呼应。

　　主茶具、辅茶具与配饰摆放主次分明，高低层次清晰，主体明确。主茶具置于茶席正中，且以茶盘抬高，主体地位明显。茶具配套性尚佳，杯子容量稍大。

　　辅茶具放置位置恰当，泡茶可操作性强，具有较好的实用功能。

图5-4　茶席：茶马古道（2014年宜宾市茶艺师技能大赛决赛茶席）

（二）案例：梅花引

茶席主题：梅花引（图5-5）。

茶品为九曲红梅。茶具为手绘梅花白瓷壶具。茶服为手绣梅花旗袍。桌旗为名家手绘梅花。配石为石上梅。配乐为《梅花三弄》。

茶席解读如下：

茶案：绛紫色底布上铺展一方手绘梅花桌旗，为西泠印社书画名师郭超英先生的作品，盛开的红梅沿着白色丝绢蔓延至花蕊，犹似前村深雪里，昨夜一枝开。象征梅花傲骨清心，质本洁来还洁去，不与污泥浊芳尘。寓意坚守信义、心心相念、茶香连绵的君子情结。

茶具："九曲红梅"白瓷壶为野秀陶园艺术馆馆长朱晓辉先生的作品，曾获2012中国（杭州）工艺美术精品博览会金奖。此壶身缠梅花，仿佛在问这世间情为何物？白玉瓷杯一字排开，杯杯梅花，见证弘一大师温情叹息："白玉杯中玛瑙色，红唇舌底梅花香"。

配石："石不能言最可人"，茶席下方置一块梅花石刻，意为镇席之宝。来自中国美术学院教授丁祎的作品《石梅》，曾入选首届中国当代陶瓷艺术大展。难得的是这块石梅如冰似雪，石上梅朵若隐若现，"一树寒梅白玉条"，表达出冰清玉洁的茶人情怀。

《梅花引》茶席介绍："花外楼，柳下舟。对闲影，忆旧游。今夜雪，有梅花，是身留，是心留？"南宋词人蒋捷《梅花引》中的句子，也许是湖中茶舟，远在江南忆旧游，雪夜梅开，情思无垠。

图5-5　茶席：梅花引　（2013年浙江武阳春雨杯茶席大赛茶席）

浙江大学童启庆教授点评该茶席，认为茶席功能性为首要，此茶席设计为干泡法，准备有水盂未准备公道杯，冲泡时分茶需用心，否则桌布易污染。另外，煮水器离泡茶者远了，将桌旗和茶具向操作方向移到适手为度。再者，据"梅花引"的主题，茶杯的摆放位置移于桌旗的梅花图案上，曲折而上更宜且操作更方便。此外，本节编者认为此茶席中作为配角的配石过于突出。

五、茶席设计中存在的典型问题

（一）主题设计上的问题

主题设计应主题鲜明，文案解说要有原创性、有文化内涵；设计理念能鲜明、准确、概括出茶席主题，有美感。见图 5-6~图 5-9。

图 5-6　茶席：岁寒三友

主题为"岁寒三友"，总体风格似春来桃花开，且欠艺术美感，梅花、竹叶应是配角地位。

图 5-7　茶席：秋

茶席简约风格清新淡雅，主题却是"秋"意，欠妥。从功能性看，未配煮水器。

图 5-8　茶席：春

主茶具选择了紫砂，且壶与盅色泽不一，与主题"春"不相配。建议选择浅瓷器或玻璃茶具。

图 5-9　茶席：随意

主题为"随意"，的确太随意了，不明其意，是在考评委。另外，未配煮水器。

（二）茶具摆设上的问题

茶具摆设要主次分明，层次清楚；摆设位置、距离、方向美观有艺术感。见图 5 – 10、图 5 – 11。

图 5 – 10　茶席　（无主题名）　　　　　　　图 5 – 11　茶席　（无主题名）
桌布米黄色与桌旗米白色，色差小，不能体　　　主茶具被铁壶遮挡，主茶具的地位未体现。
现层次感。且水盂放置位过于向前，且离泡茶者
太远，不利于泡茶操作。

（三）茶席的实用性与功能性上的问题

茶席的实用性与功能性，要求主茶具与辅助茶具齐备，摆设方便泡饮操作，实用性与功能性强。见图 5 – 12、图 5 – 13。

图 5 – 12　茶席　（无主题名）　　　　　　　图 5 – 13　英式下午茶茶席
干泡法的布具方式，未配茶盅/公道杯，　　　茶具功能不清楚，奶缸、糖罐装茶汤。
操作不便，烟灰缸作水盂容量稍小。

（四）茶具配套问题

茶具配套应具艺术性，能突出茶席主题；茶具配套，壶杯容量匹配，茶具

质地色泽与主题相宜。见图5－14、图5－15。

图5－14　茶席　（无主题名）

主茶具容量小，水盂过大，即使放置于后方也很抢眼。主茶具的主体地位建议用壶垫或小茶船抬高。

图5－15　茶席　（无主题名）

未配煮水器、公道杯，茶炉过大，茶具摆设过于集中，不便于操作。

（五）配饰上的问题

配饰搭配应能烘托主题，要求色泽、大小有艺术感，配饰位置、距离、方向恰当。常见问题有桌面配饰多、杂，茶具的主体地位不明显等。见图5－16、图5－17。

图5－16　茶席　（无主题名）

桌面配饰过多，主题茶韵书香，若保留书作配角，陶娃、香插均可去掉。

图5－17　茶席：岁寒三友

梅花撒得太多了，茶具已经淹没于花中。

（六）其他问题

其他问题实例见图5－18～图5－21。

图 5 - 18　茶席（无主题名）

国旗是神圣之物，不能随意用作铺垫；花瓶、插花、茶叶罐过大，位置过于突出。

图 5 - 19　茶席（无主题名）

茶点（瓜子仁）为泡茶奉茶后的点心，不宜置于茶席显眼位置，建议置于侧柜，且该茶点客人不便取食。香不宜置于花下，花器中未加水，竹易蔫。

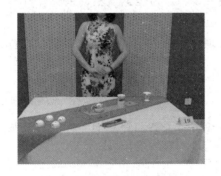

图 5 - 20　茶席（无主题名）

茶席主人衣服风格与主题相符，但无袖装不符合职业要求。杯子直扣于桌旗上有卫生方面的隐忧。

图 5 - 21　茶席（无主题名）

花为点缀，撒得太多。

第四节　茶艺编排案例

一、峨眉竹叶青茶茶艺

（一）茶品

四川峨眉竹叶青是知名绿茶，其品质特点是干茶绿、汤色绿、叶底绿，外形扁平似翠绿竹叶，香气清香持久，汤色淡绿清澈，滋味鲜醇爽口，叶底明亮。

（二）茶具配备

主泡器：玻璃盖碗、茶盘。备水器：茗炉、石英壶。辅助器：茶荷、茶则、杯托、奉茶盘、茶匙、茶巾、茶叶罐、水盂。

（三）茶艺主题

该茶艺主题为"竹韵·茗香"。

主题说明：竹无俗韵，茗有奇香；茶和竹，都是山中清物，竹解心虚，茶性清淡，竹被视为刚直谦恭的君子，而在茶人眼中，茶也是一位"风味恬淡，清白可爱"的君子。苏东坡把茶叶比喻为清正廉洁的"叶嘉先生"，说茶总是和精行俭德之人相模拟，正因如此，茶竹结缘。"独坐幽篁里，茶香绕竹丛"，这种情趣不亚于流霞肴馔，茶艺之美自然也在其中了。

茶艺表演者共四人，一人竹舞、一人画竹、一人主泡、一人解说。画竹和跳竹舞者在表演的后半段奉茶。

（四）茶艺程序

本茶艺共有9道程序：备具→洁具→赏茶→置茶→浸润泡→冲泡→奉茶→品饮→谢茶。

（五）解说词

开场白：竹用根缔结生命，用身体的纤直昭示它的正直，用虚空的茎蕴含它的谦虚，用叶的葱郁代表它的清雅，用默默无闻、不求索取的态度向人们展示它既平凡又非凡的一生。茶本清淡，茶人以清心为本，心境平静无澜，万物自然得映，心灵静极而定，刹那便是永恒。君子之交淡若茶，品茶清淡，超脱世俗的羁绊。

茶是水写的文化，不仅能洗胃，更能洗心。茶的灵魂入水，水的灵魂入心，心的灵魂入道。无论大隐于市，还是小隐于野，我们都要饮茶，竹林深处品清茶，可以生画意，可以兴诗境，那用诗用画编织的清愁，在淡淡的竹香里飘渺成永恒的回忆。

第一道：备具——妙器佳茗总相宜。

虚空的竹茎蕴含它的谦虚，"空"是人生的最高境界。空是一种度量和胸怀，佛经里有"一空万有"和"真空妙有"的禅理。人生如茶，空杯以对，就有喝不完的好茶，就有装不完的欢喜和感动。

第二道：洁具——一片冰心在玉杯。

茶，至清至洁，是天涵地育的灵物，泡茶要求所用的器皿也必须至清至洁。"冰心去凡尘"就是用开水再烫一遍本来就干净的玻璃盖碗，使其冰清玉洁，一尘不染。

第三道：赏茶——从来佳茗似佳人。

天地灵气塑之以形，日月精华含弘张光。峨眉竹叶青扁平似翠绿的竹叶，形至美，色至绿，味至醇，性至清。

第四道：置茶——清宫喜迎佳人至。

苏东坡有诗云："戏作小诗君勿笑，从来佳茗似佳人"。用茶匙把茶叶投放到冰清玉洁的玻璃盖碗中。

第五道：润茶——甘露润泽清香显。

茶的韵致和清气，只有遇到好水方才吐露，杯中的茶芽在水的冲击下几起几落立于杯中，在水中幻化着人生的沧海与桑田、宁静与淡泊，生命的沉重与轻盈。清洌的泉水涤尽万千凡尘，使心一尘不染，一妄不存，多少烦忧随之而去，只留纯洁飘然于天地。

第六道：冲泡——凤凰点头迎佳客。

扫来竹叶烹茶叶，茶是有生命的，她的青春会在热火中被暂时催眠，就像睡美人一样，只有遇见甘泉雨露，生命才会复苏，展现她最美的身姿，释放她最香的精华。

第七道：奉茶——一盏香茗奉知己。

君子之交淡如水，不热烈，不张扬，默默相伴，若即若离亦不弃。一盏清茶，三五知己，凡尘俗世中的小憩，回归自然，回归自我。与君更把长生碗，聊为清歌驻白云。

第八道：品茶——品茶味兮轻醍醐。

茶吸收天地之灵气于一身，香气淡雅沁心，饮之提神则神至，饮之止渴则津生，在氤氲的茶雾中，在淡淡的茶香里，呷一小口茶，任清清浅浅的苦涩在舌间荡漾、充溢齿喉，之后，深吸一口气，余香满唇，在肺腑间蔓延开来，涤尽了一切的疲惫冷漠，苦涩清香中慢慢感悟：人生亦如茶。

第九道：谢茶——尘心洗尽兴难尽。

品茶可以洗俗尘，可以修德行，品至清至洁的茶，悟至灵至静的心。茶说：我就是一杯水，给你的只是你的想象，你想什么，什么就是你。在这丝竹和鸣、清澈洁净的意境中，让我们远离城市的喧嚣与繁忙，给心灵一片放飞的天空与明净。当您置身于与自然相和谐的诗情画意中时，得到的将是茶人所追求的天人合一的最高境界——心即茶，茶即心！

二、"月光金枝"主题茶席表演

茶席主题为"月光"。

（一）茶品

滇红中新创名优品种——月光金枝。其原料来自云南著名的景迈古茶山生态茶园乔木型大叶种，在普洱茶的基础上融合乌龙茶的摇青提香及红茶的特殊工艺精制而成。月光金枝具有"一芽一叶、如枪似箭"的独特品貌，芽叶肥壮，芽头挺立，金毫特显，令人观之难忘。香气淡雅沁心，汤色金黄油润、明亮剔透，滋味醇厚，口感浓稠、柔滑、厚重，回味绵长。

（二）茶具

江西景德镇"白如玉、明如镜、薄如纸、声如磬"的白瓷茶具。

（三）书画和音乐

书画作品：品茶赏月。音乐：古筝曲《渔舟唱晚》。

（四）茶艺程序

本茶席共有8道程序：清月入境→赏月识茶→落月入壶→清泉净月→新月、奉客→闻香品月→深潭观月→花好月圆。

（五）解说词

各位嘉宾、各位茶友，大家好！今天用一种新颖的方式来演绎茶的魅力。跟茶相关的俗语有两个版本，一个是市井味很浓的"柴米油盐酱醋茶"，一个是文人雅士爱用的"琴棋书画诗酒茶"。下面为各位创作展现的是第三代主题茶艺表演，自然要突出文雅气质，会采用尽量多的琴棋书画诗酒茶的元素，还有为这个茶席创作的书画作品——品茶赏月；另外茶艺程序的解说词都和月光相关联，烘托出琴、诗、书、画和茶的紧密联系。

本茶席的茶品是滇红中新创名优品种——月光金枝，茶席主题为月光，本茶席共有 8 道程序。

第一道："野旷天低树，江清月近人"（孟浩然）——清月入境（古筝伴奏开始）。

大家听到的这首悠扬的古筝曲，名字叫《渔舟唱晚》，现在让我们在音乐中共同想象这样的画面：天空中晚霞渐渐退去，渔民归来，只只小船伴着渔歌越漂越远，江面又静了，天地之间也静了，一弯明月悄悄地升上天空。就像孟浩然的诗句："野旷天低树，江清月近人"。现在请大家摒除杂念，暂且逃离都市的喧嚣，淡定从容，进入品茶的境界。

第二道："人攀明月不可得，月行却与人相随"（李白）——赏月识茶。

我们把茶比作明月，因为她们都是至清至纯之物，现在我替大家把这一弯明月请下凡尘，与我们相识相随。请大家赏干茶：这款月光金枝是云南"×××"茶庄以独创工艺开发的全新红茶，月光金枝具有"一芽一叶、如枪似箭"的独特品貌，芽叶肥壮，芽头挺立，金豪特显，令人观之难忘。

第三道："月影下重帘，轻风花满檐"（冯延巳）——落月入壶。

现在我把这一弯弯的金色月牙请入温暖的紫砂壶中，让她们在里面舒展起舞吧。

第四道："渌水净素月，月明白鹭飞"（李白）——清泉净月。

现在我们快速洗茶一遍，同时也为了温润干茶，以助后面茶香的释放；刚才我介绍了这款茶是用一芽一叶茶青所制，嫩芽的毫毛毕现，大家请看我的茶漏，上面这些细小的金豪，足以表示这茶的好品质。

第五道："春色恼人眠不得，月移花影上栏杆"（王安石）——新月奉客。

现在，那些弯弯的月牙，已经在清泉中起舞融溶，变成了一池金黄油润、明亮剔透的茶汤。我们将这池月光甘露分奉给大家，月光金枝如在水一方的佳人，至洁至柔，艳而不娆，温暖无痕。

第六道："疏影横斜水清浅，暗香浮动月黄昏"（林逋）——闻香品月。

现在请大家闻一闻茶汤，您会感到香气淡雅沁心，有隐隐的蜂蜜清香；现在请大家静品体味，口感细致柔润，香甜回甘，滋味醇和，回味绵长。您一定会感受到月光下恬淡的满足和宁静中的温暖。

第七道："却下水晶帘，玲珑望秋月"（李白）——深潭观月。

爱茶之人都知道，茶是有生命的，她的青春会在热火中被暂时的催眠，就像睡美人一样，只有遇见甘泉雨露，生命才会复苏，展现她最美的身姿，释放她最香的精华。这款茶都是采摘至嫩春茶的一芽一叶初展，虽然是红茶，但是她的叶底风采一点也不逊色于名优绿茶。现在，我替大家来个清潭捞月，把月光金枝的叶底展示给大家欣赏。

第八道："但愿人长久，千里共婵娟"（苏轼）——花好月圆。

经过了刚才的识茶、赏茶、闻香、品茗、观叶底，相信大家已经比较熟悉这款如明月般的新茶了。人有悲欢离合，月有阴晴圆缺，天下没有不散的茶席。就像我们背景中的情景，茶人散去，只有一弯明月的清辉，洒满寂静的茶室。禅语说得好：一花一净土，一叶一如来，一草一天堂，一笑一尘缘。今天与大家以茶会友，借用苏东坡的一句千古名句来结束表演——但愿人长久，千里共婵娟。

三、武夷山工夫茶茶艺

武夷山是全人类的自然遗产和文化遗产，这里物华天宝，人杰地灵，自古以来饮茶在武夷山就是带有文化色彩的艺术。宋徽宗赵佶在《大观茶论》中赞道，武夷山一带之茶"采择之精、制作之工、品第之胜、烹点之妙，莫不盛造其极"，北宋大文豪范仲淹的《和章岷从事斗茶歌》中"黄金碾畔绿尘飞，碧玉瓯中翠涛起，斗茶味兮轻醍醐，斗茶香兮薄兰芷"便是宋代武夷茶艺的最好写照。

（一）基本理念

茶艺以艺示道，应当艺术地体现中国茶道的基本思想。工夫茶茶艺属于民俗茶艺，它长期流传于民间，雅俗共赏但以反映民俗为主。本套茶艺编排中贯彻了三大特色：

（1）茶道即人道　茶道最讲人间真情。本套茶艺通过"母手相哺"、"夫妻和合"、"君子之交"等很俗的程序表达了母子之情、夫妻之爱和朋友之谊，很真切地给人以温馨的感受。

（2）融知识性与趣味性为一体　艺术地再现了武夷山茶师在审评茶叶时"三看、三闻、三品、三回味"的高超技巧，参与了这套茶艺后就真正懂得了武夷山茶人是如何审评茶叶的。

（3）重在参与　在本套茶艺中客人与主人围桌而坐，共同候汤、鉴水、赏茶、闻香、观色、品茗。每一位客人都是茶艺的创作者，而不是旁观者。

正因为有这三大特点，所以这套茶艺深受欢迎，并已在全国广泛流传。

（二）茶具选择

木制茶盘1个，宜兴紫砂母子壶1对，龙凤变色杯若干对，茶道具1套，茶巾2条，开水壶1个，酒精炉1套，香炉1个，茶荷1个。

（三）基本程序

基本程序列于表5-1。

表5-1 **武夷山工夫茶茶艺程序**

程序序号	程式	程序序号	程式	程序序号	程式
1	焚香静气，活煮甘泉	7	祥龙行雨，凤凰点头	13	二品云腴，喉底留甘
2	孔雀开屏，叶嘉酬宾	8	夫妻和合，鲤鱼翻身	14	三斟石乳，荡气回肠
3	大彬沐霖，乌龙入宫	9	捧杯敬茶，众手传盅	15	含英咀华，领悟岩韵
4	高山流水，春风拂面	10	鉴赏双色，喜闻高香	16	君子之交，水清味美
5	乌龙入海，重洗仙颜	11	三龙护鼎，初品奇茗	17	名茶探趣，游龙戏水
6	母子相哺，再注甘露	12	再斟流霞，二探兰芷	18	宾主起立，尽杯谢茶

（四）解说词

各位嘉宾，大家好，首先欢迎你们到武夷山。

风景秀甲东南的武夷山是乌龙茶的故乡。宋代大文豪范仲淹曾写诗赞美武夷茶说："年年春自东南来，建溪先暖冰微开，溪边奇茗冠天下，武夷仙人自古栽。"自古以来，武夷山人不但善于种茶、制茶，而且精于品茶。武夷山工夫茶茶艺共有十八道程序，下面请大家一起来品茗赏艺。

第一道：焚香静气，活煮甘泉。

焚香静气，就是通过点燃香来营造祥和、肃穆、温馨的气氛。希望这沁人心脾的幽香，能使大家心旷神怡。活煮甘泉，即用旺火来煮沸壶中的山泉水。宋代大文豪苏东坡是一个精通茶道的茶人，他总结泡茶的经验说："活水还须活火烹"。

第二道：孔雀开屏，叶嘉酬宾。

孔雀开屏是向同伴展示自己美丽的羽毛，我们借助孔雀开屏这道程序，向嘉宾们介绍今天泡茶所用的精美的工夫茶茶具。"叶嘉"是苏东坡对茶叶的美称，叶嘉酬宾，就是请大家鉴赏乌龙茶的外观形状。

第三道：大彬沐淋，乌龙入宫。

大彬是明代紫砂壶制作的大师，他所制作的紫砂壶让茶人叹为观止，视为至宝，所制紫砂壶称为大彬壶。大彬沐淋，就是用开水浇烫茶壶，其目的是洗壶并提高壶温。

第四道：高山流水，春风拂面。

武夷茶艺讲究"高冲水，低斟茶。"高山流水即将开水壶提高，向紫砂壶内冲水，使壶内的茶叶随水浪翻滚，起到用开水洗茶的作用。

"春风拂面"是用壶盖轻轻地刮去茶汤表面泛起的白色泡沫，使壶内的茶汤更加清澈洁净。

第五道：乌龙入海，重洗仙颜。

品饮武夷岩茶讲究"头泡汤，二泡茶，三泡、四泡是精华。"头一泡茶汤一般不喝，直接注入茶海。因为茶汤呈琥珀色，从壶口流向茶海就像蛟龙入海，所以称之为乌龙入海。

"重洗仙颜"本是武夷九曲溪畔的一处摩崖石刻，在这里意喻为第二次冲水。第二次冲水不仅要将开水注满紫砂壶，而且在加盖后还要用开水浇淋壶的外部，这样内外加温，有利于茶香的散发。

第六道：母子相哺，再注甘露。

冲泡武夷岩茶时要备有两把壶，一把紫砂壶专门用于泡茶，称为"泡壶"或"母壶"；另一把容积相等的壶用于储存泡好的茶汤，称之为"海壶"或子壶。现代也有人用"公道杯"代替海壶来储备茶水。把母壶中泡好的茶水注入子壶，称之为"母子相哺"。母壶中的茶水倒干净后，乘着壶热再冲开水，称之为"再注甘露"。

第七道：祥龙行雨，凤凰点头。

将海壶中的茶汤快速而均匀地依次注入闻香杯，称之为"祥龙行雨"，取其"甘霖普降"的吉祥之意。当海壶中的茶汤所剩不多时，则应将巡回快速斟茶改为点斟，这时茶艺师的手势一高一低有节奏地点斟茶水，形象地称之为"凤凰点头"，象征着向嘉宾行礼致敬。过去有人将这道程序称之为"关公巡城"、"韩信点兵"，因这样解说充满刀光剑影，杀气太重，有违茶道以"和"为贵的基本精神，所以我们予以摒弃。

第八道：夫妻和合，鲤鱼翻身。

闻香杯中斟满茶后，将描有龙的品茗杯倒扣过来，盖在描有凤的闻香杯上，称之为夫妻和合，也可称为"龙凤呈祥"。把扣合的杯子翻转过来，称之为"鲤鱼翻身"。中国古代神话传说，鲤鱼翻身跃过龙门可化龙升天而去。我们借助这道程序祝福在座的各位嘉宾家庭和睦，事业发达。

第九道：捧杯敬茶，众手传盅。

捧杯敬茶是茶艺师用双手把龙凤杯捧到齐眉高，然后恭恭敬敬地向左侧的第一位客人行注目点头礼后把茶传给他。客人接到茶后不能独自先品为快，应当也恭恭敬敬地向茶艺师点头致谢，并按照茶艺师的姿势依次将茶传给下一位客人，直到传到坐得离茶艺师最远的一位客人为止。然后再从左侧同样依次传茶。通过捧杯敬茶众手传盅，可使在座的宾主们心贴得更紧，感情更亲近，气氛更融洽。

第十道：鉴赏双色，喜闻高香。

鉴赏双色是指请客人用左手把描有龙凤图案的茶杯端稳，用右手将闻香杯慢慢地提起来，这时闻香杯中的热茶全部注入品茗杯，随着品茗杯温度的升高，由热敏陶瓷制的乌龙图案会从黑色变为五彩。这时还要注意观察杯中的茶汤是否呈清亮艳丽的琥珀色。喜闻高香是武夷品茶三闻中的头一闻，即请客人闻一闻杯底留香。第一闻主要是闻茶香的纯度，看是否香高辛锐无异味。

第十一道：三龙护鼎，初品奇茗。

三龙护鼎是请客人用拇指、食指扶杯，用中指托住杯底，这样拿杯既稳当又雅观。三根手指头喻为三龙。茶杯如鼎，故这样的端杯姿势称为三龙护鼎。初品奇茗是武夷山品茶三品中的头一品。茶汤入口后不要马上咽下，而是吸气，使茶汤在口腔中翻滚流动，使茶汤与舌根、舌尖、舌面、舌侧的味蕾都充分接触，以便能更精确地品悟出奇妙的茶味。初品奇茗主要是品这泡茶的火功水平，看有没有"老火"或"生青"。

第十二道：再斟流霞，二探兰芷。

再斟流霞是指为客人斟第二道茶。宋代范仲淹有诗云："斗茶味兮轻醍醐，斗茶香兮薄兰芷。"兰花之香是世人公认的王者之香。二探兰芷是请客人第二次闻香，请客人细细地对比，看看这清幽、淡雅、甜润、悠远、捉摸不定的茶香是否比单纯的兰花之香更胜一筹。

第十三道：二品云腴，喉底留甘。

"云腴"是宋代书法家黄庭坚对茶叶的美称，"二品云腴"即请客人品第二道茶。二品主要品茶汤的滋味，看茶汤过喉是鲜爽、甘醇，还是生涩、平淡。

第十四道：三斟石乳，荡气回肠。

"石乳"是元代武夷山贡茶中的珍品，后人常用来代表武夷茶。"三斟石乳"即斟第三道茶。"荡气回肠"是第三次闻香。品啜武夷岩茶，闻香讲究"三口气"，即不仅用鼻子闻，而且可用口大口地吸入茶香，然后从鼻腔呼出，连续三次，这样可以全身心感受茶香，更细腻地辨别茶叶的香型特征。茶人们称这种闻香的方法为"荡气回肠"。第三次闻香还在于鉴定茶香的持久性。

第十五道：含英咀华，领悟岩韵。

"含英咀华"是品第三道茶。清代大才子袁枚在品饮武夷岩茶时说："品茶应含英咀华并徐徐咀嚼而体贴之。"其中的英和华都是花的意思。含英咀华即在品茶时像是在嘴里含着一朵小花一样，慢慢地咀嚼，细细地玩味，只有这样才能领悟到武夷岩茶所特有的"香、清、甘、活"，无此美妙的岩韵。

第十六道：君子之交，水清味美。

古人讲"君子之交淡如水"，而那淡中之味恰似在品饮了三道浓茶之后，再喝一口白开水。喝这口白开水千万不可急急咽下而应当像含英咀华一样细细玩味，直到含不住时再吞下去。咽下白开水后，再张口吸一口气，这时您一定会感到满口生津，回味甘甜，无比舒畅，多数人都会有"此时无茶胜有茶"的感觉。这道程序反映了人生的一个哲理——平平淡淡总是真。

第十七道：名茶探趣，游龙戏水。

好的武夷岩茶七泡有余香，九泡仍不失茶真味。名茶探趣是请客人自己动手泡茶，看一看壶中的茶泡到第几泡还能保持茶的色香味。

"游龙戏水"是把泡后的茶叶放到清水杯中，让客人观赏泡后的茶叶，行话称为"看叶底"。武夷岩茶是半发酵茶，叶底三分红，七分绿。叶片的周边呈暗红色，叶片的内部呈绿色，称之为"绿叶红镶边"。在茶艺表演时，由于乌龙茶的叶片在清水中晃动很像龙在玩水，故名"游龙戏水"。

第十八道：宾主起立，尽杯谢茶。

孙中山先生曾倡导以茶为国饮。鲁迅先生曾说："有好茶喝，会喝好茶是一种清福。""饮茶之乐，其乐无穷。"自古以来，人们视茶为健身的良药、生活的享受、修身的途径、友谊的纽带，在茶艺表演结束时，请宾主起立，同干了杯中的茶，以相互祝福来结束这次茶会。

四、"双凤朝阳" 红茶茶艺

（一）茶具配置

主泡茶具选用150毫升左右红色瓷壶两个，用于冲泡茶叶；外红内白瓷品茗小杯八个；250毫升左右玻璃制圆形公道杯一个；红瓷椭圆形茶叶罐一个，内装足量工夫红茶；红色木质茶则、茶匙各一支；外红内白瓷制茶荷一个；素瓷滤网及架一套；电随手泡一个；瓷质水盂一个；素瓷花瓶一个，插一支鹤望兰，以其端庄大方、高贵典雅的形状来体现"富贵吉祥"的主题。

（二）基本程序

展布茶具（凤凰展翅）→鉴赏干茶（凤引香茗）→温杯洁具（凤浴晨露）→投茶入壶（凤茶共舞）→冲泡红茶（凤蕴茶香）→斟茶入杯（双凤朝阳）→敬奉香茗（有凤来仪）→品饮茶汤（茶香随风）。

（三）解说词

在多姿多彩的茶类中，红茶是中国茶的一枝耀眼的红秀，它浓郁的蜜糖香和鲜醇爽口的滋味吸引着众多中外茶客；它的茶色更是契合于中国人尚红的传统。在中国传统文化中，红色代表着喜庆与吉祥，也代表着激情与希望。本套茶艺以红茶为载体，以"双凤朝阳"为创意主题来体现人们对美好幸福的追求，并以此向各位嘉宾表示美好的祝福；同时也希望大家同我们的茶艺师一起来感受红茶红艳香醇的独特风味。

第一道：凤凰展翅。

将茶具布置成双凤展翅的形状，好似凤凰随着清晨的晨曦而伸展开来。此次茶艺表演所用的茶具有：水壶（盛装开水）、茶壶（冲泡茶叶）、品茗杯（品赏茶汤）、公道杯（均匀茶汤）、茶荷（鉴赏干茶）、茶叶罐（贮存茶叶）、茶道（取茶用具）、过滤网（过滤茶渣）、水盂（收集废水）。

第二道：凤引香茗。

用茶则将红茶从茶叶罐中取出，放于洁白无瑕的茶荷中，红茶紧卷的条索、满披金毫的身影立刻显露无遗。在静静的姿态之中蕴含的是红茶一派甘醇的心境，请您静下心来，一同体验她的甘美香甜。

第三道：凤浴晨露。

用开水将茶具烫洗一遍，就像凤凰在山间采撷清晨的露珠，以淋洗它们美丽的身姿。在习茶过程中茶艺师的手势也像凤凰展翅，洗杯时，随着手腕、双手的来回转动，恰似两只凤凰在林间嬉戏。

第四道：凤茶共舞。

用茶匙将茶荷里的茶轻快地拨入茶壶里，您能感受浪漫的红茶被双凤的欢快所吸引，欢欢喜喜地奔赴她完美而让人心旷神怡的最后一个旅程。

第五道：凤蕴茶香。

待富含氧气的开水注入茶壶后，在水汽的弥漫中红茶也在茶壶里慢慢舒展着，为她香醇爽口的迷人味道准备着。

第六道：双凤朝阳。

茶艺师同时用双手拿起两只鲜红的茶壶，将里面的茶汤注入公道杯中。茶汤的红浓明亮就好像清晨的朝阳缓缓升起，凤凰也以三点头的方式向朝阳致意。将公道杯中的茶汤分入小品茗杯中，即是把朝阳的光芒分散开来，不仅双凤的身姿被渲染成红彤彤的颜色，而且世间万物都似被感染了一般，变得有生气起来。

第七道：有凤来仪。

有凤来仪在古时是吉祥的征兆。今天茶艺师将冲泡好的茶汤敬给各位嘉宾，祝愿各位嘉宾幸福安康、富贵吉祥。

第八道：茶香随凤。

随着双凤展翅向着太阳飞走，留下的是这杯中含有的一份春之桃红柳绿、夏之荷雅、秋之菊影、冬之暗香。红茶的精致呵护着爱茶人的那一方心灵的净土，端起一杯茶，轻轻品味，就品出了高尚的灵魂，就瞧见那每一枚绿叶都洒露神圣的光芒。这深蕴的中国红含露于掌，在杯中形成季节的倒影，一种由内而外、炉火纯青的极致之美让您无法忘怀。

第六章 茶 会

　　茶会，中国藏语称"扎礼"，意为请人喝酥油茶聚会，是中国藏族青年自发举行的赛歌晚会。节日或农闲日子，几个侣伴一同出游或赶会，就常酝酿出一个茶会。途中遇到中意的集体（自然为异性青年群）就邀请。邀请形式不拘，常以嬉乐开始。邀请一方中的一人想法接近对方中的她（他），出其不意地抢去他（她）的头巾或帽子，然后嬉笑着跑开。被抢者则做出坚决要讨还东西的样子，紧追不舍，跑离人群后，两人即可协商，约好时间和地点，到时双方就在既定时间相会，一会儿便开始唱歌，歌声起处，茶会仪式就开始了。

　　这样的茶会，茶的地位是配角。本章所要学习的茶会是以茶为主角的茶会，比如 2011 年紫藤茶艺举办了一场茶会，客人入场时用茶汤洗手静心，用茶碗取茶干并加入适量沸水，将口鼻都置于茶碗内以茶香熏六觉，等心情都平静放松下来后泡茶师才出来为大家泡茶奉茶，茶食只是在茶会的中间才端出来，这样的茶会才是以茶为主角的茶会。

第一节 茶会简介

一、茶会的种类

　　茶会的种类是按茶会的目的划分的，通常可以分为品茗茶会、艺术茶会、交流研讨茶会、喜庆茶会、纪念茶会、联谊茶会等。

　　（1）品茗茶会　为某种或数种茶之品赏品鉴，如龙井品茗会、凤凰单枞品茗会、斗茶会等。

　　（2）艺术茶会　为某项相关艺术的共赏，如品香茶会、插花茶会、诗棋茶会、书法茶会等。

　　（3）交流研讨茶会　为切磋茶艺和推动茶文化发展等的经验交流，如中日韩茶文化交流茶会、国际茶文化交流茶会、国际西湖茶会等。或为某项学术的交流研讨，如弘扬国饮交流研讨茶会、茶与健康研讨茶会等。

（4）喜庆茶会　以庆祝国定节日而举行的各种茶会，如国庆茶会、春节茶会（迎春茶会）等；另一种是中国传统节日的茶会，如中秋茶会、重阳茶会。或为某项事件之庆祝，如结婚时的喜庆茶会、生日时的寿诞茶会、添丁的满月茶会等。

（5）纪念茶会　为某项事件的纪念，如公司成立周年日、从教50周年纪念日、结婚纪念日等。

（6）联谊茶会　为广交朋友或同窗聚会、如老三届知青联谊茶会、欧美日同学会联谊茶会等。

二、茶会的形式

（一）茶席式

客人来了，在家里泡茶桌上泡壶茶招待客人，这是茶席式茶会的第一种形式（图6-1）。在庭院里，或在户外，席地设置茶席接待客人，这是茶席式茶会的第二种形式。日本茶道在榻榻米上设置茶席举办茶会，这是茶席式茶会的第三种形式。

图6-1　茶席式茶会　（摄于2013年中国台湾的茶会）

以上三种均设座席，不设座席的常称为宴会式、游园式、流水席式茶会。比如在户外或宴会厅举行大型庆祝活动现场茶会可能设置许多茶席，每个茶席冲泡着不同的茶招待来宾，但不设座位，客人游走品尝各种茶品并相互交流，称宴会式或游园式茶会。

宴会式茶会中可能只设置一个大吧台或并列的几个茶席，统一由此供应各种茶水与饮料。比如在大型会议的休息时间主办方为客人提供茶水，茶席或吧台前是不设座位的，这也称统一供茶式茶会（图6-2）。

图6-2　统一供茶式茶会（摄于2012年韩国的茶会）

（二）曲水流觞式

　　这是由"曲水流觞"演变而来的一种茶会形式，与会者围坐曲水两侧，其中一组人员集中于上游泡茶，将泡好的茶以茶盅盛放，置于可以漂浮水面的小船（称为羽觞）上，任其顺流而下。坐于两岸的来宾就可以从船上取盅，将茶倒入自己手上的杯子饮用。等一下可能漂下来一盘茶食，大家也可以取而食之。中席以后，漂下来的可是红色的羽觞，这是每人都要从中拾取一张签条的意思，签条上会写明每位与会者所要做的一件事，如吟唱一首诗、回答一个问题。这样的茶会形式称为流觞式，这样的茶会可以称为曲水茶宴（图6-3）。

(a) 南宋刘松年曲水流觞图（局部）　　(b) 漆器双鱼羽觞　　(c) 现代木羽觞

图6-3　"曲水流觞"式茶会来源图及其器具

（三）环列式

　　这是大家围成圈泡茶的一种茶会形式。这通常有一定的进行方式，如抽签决定座次，席地泡茶，茶具自备，泡法不拘。依事先约定好的泡茶杯数与次数，如约定泡茶四杯，就将三杯奉给左邻（或右邻）三位茶友，一杯留给自己。泡完约定的泡数，听一段音乐或静坐两三分钟，收拾茶具，结束茶会。这也就是所谓的"无我茶会"（图6-4）。

(a) 迎春无我茶会（夜晚）　　　　(b) 室内无我茶会（教学）

图 6 - 4　无我茶会举例

（四）礼仪式（表演式）

茶会有较严谨的仪式，通常用来表达特定的意义。如台湾林易山老师所创"四序茶会"用来表达四季运转的自然规律与变化，"献茶礼"用以追念先圣先贤，"寺院茶礼"应用于寺院内诸如新住持上任、讲经开始、感谢供养人等的仪式上。这样的茶会具有展示与表演性。

三、茶会的筹备

筹备一场较正式的茶会需要进行周详的策划，根据茶会的种类，确定茶会的主题、规模、参加的对象、时间、地点、茶会的规模、形式及经费预算，做出策划案。比如茶会召开之初总会有张邀请函，邀请函上最好附上茶会的会程表，让与会来宾知道茶会是如何进行的，茶会将进行到什么时候。客人知道主人精心地规划了茶会，会慎重以赴。

客人到来就可以开始品茗、交谈，一段时间后，客人到齐了，心情也已安定，主人可以在会场中央或一角开始召呼来宾举行开幕式，说明这次茶会举办的原由，欢迎大家的光临，感谢协助此次茶会的朋友。接着还可邀请贵宾致词。结束后又是品茗交谊的时间。

茶会可以在终场之前安排一段音乐欣赏，中小型茶会安排小型室内乐，大型茶会安排较大规模的乐团。音乐结束时就作为茶会的结束。如果安排有如颁证、表扬之类的活动，就将上述的音乐欣赏改为这些活动，活动结束的高潮也正可为茶会画上圆满的句号。

（一）预算与邀请函

茶会筹备第一项即是预算和发邀请函，函中应明确茶会主题，并向邀请参加的对象说明召开本次茶会的主题内容、时间、参与对象及人数、茶会形式与程序、需要缴纳的费用、参会的要求（如着装）、自备物品等，让每位来宾做到心中有数，事先有所准备。

1. 茶会的主题

茶会之举办一定有其目的，例如庆祝某个节日、或是庆祝某人生日、或是送别某位朋友、或是单纯为了游兴、或是以此作为一种社交活动、或是将茶会当作一种仪轨进行、或是为了学习茶会而举办，都可以为这些理由定出茶会的名称。茶会有了命题，我们才有办法依照它的性质理解它的需要，从事各项准备工作。如中秋无我茶会、迎春茶会。

2. 茶会的规模

确定会议人数，一般小型茶会在 6 人以内，中型茶会为 30 人，大型茶会在 30 人以上。

3. 参加的对象

确定以哪些人为主体，邀请哪些方面的有关人员参加。考虑到部分邀请人员可能因其他事不来，人数不易掌握，可先发邀请函时附回执，根据回执情况，若人数不足，可以电话通知一些就近人员参加。

4. 举办时间

根据主题内容和程序预定茶会日期及具体时间，半日还是一日，连续数日。

5. 茶会性质

确定要举办的茶会是单纯的茶会，还是结合用餐的茶宴，还是配属的茶会，即学术活动中或研讨会中的一项活动。

6. 茶会形式

茶会可分为曲水流觞式、固定座席式、游园式和表演式等，也可选择几种相结合的形式。

7. 茶会地点及餐宿安排

根据以上确定结果，具体落实茶会地点，包括报到地点、用餐点、茶会地点。如连续开数日，还要安排住宿地点。有时虽只开一日，但因部分参会人员远道而来，也要考虑住宿的问题。茶会地点可以选择在室内、庭院、公园、游船、山野或郊外等。

8. 费用预算

这是保证茶会进行的重要一项，有了预算，主办单位才能确定是否能够承办。另外，要通知每位来宾是否收费，收费多少，这是来宾来参加与否所考虑的问题。

以上各方面做到心中有数之后，组委会要分别落实各项任务。可由组织联络组负责发通知、收回执，邀请领导及有关人员，落实茶会程序的各个项目，包括参会资料形式和印刷等；可由会务组负责落实各种地点、布置会场、分发资料等；可由生活组负责报到接待、茶水供应和食宿安排；可由茶艺组负责茶艺表演和相关艺术表演。

（二）茶会的准备

茶会地点确定之后，会场要作具体的布置，人员要事先进行培训，资料要提前准备。

1. 文宣材料

（1）横幅　悬挂在会场的横幅，是点出茶会主题的重要直观物，故要精心设计，不同场合用不同的词句，文字要简练，字体要美观大方，如："第十四届国际无我茶会开幕式""国际西湖茶会茶艺表演主会场""2015 年中韩茶文化交流会开幕"。

（2）指示牌、接机牌　指示牌、接机牌是指引参会人员的指示物，如"2015 年中韩茶文化交流会报到处"。

2. 会场布置

会场的布置根据茶会的形式而定，下面列举游园式、座席式与环列式（无我茶会）的会场布置加以介绍。

（1）游园式　适用于节日、纪念、喜庆、研讨、联谊等数种茶会，类似自助餐的形式。在会场中可设名茶或新产品的展示台，根据参会人数的多少分设茶席。根据所泡茶的种类作相应风格的茶席与品茗环境布置。供应与茶性相配的茶食。由泡茶师作泡茶表演，并由宾客自拿杯子和碟子到各泡茶台观看表演和品尝茶汤，并自取相应的茶食。为增加情趣，可安排室内音乐现场演奏，或播放轻音乐或民乐。可沿墙散放一些椅子，让久站者和交流者休息。这种形式，宾客有较大的自由度，可以随时与自己想与之交谈的对象问候、询问、讨论、聊天。茶会有较大的灵活性，譬如结婚仪式之后，新娘、新郎、伴娘、伴郎可泡茶招待亲友，敬长辈茶也可在这时进行。又如，可作为学术研讨会的休息时间应用。

（2）固定座席式　适用于茶艺交流、茶品鉴赏和主题突出的节日、纪念、研讨。一般均为大型茶会，一种是有舞台，客人都坐下来一起观看茶艺表演，仅少部分人能品尝表演者泡的茶，其他人均由专供茶水的服务员奉茶。这种座席根据邀请的来宾数排放，要便于通行和观看通常像一般戏院和会场设置，即前端舞台上设置泡茶台和宾客代表席，由主宾客共同完成茶艺。另一种是没有舞台，设多个茶席，每个茶席都有泡茶师泡茶，客人围坐品茶交流，茶会中场还可以按序交换茶席。

（3）人人泡茶席式　这种茶会每个人既是主人又是来宾，其座席是与会者抽签后，根据抽签号码自行设席，场地工作人员只需要清扫场地，事先依序放置号码牌即可。设置抽签报到处。

3. 会场装饰

茶会氛围的营造，常用时令花卉、盆景布置会场，或悬挂衬托主题的名家书画。有的庆祝茶会或纪念茶会，放飞气球或和平鸽，夜晚放孔明灯等以增加茶会热烈气氛。如果茶会采取多种形式相结合的方式进行，则会场可以用相应的布置，具有很大的灵活性，依赖于茶会设计者的灵感和布置者的用心。

4. 茶会的供茶能力

场地规划好后及茶席安放的位置确定后，需要考虑茶会的供茶能力。这需要根据茶会人数、茶会持续的时间、茶席的数量、壶容量、茶量与种类等几方面来估算。如果是参加大型茶会的泡茶，必须考虑与会的茶席是否有足够的供茶能力以满足来宾的品饮需求。

5. 泡茶用水、需要用水量

水的温度与煮水器烧水的能力也是茶席应有的机能，如果煮水器的加热能力不是很强，加到煮水器内的泡茶用水就必须事先加温到一定程度。如果强调是使用新鲜的优质泉水，要从常温状态置入煮水器加热，这时的煮水器必须有快速的加热能力，否则大家因等这壶水烧到可以泡茶的温度需时太长而影响心情。大型茶会的泡茶用水要事先加热至80℃左右，以保温瓶分送到各茶席使用。泡茶席上还应有煮水器，用以调整水温。

6. 杯子

大型的茶会可能是供应大杯茶，大家在供应大杯茶的地方取得茶后就各自带开饮用，并与他人交谈；也可能是供应小杯茶，这时会场大概会有数个泡茶席供应着数种茶，大家在一处专门供应杯子的地方取得杯子，然后到各茶席去品茗。一个茶会上供应数种茶时，通常都是每人使用同一个杯子，因为每种茶使用一个杯子太不经济，应用起来也不方便。曾经有一次茶会，每个茶席均使用自己的杯子，客人使用后马上清洗，然后再让后来的客人使用，这时的清洗一般只能用冷水或热水冲洗一下，在现代公共卫生的标准下这是有缺点的。如果能准备许多杯子，用过后即不再重复使用，也是可行的办法，但也只能在数十人的中型茶会上应用，百人以上的大茶会就显得劳师动众了。一个杯子品饮各种茶，每个人一个杯子用到底也会有人顾虑到不同茶类相互串味的问题，但现在我们所讨论的茶会是社交性大于评鉴性的，有点茶味上的不够严谨应被接受。

杯子使用后，会场上应设有杯子回收处，大家把不再使用的杯子放在那儿。每人使用一个杯子的场合，不宜当场回收、清洗、消毒，再行使用，因为时间紧迫，安排人员从事这样的工作不如多备些杯子来得经济。

正式的茶会不太适宜使用一次性的杯子，一次性的杯子对环保也不利。较具纪念性的茶会可以使用赠送性的杯子，这样的杯子往往制作得比较精致，杯身上还可以烧烤上这次茶会的名称与纪念性的文字，如果为某对新人举办的结婚茶会，杯子上就可以烙上两位新人的结婚纪念词句，茶会后让亲朋好友带回去作为纪念。

7. 茶食的准备

茶食是指品茗间食用的小点心，与"怀石料理"不同，怀石料理是指与正式茶会连接在一起的餐食，如于清晨举办的茶会，可能与早餐结合在一起，下午举办的茶会可能与午餐结合在一起，黄昏举办的茶会可能与晚餐结合在一起。这样的早、午、晚餐因为是与茶会结合在一起，所提供的菜式与形式就得与茶道的精神契合，而特别称呼为"怀石料理"。意指仅是让肚子不饿的简单食品而已，就如同修道人士怀石以疗饥一般。

至于"茶食"，则是以增进茶会情趣为主要目的，尤其在茶会已过半席，情绪需要刺激、提高的时候。当然在某些茶的饮用上，如绿抹茶，饮用前吃口甜食确能将茶味衬托得更美。

供应茶食时可在茶会会场的一角摆上一条长桌，铺上桌巾，桌上布置几盆插花，或在桌面的四周缀上一排美丽的花朵。一盘盘的茶食就摆放桌上，桌上多处放置一叠叠餐巾。看情况决定是否提供一次性小叉子，但可以不必供餐盘，大家就餐巾垫着点心食用。餐巾放置多处，以便大家分散各处同时取用，不提供餐盘，以免有人取用太多，吃不完造成浪费。一种茶食最好分装成数盘分别放置于餐桌的各部位，免得大家为了要拿取某种茶食而等待多时。茶食的种类三五样也就够了，太多花色，让人未能尝遍而感到遗憾。尽量使大家在轻松、愉快的气氛下，短时间内（如 20 分钟）享用完茶食，并有多余的时间可以与周围的朋友交谈。

餐桌式的茶食供应显得较丰盛，因为所有的茶食都摆在一起，整体亮相，但比较会中断茶席的供茶。端出式的茶食供应是化整为零的做法，比较体会不到茶食的完整性，但不会中断茶席的供茶。茶食的供应还可以作为茶道表现的一部分，每道茶食都标示出作者的名称，并赋予标题。这时的供应方式当然是以餐桌式为佳，大家比较容易欣赏茶食作品之美。

第二节　日式茶会

一、日式茶会的类型

日本的茶事（茶会）以正午的茶事作为正式之外，还有晓之茶事、朝之茶事、夜咄茶事、不时茶事、饭后（菓子）茶事、迹见茶事等称为茶事七式。另外，还有一客一亭的茶事、名残茶事、口切茶事等。

（一）正午的茶事

这是四季都可举行的正式的茶会。初入（前半席）的时候，风炉的场合依次是怀石、初炭、菓子（点心）、炉的场合则先初炭，再怀石料理、点心。中立（前半席结束，客人暂时离席）之后，后入（后座、后半席）就是浓茶、后炭、薄茶。

（二）朝之茶事

朝之茶事也称为朝会、朝之茶汤、朝茶，也就是早上的茶会。适合夏季举行，为了享受清爽的早晨阳光，从早上6时开始到7时之间招待客人。初炭、怀石、中立之后，大体上采取"续薄茶"的形式，也就是浓茶之后，省略后炭，继续点薄茶。怀石也以简素的精进料理（素食）供应。

（三）晓之茶事

这是在破晓时分举行的茶会，于各季举行。也称为夜込、残灯、残月的茶事。从前天晚上开始预备汤釜、灯火类于夜半一度熄掉，再从午前4时补油、点火，在不是很暗的环境中迎接客人。以前茶为始，初炭时，重新放入釜中的水、怀石，后座则是浓茶、后炭、薄茶的顺序。结束的时候，天刚破晓，欣赏黎明时刻的来临。关于晓之茶事，在《南方录·觉书》的第十一章中有详细的解说。

（四）夜咄茶事

这是冬季日落之后举办的茶会。初入（前半席），首先用水屋道具奉薄茶，初炭、怀石料理、中立，后入则浓茶、续薄茶，最后"止炭"（续炭挽留客人）。短檠、手烛等灯火颇具风情，对主人来说是最困难的茶事。《南方录·觉书》屡次提到晚上举办茶会应该注意的事项。

（五）不时茶事

不时茶事是指临时举行的茶会。不速之客突然到访，临机应变举行的茶事。关于不时之会，《南方录·觉书》第二十七章有一段话摘译如下：不时之会，如何也要拿出一种或两种秘藏的道具，所作的点茶应该要正正式式的，但内心却是以平常喝茶的态度进行茶会就可以了，这些都是口传。

（六）饭后茶事

饭后茶事是指过了时间的茶事，也称为点心的茶。饭后，也就是在早、午、晚餐之后举行的茶事，出点心，即使出餐也可以吸物（汤类）、八寸（放在八寸的少量配酒和山珍海味）等简素东西供应。

（七）迹见茶事

迹见茶事指为了不能参加朝之茶事和正午茶事的人，在那个茶事之后，以完全同样的趣向、道具的配置继续举行的茶事。但是夜咄茶事时不举行迹见茶事。

本来茶会都是由主人邀请，但迹见则是由客人请求。该日不能及时参加茶会的受邀的客人，或为了托他人之福一览该茶会的装饰和道具组的茶会。

（八）一客一亭茶事

这是指仅有一位客人的茶事，主人一面服务怀石料理，又一面做点茶相伴。

（九）名残茶事

这是从风炉移到炉的季节（十月中到十一月初，旧历八、九月时）举行的茶会，也称为残茶、余波之会。从口切茶事使用了一年间的茶，到了风炉的季节结束的时期，变成剩下很少，留恋珍惜该茶而举行的空寂（佗）茶事。

（十）口切茶事

口切茶事也就是开封（打开茶瓮）茶会。这个茶会就像过年一样，榻榻米换新，炉坛重新上漆，篱笆、柴扉、檐端的导水管也全部换上绿色的竹子。茶屋里的摆饰、道具、怀石料理、点心等全心全意地准备好，以庆祝茶家的新年。

开封茶会的时候，首先是把原封不动装饰在床龛的茶瓮移下，茶瓮从套着的网中取出，解下覆盖在瓮口的美丽织物。然后使用小刀切开封口的纸，先刺入，再稳静地慢慢地转，切开封口纸，再切茶师的封印。这就是"切瓮口"，也就是"口切"之名的由来。

接着打开盖，倒出薄茶用的叶茶之后，再用筷子夹出当日要用的浓茶茶包，根据客人或亭主（主人、点茶者）的意愿选择浓茶。瓮之箱盖通常会贴有"记入日记"，包括采摘日期、茶铭、茶师名等。

茶取出后，立刻再次封印，这次是押茶家的印。取出的茶，立刻送进水屋,放入石臼之中磨成粉状。刚碾好的茶就被拿来点茶,清新的香气弥漫席中,味道之好是什么东西都无法比拟的。而这个开封茶会的主角就是茶瓮。

二、茶会的进行

(一)待合

待合就是连客(客人组)等待会合的地方。原本只有一处,但是露地(茶室的庭院,也就是茶道专用的通路)渐渐发展成二重露地、三重露地时,就在外露地设待合腰挂,内露地也设具有中立专用意味的内腰挂。

挂物:在待合的挂物通常比较轻快,常使用季节性的绘画。

烟草盘:容纳一套抽烟用的器具。

拜见挂物:由正客顺序拜见。

奉白汤或香煎:一般是在室内的待合,由半东首先奉给正客,接着二客以下。享用白汤之后,可拜见汲出茶碗(盛白汤或香煎的碗)。

(二)露地

在待合处休息之后,估计适当时间,从正客顺序出到露地。

(三)腰挂待合

从正客到次客、三客顺序进入露地,被引领到腰挂待合,就座,一面品味露地的风情,一面等待亭主迎接。

(四)迎接 (迎付)

亭主迎接客人之前,在蹲踞(手水钵)倒入新的水,周围的石头和绿叶也洒水。迎接时,主、客一起蹲着默礼示意。

三、初座 (前半席)

(一)入席

(1)使用手水 正客以下,经过飞石,到了蹲踞,顺序使用手水,洗左右手,漱口,然后入席。

(2)躏口与贵人口 躏口是草庵式小茶席的矮小入口,必须弯腰屈膝才能进入,贵人口则是有两张障子(隔扇门)的入口。打开门以后,仔细看看席中,静静地入席。

(3)拜见床龛 一入席,首先进到挂物(挂画或书法)之前,跪坐,扇子放在膝前施一礼，拜见挂物。首先判别是什么性质的挂物，先看整体，再看个别的部分，表具，最后再好好地拜见全体。

（4）拜见釜和棚饰 挂物拜见之后，拜见风炉釜（风炉的季节）或釜和棚饰。初座的棚饰（以台子为根本变化成各种摆饰道具的棚架，有面板、柜。称为棚），根据棚的不同，在香盒和羽帚之外，也有装饰茶入、水指。

（5）拜见的次序 正客拜见棚的时候，次客进到床龛，拜见挂物，时间大约刚好。正客拜见釜和棚完毕，就座。次客以下也顺序拜见完毕就座，等待亭主出来招呼。

（6）主客寒暄 亭主打开茶道口，主客互相招呼。亭主不入席的时候，正客首先邀请入席。亭主入席之后，从正客一一述礼，客人也各个以受到邀请而述礼。之后，正客请教待合的挂物等，关于露地的景致等也可以请教，接着就是本席的床的挂物。

（二）炭点前 （炭礼法、初炭）

（1）炭斗运出 放在炉（炉的季节）的右手边。炭斗里组有火箸、环、釜敷（环是从炉或风炉取放釜的耳环，敷是垫子）等。

（2）香盒和羽帚 从棚取下香盒和羽帚（没有使用棚的时候，香盒和羽帚会组合在炭斗里），羽帚放在炭斗和炉之间，香盒放在大约炭斗前的中心位置。火箸放在羽帚和炭斗之间。

（3）拿下汤釜 在釜的镮付（釜的耳）上挂镮，拿起釜，放在左膝旁的釜敷之上。客人这时候见到釜的形态，成为请教的机会。

（4）拜见炉 客人靠近炉边，布（置、放）灰的时候也可以请教灰器和灰匙等来历、作者等。

（5）拜见添炭 拜见亭主补"添炭"。炭的添法没有一定，亭主有各种手法。看见亭主放入"添炭"，之后拜见炭，全体施一礼，客人回座，亭主点香。

（6）挂釜 焚香于炉中热灰上，釜再移近炉，挂上釜。也可以再度请教釜，如釜的来历、釜师等。

（7）拜见香盒 客人在亭主焚香，盖上香盒的盖子时，请求拜见香盒。拜见的方法，首先以两手触席的姿态好好地拜见，接着左手扶住，右手取盖，两手拿着拜见盖子，完毕盖叩放香盒身的右侧。接着右手取盒身两手拿着，欣赏盒里，接着看盒底。盒中如有香，以右手盖住盒身，翻转，不要让香掉下来，拜见盒底。拜见完毕，盒身放回，盖上盖子之后，再次以两手触席的方式拜见整体香盒的姿态。

①亭主炭点前结束，持灰器出茶道口的时候，正客出，拜借香盒，持归自席。

②正客一度将香盒留置前叠上座的地方，拿着炭斗的亭主退席后，放香盒于自己和次客之间，作次礼，再拿回正面拜见。

③首先以两手触席拜见全体姿态，其次取盖拜见，之后伏叩于右，再取盒身拜见。

④正客拜见完毕，以右手送到次客。接到这个的次客对三客行次礼。次客同样地拜见香盒之后，传给三客，三客也以同样的方式拜见。

⑤正客和三客一起站起，三客拿着香盒接近点前座，走到正客之前，一起坐下，交香盒给正客。

⑥正客再次拜见香盒，同时也具有确认有无在拜见的过程中出现差错的意味。

⑦正客拜见完毕，送回香盒，放在靠近炉缘角落的地方（亭主为男士的时候），回座。

⑧亭主微开釜盖，香盒拿下放回，客人陈述拜见香盒之礼，并请教有关香盒的事。

（三）怀石

（1）端出怀石料理　亭主端出怀石料理的膳（料理），首先送给正客，正客端取之后，行一礼放下，向次客行次礼。次客以下，亭主仍亲自端送。全部送到，亭主打招呼请用，客人也互相招呼进食。

（2）端出铫子和酒杯　亭主端出铫子（酒壶）和酒杯，从正客顺序注酒，喝酒之后，开始吃向付里的菜肴。

（3）煮物　煮的食物，放入海鲜、肉、佐料、菜等。

（4）端出饭次　饭次就是饭锅，顺次取饭，三人取完。

（5）端出烧物　烧物（烤肉等）的重箱（上下层的食盒）和饭次、铫子拿出后，亭主招呼请用。这个时候，正客劝亭主拿出膳食共用。重箱两层的时候，上层是日野菜、黄萝卜等腌制的香物、下层盛烧烤的鱼、肉等。一层的时候，在烧物的旁边盛着香物。

（6）端出炊合　看时机端出炊合的钵。炊合就是把分别煮的鱼、青菜等合盛在一个容器里。取用炊合之际，钵要牢牢地拿在手上，分装在空的向付里。取用完毕的器物，末客暂放自己的下方，或因需要，送回主客处。

（7）凉拌　又用一钵盛凉拌的菜，时间有余裕的话，可以顺序拜见食器，须先送回正客处。

（8）亭主招呼拿下空的器物　亭主打开茶道口，问合不合胃口，主客相互打招呼，这个时候，请教钵的事也可以。亭主在茶道口向客人招呼之后，空的器皿拿出。器皿摆成亭主易取的样子，箸和把手向着亭主侧凑齐还回。

（9）端出吸物　吸物也称箸洗，是洗筷子的意思。一种清汤，出在亭主相伴之后，端出八寸之前的汤。端出放在各膳盘的右肩（从客的方向看），并取下煮物的碗。

（10）端出八寸　盛山海佳肴少量端出配酒的东西的器皿称为八寸。这时就成为"杯事"，首先给客人注酒。亭主注酒后，借用正客吸物的盖，首先取海鲜佳肴劝用。接着次客、三客顺序注酒一巡，也取肴劝菜，客人也顺序享用。亭主从正客取杯饮酒，杯转到连客，亭主饮酒的时候，从客人取肴。

（11）端出强肴　杯事终了时，端出强肴（为了再进一杯酒更上佳肴），亭主再劝酒一巡。

（12）端出汤斗和香之物（渍物、腌渍物）　正客表达希望喝汤，和汤料一起放入两碗。香物既出，到此就不再出。次客、三客顺序享用汤、汤料拌饭。

用完汤拌饭、碗和向付用汤洗，以怀纸轻拭，饭碗另外处理，以下碗和盖子翻过来重叠，次客以下在汁碗的盖之上重叠引杯。用右手轻轻拿起筷子，一起同时落下筷子。以这个声音作为信号，亭主将膳盤取下。

（四）点心　（菓子）

一般正式的茶会，会使用称为"缘高"的菓子器，作成五客分重叠一组，也就是五层加盖子。一般最底层是正客，顺序拿取里面的点心享用。关于请教点心，要到后座的浓茶，请教茶铭和诘茶（茶瓮中的叶茶）之后才作。

使用点心钵的时候，一般会放一双筷子在钵上。首先正客向主人致意"蒙赐点心"，并向次客招呼"请恕先用"，拿出怀纸放在膝前，右手取下筷子寄放左手，右手拿好筷子，点心挟到怀纸上，筷子在怀纸上弄干净，原样放回。点心钵依次给次客、三客。不能一口吃完，可切块享用（因此参加茶会的时候，客人除了怀纸、帛纱、古帛纱、扇子外也会携带称为杨子或黑文字的切割器，但是有时候主人也会准备）。

（五）中立

茶事的进行在初座（炭和怀石）、后座（浓茶、薄茶等）之间，客人暂时出到腰挂（待合），此称为中立。

（1）亭主改换茶席的装饰　听到末客关障子的门的声音，表示客人已全部离席。亭主入席拿出菓子器，再入席，盖釜盖。接着把床龛的挂轴卷起取下，清扫席中。拿进有水的花器、花台、插花，装饰在床龛。

（2）等待入席的信号　客人进入腰挂待合，和初入一样，烟草盘和圆座（藁、菅、竹皮等编成圆形的坐垫）放在定位，坐下来。一面眺望露地的风情，一面静静地等待后人的迎接或信号。

（3）唤钟　后座一准备好，亭主敲铜锣（或唤钟）。客人五人以下的场合。打"大小中中大"五点。最初的"大"和"小"之间，客人要下腰挂，静静地听。打的间隔十分开，最后的"大"稍稍留一点时间打大。正客特别是上司、长辈的场合，打到四点为止。亭主出去迎接。

客人一听到铜锣响，从腰挂站起来，蹲在踏石上，心静静地，一听到最后的响声，再回到腰挂。

四、后座

（一）入席

（1）准备入席　客人听到铜锣响毕，回到腰挂，看时间差不多，就从正客顺序作次礼，圆座立挂在壁，进到蹲踞。次客也向三客行次礼，立挂圆座，进到蹲踞。末客将圆座和烟草盘整理成原来的样子。末客将枝折户（使用于露地的中门和栅门的最简素的门）的挂金（门上的钩环）挂上，进到蹲踞（手水钵的一种，使用时必须蹲下来，故名）。

（2）使用手水　和初入一样，由正客开始使用手水入席。

（3）拜见床龛　在后座，换掉初座的挂轴，改为插花。从正客顺序入席，首先进到床龛前跪坐，扇子放在膝前，拜见床龛的花。

（二）浓茶

（1）浓茶是茶事中最重要的场合，客人要真挚地拜见，静静地等待专心于点茶的亭主。

（2）茶点好，和帛纱一起端出。

（3）正客站起，出而领茶（广间的时候），在茶碗前坐下，茶碗一度放在手边，取帛纱拿在左手，右手取茶碗，和帛纱一起持归席上。

（4）一度将茶碗和帛纱放在榻榻米的缘外，坐好。接着把茶碗和帛纱暂放在自己和次客之间，作次礼。次客以下总礼。

（5）正客将浓茶安放在帛纱上享用。喝了一口，正在品味的时候，亭主招呼"这服如何?"而接受茶。

（6）正客正在品尝享用茶的时候，次客视状况，对三客作"恕我先用"的次礼。

（7）正客喝完茶，将茶碗放下，以怀纸安静地擦拭。然后和帛纱一起将茶碗送到次客（缘内正客和次客之间），施一礼，三客就那样坐着。

（8）正客在亭主作"中结束"（亭主招呼正客饮茶之后，盖釜盖，柄勺、盖置暂先靠在水屋那方整理，再转向客方等候，称之）向着客方的时候，请问茶铭（茶的名称）和茶师，请问点心、花也可以。这时次客以下继续享用茶，传碗而饮（同一碗茶）。

（9）末客饮茶完毕，饮口也仔细拭净，为了拜见茶碗和帛纱，将之送还正客。

（10）从正客顺序拜见茶碗，也可以互换心得、推测、估计时机，正客汇总请教茶碗，或陈述自己的推测。

（11）拜见茶碗的时候，首先两手触席，拜见全体的姿态之后，取在手上。要尽可能放低，用手指包入茶碗，拜见侧面、高台（圈足）、见达（器物内面中央）。浓茶会留一点在碗底，茶练得如何，也是拜见的重点，茶色也是看点。

（12）接着拜见帛纱（拭净茶道具，接下来，拜见器物时垫于其下的织物）。不要伤到织物，反复小心安静地看。

（13）帛纱传给次客拜见，这时三客拜见茶碗。接着三客拜见帛纱，客人们交换感想也可以。

（14）三客拜见完毕，拿着茶碗和帛纱与正客离席出会，将之交给正客。正客再次拜见茶碗姿态，取到手上，侧面和高台也点检拜见，拜见完毕，暂放适当处，拜见帛纱。然后再将茶碗和帛纱还回亭主处，正客回座。

（15）亭主在居前（进行点茶的正确位置）放茶碗在膝前的时候，客人行礼，亭主受礼。亭主作结束点前，以帛纱拭茶勺、伏叩在茶碗上。

（三）茶入、 茶勺、 仕覆的拜见

（1）正客提出希望拜见茶入、茶勺、仕覆，亭主接受，擦拭茶入（放浓茶用末茶的陶制小罐，通常会配象牙盖子），检查，出示拜见。

（2）从客人的方向看，从右茶入、茶勺（从茶入、薄茶器掬取末茶放入茶碗的匙子）、仕覆（放茶入、薄茶器、茶碗等道具类的袋子，以有名的织物作成）的顺序各个向着客人排出。

（3）正客出，坐于三器之前，先取茶入、茶勺在手边，接着用右手取仕覆交于左手，再取茶勺一起放在左手上，以右手拿茶入站起，回座。

（4）由左顺序排放茶入、茶勺、仕覆靠近缘外上座，作次礼，从茶入开始拜见。首先将茶入拿进缘内正面，两手触席，拜见全体姿态。左手扶住罐身，右手取盖。看盖纽及盖之里外两面，放在茶入的右侧。取茶入身在手上好好地拜见，口缘的部分也要着眼，底面没有挂到釉的土目也拜见。取在手上拜见的时候，手尽可能放低，必须留意。盖上盖子之后，再一次拜见全体姿态。

（5）正客用右手将茶入送传次客（放在正客和次客之间），次客向三客行次礼，拜见。茶入必定用右手送。

（6）正客继续取茶勺，次客拜见茶入，这个时候只有拜见，请教的事留在最后。拜见茶勺的时候，注意不要沾到手的脂气，櫂先（茶勺前端掬末茶的地方）、节等从正面、侧面、里面好好地欣赏。茶入、茶勺顺序传递拜见。

（7）正客拜见仕覆。仕覆要注目于裂地（特殊的纹织物）、绳的搭配也是看点。看的时候不要伤到裂地的样子小心地欣赏。茶勺和仕覆的递送，用左手就可以。

（8）三客拜见完毕的茶入，放到缘外靠下座的地方，等茶勺、仕覆一起拜见完毕，再送回。

（9）送回茶入、茶勺、仕覆。首先三客（末客）拿着三器站起来，正客出会接受三器。两人对面坐下。三客从正客的右边开始顺序排列茶入、茶勺、仕覆。

（10）正客再次好好地顺序拜见检点茶入、茶勺、仕覆，再转向点前座，正面对着亭主，从亭主的右边以茶入、茶勺、仕覆的顺序排列送还。

（11）亭主要取下拜见的三器时，由正客汇集请益。

（四）炭点前 （炭礼法、 后炭）

（1）亭主将香盒放在炭斗里的灰匙之上，运出灰器。后炭使用的香盒和初炭的时候一样的东西也有，不过为了增加趣味性，也会用不同的香盒。

（2）客人围在炉边，拜见后炭点前（但是夏天风炉的季节，根据《南方录·觉书》第二十四章是不拜见加炭的）。续炭结束，用羽帚扫炉边，再挂上釜。

（3）这个时候，如果没有拜见香盒，就将香盒收到炭斗里。

（五）浓茶道具箱书的拜见

（1）茶事举行之前，有提出希望拜见浓茶道具之箱的场合，釜正在煮汤的时候，亭主也可以出示拜见。

（2）亭主将箱重叠放在正客前，正客从上顺序拜见，再递送次客。一面拜见，随时可请教亭主箱书。箱书就是放茶器类的箱盖或挂物的箱盖或里面、外箱写有收纳的物品名和作者、笔者的名字，或写在纸张上（添纸）的说明文字等。

（六）享用干菓子 （乾点心）

（1）亭主运出烟草盘，寄放正客处（缘外靠上座）接着端出干菓子（乾点心），放于缘外正客对面，和正客互施一礼。一般从右边前方之主要的干菓子开始拿取，放在怀纸上。

（2）亭主点薄茶，过茶筅的时候就可以取用。正客享用时，连客也享用适当的干菓子，不必等到全员都有。

（七）薄茶

抹茶（磨茶、碾茶）是把茶的生叶蒸青之后干燥、切碎，挑掉筋脉，把经过筛选的叶肉片，放在石磨上碾成的极细的茶粉。抹茶可分为浓茶和薄茶。使用芽的部分多的原料所作成的茶，特别称之为浓茶，其苦味少，甘味强。其他的抹茶则称为薄茶。

1. 享用第一服茶

本来薄茶也是由亭主点，但有时也会由半东（助手）进行。在这个时候，亭主就兼半东的职务，也会和客人对话。

（1）相对于浓茶的严肃和紧张感，点薄茶的气氛是比较舒适惬意的，薄茶的气也没有那么强劲，因此到点茶的时候为止，亭主和客人也会交谈，请教干菓子也可以。

（2）亭主担任半东，拿着点好的茶送出，端到正客之前的缘外放着，行一礼。正客也回礼。

（3）正客将茶碗暂放与次客之间，行次礼，次客也回礼。正客就将茶碗放在缘内转成正面，向亭主行一礼并招呼，喝茶。

（4）正客喝完薄茶，拜见茶碗，这时候半东继续点次客的茶，点好，亭主端起送到次客之前。

（5）次客把茶碗拿入暂放于与正客之间，作"再一服如何呢?"之表态。和正客招呼完，再放于三客之间，作"请恕先用"的招呼。次客的一服使用替茶碗（代替主茶碗奉茶，轮流使用）。这之间半东继续点三客的茶，这时主、客也可以交谈。

（6）三客和正客同样用主茶碗享用。

2. 享用第二服茶

半东点完每位客人的第一服茶之后，可以再继续供茶。

（1）正客的第二服茶以替茶碗享用，体会不同于主茶碗（一般用乐茶碗）的风味。享用完毕，拜见茶碗，有不同的格调。拜见的时候，茶碗以两掌包入的样子牢牢地拿住，尽可能放低一点。

（2）次客第二服茶是使用主茶碗，在第一服的时候，已经一旁拜见过，但再次拜见也可以。乐茶碗碗身的篦目（竹刀痕）、见达、高台的削法、釉色等都成为看点。

（八）薄茶器、茶勺的拜见

（1）客人请求拜见薄茶器（放薄茶的容器的总称，形状以枣形、漆器居多）、茶勺。

（2）亭主整理薄茶器和茶勺，拿着进到正客之前，将两器向着客人放在缘外（有些流派会由正客出座取回观赏）。

（3）正客次礼之后，首先将薄茶器拿到面前，拜见全姿之后，分开拜见盖子和器身。

（4）正客结束薄茶器的鉴赏，传给次客，再拜见茶勺，次客拜见薄茶器。薄茶器盖内的花押或薄茶的扫法，掬茶的样子，也能表现出亭主的风格。

（九）薄茶道具等箱书之拜见

（1）客人想要拜见道具等的记录的场合，要事先提出，或全体享用薄茶过半之后提出的也有，但要见过实物之后提出比较好。

（2）薄茶道具的箱（箱书）和书付（记事），从正客顺次送往拜见，一面交换意见，一面请教亭主也可以。

（十）结束茶会

（1）箱书拜见完毕，茶具等也取下，终于到了结束一期一会的时候。亭主为一起度过美好的时光而述礼，客人也以难得的机缘而作礼。

（2）客人一起顺序静静地下到露地等待着，对于亭主的送别，表达谢意并推辞。亭主也谢谢客人的心意而关门，在室中怀着送别的心情，感念茶事的余情。

第三节　台湾茶会

我国台湾的礼仪式四序茶会是林易山（台湾天仁茶艺文化基金会前秘书长）于 1990 年制定，用以推广茶道艺术与礼仪，是一种群体修行的茶会，也是一种风义师友会。

在茶会的茶席上，表现一种大自然圆融的韵律、秩序、生机。培养茶人敬天地、爱护大自然，以及与大自然同在的决心。

一、茶会场地布置

（一）茶席布置

茶席布置是以正四方形为惯例；四角落分置茶桌一部，朝四方；司茶及客人座椅一式，计二十四把，分四列平排；茶席正中央置花香案一部。茶桌依春夏秋冬（东南西北）铺四色桌巾，即青赤白黑四色八尺（1 米 = 3 尺 = 30 寸）见方桌巾；花香案铺八尺见方黄色桌巾。

茶桌之桌面四尺长，二尺半深，桌高二尺半。花香案之桌面三尺见方，桌高二尺半。坐椅一式，椅面约一尺四寸见方，高约一尺三寸。茶席以十五尺见方为宜。

（二）茶挂

茶挂为四季山水图（卷轴）。对联采用林荆南撰联文："名壶名器名山在，佳茗佳人佳气生。"或程颢句"万物静观皆自得，四时佳兴与人同。"

若茶席之环境中无适当位置悬挂卷轴，则可于四部茶桌上，使花后，置"四季山水图"立扇。

（三）茶花

司花兼任司茶有四人。花香案设"主花"，旨意"六合"，天地四方之意；黄色水方花器。

四部茶桌设"使花"，旨意"春晖、夏声、秋心、冬节"；花器为青、赤、白、黑四色花瓶，分别置于茶桌右上角。

瓶花后分置立扇四面，书"春晖、夏声、秋心、冬节"，或书"春风、夏露、秋籁、冬阳"。

主花与使花相应涵摄，说明了大自然的节序及普遍生命之美。主花的花材种类需含括使花所有花材。

（四）香赏

司香有二人。球型香炉二件，象征"日、月"。香炉名"四季香炉"、"两仪香炉"或"天宝香炉"。

香料以自然香材为宜。

（五）茶器

主茶器：青、赤、白、黑四色瓷器壶组，每组含一壶、一盅、一茶船、六组茶杯茶托、一水方。电茶壶四组，分置于四部茶桌。

茶艺用品组四套，计有沏茶巾、小茶巾、茶荷、奉茶盘、壶垫、盅垫、茶渣匙、茶拂、茶巾盘、计时器、盖置。

（六）茶叶

四色（青赤白黑）茶叶盒或四色瓷罐均可，分装四种不同茶叶。组合示例如文山包种茶（春）、白毫乌龙茶（夏）、铁观音茶（秋）、金萱乌龙茶（冬）；或龙井茶（春）、凤凰单枞（夏）、安溪铁观音茶（秋）、普洱茶（冬）；或玫瑰剑毫（春）、珍珠茉莉（夏）、桂花乌龙茶（秋）、菊花普洱茶（冬）等，品味茶汤，也品味大自然的芳香。

各色茶叶罐或茶盒标示名称举例，如"春晖、夏声、秋心、冬节"，或"春风、夏露、秋籁、冬阳"。

（七）音乐

现场演奏或录音带、CD唱片播送均可。南管：曲名"四时景"。古琴：曲名"玉楼春晓"、"流水"、"平沙落雁"、"梅花三弄"。西乐：韦瓦地（四季协奏曲）。

二、四序茶会仪式

（1）司香、司茶于入口迎宾。

（2）演奏或播放乐曲。

（3）主人引茶友二十名入席，就座。

（4）司香入席，立于花香案前，行香礼、退席。

（5）司茶四人捧茶花入席，就位，立于茶席后，行花礼，就座，沏茶巡。

（6）司茶奉第一道茶、第二道茶、第三道茶、第四道茶。

（7）司茶收回茶友茶杯、茶托。

（8）司香入席行香礼，退席。

（9）司茶入席行花礼，退席。

（10）司香、司茶列队恭送主人、茶友离席。

（11）乐止。

三、行香礼法

（1）司香二人，捧香炉分立于迎宾处两侧之首位，两手肘与地面平行。

（2）主人引茶友就座后，左侧司香先行入席三步后，右侧司香随行入席。

（3）司香徐行至花香案前二尺，转身，互视，行前一步，立正。

（4）举香炉直上至额前，停二秒钟，直下，将香炉置于花香案。收掌相并离身一寸。

（5）司香相视行默礼，俯身，右脚先退一步，立正。

（6）右司香侧身，绕行花香案三步后，左司香侧身，与右司香先后退出，立于迎宾处（若主人与客人仅十八个，则司香二人可入席，接受奉茶）。

（7）待司茶收回茶杯、茶托，就座之后，司香二人入席，左司香、右司香相距三步，并掌徐行至花香案前二尺，转身，互视，行前一步。

（8）双手捧香炉，立正，举香炉直上至额前，停二秒钟，直下，两手肘与地面平行。

（9）司香相视行默礼，俯身，右脚先退一步，立正。

（10）右司香侧身，绕行花香案三步后，左司香侧身，与右司香先后退出，立于送宾处（待主人领客人全部退席后，司香再入席，将香炉置于花香案，退席）（图6－5）。

图6－5　四序茶会行香礼

四、行花礼法

（1）司花四人，右掌握花瓶颈，左掌托瓶底，捧使花分立于迎宾处两侧之中位、末位，两手肘与地面平行。迎宾入席（左中位为当季司花，引领右中位、左末位、右末位，依四时节序行花礼，行茶礼）。

（2）待司香行香礼迎宾退席或就座之后，司花依序入席，绕行花香案后，分别立于四部茶桌后二寸。

（3）行花礼　司花四人同时将使花左移于心脏位置下方，升使花直上五寸，停二秒钟，行默礼，直下，将使花置于茶桌右前方，立扇前。立正。

（4）司花四人同时坐下，行茶礼（奉四道茶，收回茶杯、茶托，待司香入席行香礼谢客退席之后）。

（5）司花起身站立，取使花捧于胸前，离位，立于茶桌右前方。

（6）司花四人徐行至花香案前一尺，双双面对，立正，转身，面朝二十位茶友。

（7）行花礼　司花四人同时将使花左移于心脏位置下方，升使花直上五寸，停二秒钟，行默礼，直下，移使花于胸前。依序退席，立于送宾处（图6-6）。

图6-6　春夏秋冬司茶和行花礼

五、行茶礼法

（1）行花礼坐下后，先调整好茶桌上所有的茶器，以适合自己运用为宜。

（2）双掌合并于身前（女右掌在前、左掌在后，男左掌在前、右掌在后），起身，弯腰30°，行鞠躬礼（图6-7）。

图6-7　四序茶会泡茶

（3）行礼后坐下，双手拿起小茶巾，吸气调息，平托小茶巾，直升至双眼前，再轻轻放下，双手指尖轻按小茶巾。收掌。

（4）右手取下壶盖，放在盖置上。左手提电茶壶温壶，注水七分满。放下电茶壶，取壶盖放回茶壶上。

（5）右手取茶罐至胸前，交左手，双手握茶叶罐，右手打开茶叶罐，将茶叶罐及盖子置于小茶巾上。收掌。

（6）右手取茶荷交至左手，右手拿茶叶罐将适当茶叶量倒入茶荷中（茶叶如较蓬松，先将茶荷放桌上，再用茶匙掏取茶叶入茶荷中）。置好茶叶后，依序将茶荷、茶叶罐归位。

（7）取下盅盖置于盖置上，将温茶壶的水倒入茶盅。茶壶归位，取盅盖放回茶盅上。

（8）右手取下壶盖置于盖置，右手取茶荷交左手，右手取茶匙将茶荷内茶叶拨入壶中，茶匙归位，盖上壶盖。

（9）右手取茶拂，清理茶荷内之茶末入水方，再将茶拂、茶荷归位。

（10）右手掀茶杯，杯口朝上。

（11）右手取下壶盖，左手提电茶壶冲开水入茶壶，放下电茶壶，盖上壶盖，按计时器计时。

（12）双手拿起小茶巾置于左掌上，右手拿起茶盅，将茶盅水顺时针方向倒入杯内，温杯，茶盅多余的水倒入水方内。茶盅归位，小茶巾归位。

（13）待茶汤熟时，右手取下盅盖置于盖置上，取小茶巾于左掌上，右手提茶壶将茶汤全部倒入茶盅内，放下茶壶，盖上盅盖，将计时器归零。放下小茶巾。

（14）取小茶巾置于左掌上，顺时针方向将温杯的水依序倒入水方内，同时，以小茶巾擦干杯上水滴。

（15）右手取茶盅，将茶汤依序分茶入茶杯内；茶盅归位，小茶巾归位。

（16）以左手拿起左下角的茶杯、杯托，放在茶船左下角。右手再调整后列二茶杯、杯托左移一寸。

（17）双掌合并，起身，弯腰30°，端好奉茶盘，直身，自茶桌右后边步出，立于茶桌右前角，行至花香案，转身，奉茶给茶友五人（图6-8）。

图6-8　准备奉茶

（18）转身回花香案，逆时针绕花香案，回到茶桌，放下奉茶盘，坐下，举杯请客人喝茶。司茶啜些茶汤，放下茶杯、杯托。即提起电茶壶冲第二道茶，候汤，司茶细品剩余的茶汤。

（19）沏好第二道茶汤后，将茶盅置于奉茶盘，小茶巾置于茶盅后方；司茶将自己的茶杯、杯托放在茶桌右前方；起身，奉第二道茶给次五位茶友。

（20）如（18）冲第三道茶。

（21）如（19）奉第三道茶给再次五位茶友。

（22）如（18）冲第四道茶。

（23）如（19）奉第四道茶给最末五位茶友。

（24）司茶与茶友喝下第四道茶汤后，司茶起身，端起奉茶盘；入席收回茶杯、杯托。司茶回位，将六组茶杯、杯托归正于奉茶盘。

（25）司茶起身，行鞠躬礼。坐下。

第四节　无我茶会

无我茶会是1989年台湾陆羽茶艺中心总经理蔡荣章先生创办的一种新颖的茶会形式，它除了要求参加者有一定的泡茶技能外，更强调无我精神，即参加者必须摒弃一切自私的欲念，本着一种平等的观念、平和的心境参加茶会，通过泡茶、奉茶和品茶体验人间的真、善、美。目前无我茶会已成为中国、日本、韩国、新加坡等饮茶国家各界人士，尤其是茶文化爱好者每年必办的重要茶事活动，又称国际无我茶会。

一、无我茶会的基本形式和要求

无我茶会的基本形式和要求有六条规定：一是围成一圈，人人泡茶，人人奉茶，人人喝茶；二是抽签决定座位；三是依同一方向奉茶；四是自备茶具、茶叶与泡茶用水；五是事先约定泡茶杯数、泡次、奉茶方法，并排定会程；六是席间不语。无我茶会见图6-9。

图6-9　无我茶会现场　（围成一圈，人人泡茶）

二、无我茶会的七大精神

蔡荣章所著的《无我茶会180条》对无我茶会的特殊做法及"七大精神"做了如下描述。

（一）抽签决定座位——无尊卑之分

茶会开始前，要到会场安排座位，标示座次，与会人员到达后，抽号码签，然后按抽到的号码就座。事先谁也不知道会坐在谁的旁边，谁也不知道会奉茶给谁喝。不但无尊卑之分，而且没有找座位的麻烦，犹如我们的出生，不可以挑选自己的父母一样，一切随缘。与亲人一同参加的茶会场合，抽签的结果，小朋友不一定奉茶给自己的父母，为父母的也不一定倒茶给自己的孩子，呈现出一幅"老吾老以及人之老，幼吾幼以及人之幼"的大同景象。

（二）依同一方向奉茶——无报偿之念

泡完茶，大家依同一方向奉茶，如今天约定泡四杯茶，三杯奉给左邻的三位茶侣，最后一杯留给自己，那就依约定将茶奉出去。第一道是端着杯子去奉茶，第二道以后是把泡好的茶装在茶盅内，端出去倒在自己奉出去的杯子里，意思是被奉者可以喝到你泡的数道茶汤。

奉茶的方式也可以改为奉给右边第二、第四、第六位茶侣。也可以约定为奉给左边第五、第十、第十五位茶侣。后者在大型茶会时可将交叉奉茶的幅度扩大。

同一方向奉茶是一种"无所为而为"的奉茶方式，我奉茶给他，并不因为他奉茶给我，这是无我茶会想要提醒大家"放淡报偿之念"的一种做法。"奉茶"是茶会，也是表达茶道精神的一种好方法。

（三）接纳、欣赏各种茶——无好恶之心

无我茶会的茶是自带的，而且往往在公告事项上注明"茶类不拘"，因此，每人喝到的数杯茶可能都是不同的。茶道要求人们以超然的心态接纳、欣赏不同的茶，不能有好恶之心，因为好恶之心是不客观的，会把许多"好"的东西摒除在外，你不喜欢的东西往往并不是坏的东西，只是你不喜欢它而已。所以，无我茶会提醒人们放淡好恶之心，广结善缘。

（四）努力把茶泡好——求精进之心

每个人喝到的数杯茶不一定都泡得很好，往往会喝到一杯泡得又苦又涩或淡而无味的茶，这时你可能有两种情绪反应："谁泡的？那么难喝。"或"泡坏

了，我可要小心。"茶会虽然尊重后者的态度，因为"泡好茶"是茶道精神的要求，茶都泡不好，遑论其他大道理，又如学音乐，连琴都没能弹好，还谈什么以音乐表达某种境界？学美术，连彩笔都应用得不好，还谈什么线条、色彩表现艺术的境界？所以无我茶会开始泡茶后就不能说话，以便专心把茶泡好。

无我茶会奉茶时会为自己留一杯茶，便于了解自己的茶泡得有无缺失，不行则赶紧补救。把茶泡坏了，对不起别人，对不起自己，也对不起茶。把一件事情做好是为人最重要的修养。

（五）无须指挥与司仪——尊重公共约定

无我茶会是依事先排定的程度与约定的做法进行，会场上不再有人指挥。例如，排定上午 8：30 布置会场，负责排放座位号码牌的茶友就要开始到场工作，9：00 报到，负责抽签的茶友就要把号码签准备好，让与会的茶友抽签。抽完签的人依号码就座，将茶具摆放出来，然后起来与其他茶友联谊，并参观别人带来的茶具。9：30 开始泡茶，大家自动回到自己的座位，负责报到抽签等工作的茶友这时也归队。泡完第一道茶，起来依约定的方式奉茶，自己被奉的数杯茶到齐之后开始喝茶。看大家一致喝完第一道茶，开始冲泡第二道，泡完第二道，持茶盅奉出第二道茶，接着喝第二道茶，直至喝完最后一道茶，若排定品茶后有音乐欣赏，则静坐原地，聆听音乐，回味刚才的情景。音乐结束后，将自己用过的杯子用茶巾或纸巾擦拭干净，持奉茶盘出去收回自己的茶杯，不用清理茶渣，将自己的茶具收拾妥当，结束茶会。这期间无人指挥，大家依原先的约定或计划进行每一个程序。

事先都已经安排妥当、约定好了，再安排指挥就显得多余。经常参加无我茶会，可以养成遵守公共约定的习惯。

（六）席间不语——培养默契，体现团体律动之美

"茶具观摩联谊"时间一过，开始泡茶后就不可以说话了。等待茶叶浸泡期间，让自己沉静下来，体会一下自己存在这个空间的感受，体会一下自己与大地、与环境结合的感觉。奉茶间，大家在一片宁静的气氛下，你奉茶给我，我奉茶给他，彼此之间有如一条无形的丝带牵引着，展现一波波律动之美。这时的话语是多余的，甚至连"请喝茶"、"谢谢"之类的言辞都是不必要的，大家照面只要鞠一个躬，微微一笑就够了。无声的茶会有如宇宙之运转、季节之更替，自然天成。

（七）泡茶方式不拘——无流派与地域之分

无我茶会的泡茶方式不受限制，这包括因地域等而造成茶具、茶叶的差

异。茶具可以是壶，也可以是盖碗；茶叶可以是叶形茶，也可以是粉末茶。冲泡方法也可以视茶叶品种而定，没有任何限制。

茶具不同、茶叶不同、服装不同、语言不同、种族不同、国度地域不同，但大家在同一茶会方式下努力把自己带来的茶泡好，泡好了茶，恭恭敬敬奉给抽签遇到的相识或不相识的朋友。

无我茶会自创办至今已在国内外举办了上百场，举办者有社会团体，也有家庭个人；参加者有耄耋老人，也有稚气未脱的孩童。举办地点有宁静的风景区，也有喧闹的城市广场、车站。参加人数有几十人至数百人不等。1997 年"第六届国际无我茶会"在台北举行，有千余人参加无我茶会，场面宏大，蔚为壮观。在 1999 年 11 月 27 日，香港各界群众 5000 人在中环添马舰广场举行"世纪茶会——万人泡茶迎千禧"大型茶会，当场泡茶 1.4 万杯，更创下世界之最。这些年，无我茶会随着中外文化交流走向国际，不同国籍、不同身份、不同年龄的茶人们济济一堂，交流学术、切磋技艺、联谊交友，其乐融融，体现了人们对世界大同与人类文明进步的美好追求。

三、无我茶会的程序

无我茶会的程序为：寄发公告事项→排座号→报到与抽签→摆设茶具→茶具观摩与联谊→泡茶、奉茶、品茶→品茗后活动→收杯→收具→结束。

国际无我茶会案例见图 6－10。

(a) 抽签报到　　　　(b) 茶友联谊　　　　(c) 茶具观摩　　　(d) 茶友就位准备泡茶

图 6－10　第 13 届国际无我茶会现场

第七章　四川长嘴壶茶艺

第一节　长嘴壶概述

一、长嘴壶的起源

长嘴壶又称长流壶。按制作材料来分，有铜壶、锡壶、镔铁壶等。据说还有脱胎漆器的长流壶。现在常见的为长嘴铜壶，长流短流是按壶嘴长度来分的，古代有过无流的泡茶水器称为无流壶，一般无壶嘴或出水口稍见突出。

壶嘴从壶腔到出水口长二寸以内的称短流壶；三寸到两尺之间的称中流壶；两尺以上的称长流壶。从古至今，一般使用的长流壶壶嘴长为三尺左右。即时下俗称的"一米长壶"。长流壶或说长嘴壶是我国一种独特的茶具，历史悠久，源远流长。

长嘴壶及其表演是群众喜爱的一项民俗文化，是我国茶道的一环，是茶文化的一部分，是宝贵的非物质文化遗产。但是它起源于何时何地，和其他许多"非物质文化遗产"民俗文化一样，迄今未见确切的文献记载。后人只能从民间口头传闻和少数茶人世家的家谱中略知一些情况。目前流行的几种说法，都是来源于传闻，不见经传，但却比较合理。

（1）一种说法是长嘴壶在晚唐五代时期最早出现在四川成都一带，沱江、长江（主要指岷江，明代徐霞客以前认为岷江是长江上游主流）沿岸的茶馆。

四川古称天府之国，物阜民丰。成都市面繁荣，隋唐以来即有"扬一蜀二"之说。周围岷沱水网密布，市镇罗列，舟楫便利，航运商贸发达。杜甫诗里也有"门泊东吴万里船"之句。四川盛产茶叶，民谚早有"扬子江心水，蒙山顶上茶"之说。茶馆早已遍及城乡。而江岸茶馆地处河埠码头，茶客多过往商贾旅客，行色匆匆。或者焦急候船，时间紧迫，船到就走。或者行船停靠，商家水手旅客蜂拥上岸，急寻茶水解溜，稍事休息，又要登程。特别是夏秋水涨船多，人客更旺，茶馆常"打涌堂"。老板、幺师必须想方设法快速冲水泡茶，满足客人需要，否则生意就被别家茶馆抢走了。于是长嘴壶应运而生。同时茶馆多卖绿茶、花茶，短时冲泡即可饮用。

（2）另一种说法是先出现在北宋时期的河南开封。开封时称汴梁，即北宋都城汴京。汴京是天子脚下，通都大邑，是当时世界上最繁华的城市之一。汴京人口众多，商业繁盛，勾栏瓦舍，茶坊酒楼，鳞次栉比，人来客往，摩肩接踵，由著名画家张择端的名作《清明上河图》可见一斑。北宋茶堂相当拥挤，还有赛茶风气，有《斗茶园》传世。为了茶博士方便给客人掺茶添水，把茶壶嘴适当加长了。据说当时长长的壶嘴还有弯曲的，相当别致，有一定的形态讲究，适应茶客的审美情趣了。可惜如今没有实物作依据。

（3）第三种说法是源于南宋时期苏杭一带文人雅士的茶事仪式中。杭州即南宋都城临安。"上有天堂，下有苏杭"，当时苏杭地区十分繁荣，江南文风鼎盛，江浙又产名茶，苏州太湖洞庭山的碧螺春，杭州西湖龙井和祁（门）红、屯（滨）绿等闻名遐迩，饮茶之风亦盛。文人侠士常以"琴棋书画、诗酒剑茶"以及射覆投壶等游戏会友娱宾。在品茗论剑中"以壶为剑，以剑为壶"，产生了长嘴壶。执壶行茶中也逐渐出现了古琴曲名"高山流水"、苏秦挂六国相印的典故"苏秦背剑"等文化内涵深厚的招式。说是茶汤入口，气定神闲，壶剑在手，英姿勃发，剑壶融合，相得益彰，一乐事也。

这种说法也有说源于西蜀，晚唐五代时期的前蜀后蜀社会相对稳定，经济繁荣。文人雅士更重休闲。文坛上有"花间派"婉约词人出现，名画也有《斗茶图》，茶文化高度发展，长嘴壶开始产生。

二、长嘴壶的发展

长嘴壶的产生看是偶然的，又是必然的，是随着饮茶品茗和茶馆茶楼的发展而伴生的，是为了方便应对茶客，顺应茶馆发展的需要，自然而然发展起来的。

过去的茶馆是个大世界，是社会的缩影或一幅民俗风情画卷。以四川的茶馆为例，三教九流，各色人等汇聚一堂。或寻亲会友，或洽谈生意，摆龙门阵；或听书赏曲、玩牌下棋，或看杂耍、打围鼓、休闲娱乐。还有讲理"吃茶"调解纠纷的，谁输理谁付茶钱。医卜星相、贩夫走卒、小商小贩也穿梭其间。人进人出，十分热闹拥挤。长嘴壶确能满足各式各类茶客的需要，十分方便，实用性强，于是流行一时。长嘴壶在我国流行很广，而以东部的浙江、江苏、安徽、江西和西部的四川、贵州、青海、宁夏等省区最盛。

长嘴壶有很好的实用性，长嘴壶行茶技术还有很好的观赏性。深受茶客喜爱赞赏。有书为证："四川茶馆又别有风情。饮的是盖碗茶。'茶博士'的冲茶手艺也特别：客人落座，看清人数，左臂一叠碗盏，右手一把铜壶，走将过来，啪啪啪啪，单手一甩，茶托便放齐了；然后放好茶碗，投上叶子，高高地举起长嘴铜壶，远远地离碗足有两尺距离，刷地一声便将沸水冲去。外乡人没看惯不免害怕，担心沸水溅到身上。殊不知这一切动作有惊无险，来得干净利索，一滴不溅，半点不流，那真叫高，实在是高。"（摘自老烈《茶话》，原载于中外文化出版公司于 1990 年出版的《清风集》）

茶馆也是一个展示场所，茶堂布置要美观别致，茶具桌椅设备要讲究，毛尖香片，普洱龙井要地道，装烟点火服务要周到，抱一叠茶碗、甩一桌茶船要熟练，"打帕子"要热手巾在客人头上满堂飞来飞去如同一景，打围鼓的要挂上彩绸帐幔，说书唱曲的要设置讲桌高台，玩杂耍的要舞刀弄棒，看相的要手持白布立幡，算命的要养只小鸟衔"书子"等。都在展示，都在表演，以娱茶客，以广招徕。此时，长嘴壶的展示表演也越显重要，越更加强，成为茶馆里不可或缺的一景了。

之后，长嘴壶的表演不断丰富，茶博士的随意动作，从摹仿武术功夫和戏曲的举手投足，逐渐规范为较固定的招式。各种招式又被冠以恰当、动听和富有内涵的名称。如：

（1）高山流水　古琴曲名。俞伯牙、钟子期"知音"的故事。

（2）苏秦背剑　武术招式，苏秦挂六国相印的故事。

（3）白鹤晾翅　太极拳招式，古有"五禽图"。

（4）飞龙在天　出自《易经》。

（5）贵妃醉酒　戏曲舞姿。

（6）回眸一笑　白居易诗《长恨歌》有"回眸一笑百媚生"的诗句。

长嘴壶的表演涵盖面广，有武术的张扬、美术的视点、舞蹈的优美。文化底蕴深厚，让人赏心悦目、增长知识、引发联想，给人启迪。

再后来，这些招式又形成一组组套路。而各地区的路数又各具特色，形成了各种风格或流派。

许多茶博士的表演技艺也日臻完美，像"庖丁解牛"、"郢人运斧"一样，炉火纯青，出神入化，由技术升华为了艺术。长嘴壶的表演也走出茶馆，进入酒楼饭店、旅游景点和登上舞台。有的还担任文化使者出国演出和交流。

目前，长嘴壶表演文化内涵愈加深厚。有的融合了儒家的易理、佛教的禅机、道家的玄学，有的与戏曲、舞蹈、书法等艺术门类结合，也有专门配合旅游观光的，真是百花盛开。

三、长嘴壶泡茶的作用与功能

长嘴壶泡茶在给人以美的享受之外，还有其特殊的作用和功能。

（1）长嘴壶高高举起，远远射出，增加水的冲力，茶叶在茶碗沸水中急速翻滚，快速舒张，茶叶内含的有效物质得以即刻溶出，方便饮用，也有利于健康。

（2）在拥挤的茶馆里，长嘴壶可以延伸服务空间，减少对茶客的打扰。

（3）沸水在长嘴中长流，自然而然降低水温，不会太烫，适合于泡茶。水温一般85℃左右最适宜绿茶和花茶，很科学。

（4）长嘴壶表演用肢体语言表达各种文化内涵，长人知识，发人深省。

（5）长嘴壶表演营造了茶馆的文化氛围和民俗气息，提高了茶客的品茗乐趣。为茶馆招揽了更多茶客。

四、长嘴壶与盖碗

长嘴壶和盖碗是茶馆、茶楼里不可或缺的最重要茶具，好似一双朝夕依存的伙伴，在长嘴壶茶艺表演中也常常是一对交相辉映的好搭档。

（一）盖碗茶

"盖碗茶"用的茶具"盖碗"，是由茶碗、茶盖、茶船三件头组成的一套茶具。茶碗上盖茶盖，下托茶船（也称茶托或茶托子），造型独特，制作精巧。有全套瓷制的，也有碗和盖瓷制，而茶船用铜制或铝制的。过去宫廷官场、文人雅士、大户人家用的茶船多为瓷制，与碗盖配成一套，美观大方，且讲究江西景德镇等地名窑烧制的精品瓷器。而茶馆茶铺多用铜制的茶船，比较轻便耐用，利于摔打。

（1）茶碗　与一般吃饭用饭碗盖不多大，而底小口大。茶盖能盖入碗内，可以保温，便于浸泡茶叶，也便于啜饮。

（2）茶盖　像一只稍深的盘子，背面则有碗一样的凸凹，便于手指取拿，喝茶时不必揭盖，半张半合，茶叶不致入口，茶汤又可喝出。还可用茶盖轻刮汤面，荡开泡浮茶，也使茶水上下翻滚，茶叶增浓。茶水太烫时，也可将茶盖转作为茶盏置于桌上，倒茶入内降温后再喝，十分方便。

（3）茶船　又称茶托，托住茶碗也。茶船像一只圆盘，而中央有一小圆凹窝。茶碗凸底正好安放其内，十分平稳，而且茶水稍有溢出，茶船接住，不致弄湿桌面。有了茶船，端茶碗不烫手，又增加了保温效果，利于浸泡出茶味。

（二）盖碗茶的来历传说

盖碗始于何时，无从查考，不见经传。传说周代已经用盘子托杯盏送水，对盘子有"舟船"之称。但托上那个"凹窝"，是唐代四川节度使崔宁的女儿发明的。崔宁喜好喝茶，他的女儿非常聪明，因每次她给父亲上茶总是很烫手，于是想了一个办法，将茶使用一小盘托上，但走路时不能摇晃，茶仍要倒出来，茶碗也易损坏。她左思右想，终于想了一个好办法，于是她先用蜡在托茶的盘子上做一个圆圈，茶盏嵌置于蜡圈中，十分稳当，茶水不洒，也不烫手了，这就是为茶船的雏形，后来又发展成漆环，后人逐渐改进成了今天的茶船。近年法门寺出土的唐代茶具中有一玻璃茶盏，也有茶船，可见唐代已经使用茶船了。

盖碗茶具一套，方便实用，美观大方，风行一时。上至宫廷达官贵人，下至平常百姓人家，纷纷使用。官场显贵用它待客迎宾显得庄重排场。还有"端茶奉客"、"端茶送客"这些礼仪；文人雅士用它娱宾会友、潇洒气派、得体亲切。自己饮用也十分惬意、合适，鲁迅《喝茶》一文中说："喝的茶，是要用盖碗的，于是用盖碗，果然泡了之后，色清而味甘，微香而不苦，确是好茶叶。好茶配美器也。"

（三）茶语

茶馆茶楼里更是普及用盖碗泡茶待客。四川茶馆使用盖碗还形成了一些约定俗成的规矩，或者称为"茶语"，比如：①茶盖在茶船竖立插靠在茶碗边上，表示需要添水，堂倌看见连忙来掺茶了。也不用在茶堂高声叫嚷；②又如茶客暂时离开茶桌时，把茶盖（或茶托）仰放在桌面上（有人还习惯放在坐椅上）表示还要回来，请留坐；③如果把茶盖正面朝下放在桌面上，表示不再返回，请收捡茶具了。如果没有先付款买茶的，也表示请茶堂老板来收费；④碗、盖、船三件完全不动，表示请不要打扰；⑤如果碗盖船三者分开，摆成一条线，是在提意见了，表示茶不好或服务不好，不满意。

第二节　长嘴壶茶艺基本技巧

本节内容包括长嘴壶茶艺基本礼仪、基本动作和基本动作技巧。它们都是根据平时在茶艺馆的应用和在舞台上的表演发展起来的，长嘴壶除了实用性之外，由于社会的发展和进步，目前的表演性更加增强。从长嘴壶的动作和技巧中可以看到集武术、舞蹈、戏曲等一身的长嘴壶"功夫"全方位的一个演示。长嘴壶茶艺以它独特的魅力已风靡全世界，现在不但是全世界华人喜欢，连欧美、日韩、俄罗斯、大洋洲等地的外国朋友都非常喜欢。因此为了让中国长嘴壶茶艺走向世界，我们尽可能收集和整理了长嘴壶基本动作和技巧以图示的方法加以介绍。

一、长嘴壶茶艺礼仪

长嘴壶表演出场和谢场都有固定的行礼模式，无论行、站、坐、行礼、具体提壶都有一定的方法，每一个动作都给人以美的感受。

二、长嘴壶茶艺基本动作

长嘴壶运用看起来比较简单，但实际操作有一定难度。对于基本动作，即长嘴壶最简单的一些拿法可参考图7－1，使大家便于了解和学习。

图7－1 长嘴壶茶艺部分执壶手法

三、长嘴壶茶艺基本动作技巧

（一）男子基本动作技巧

男子技巧比女子技巧在刚性和难度上都有所增加，男子动作刚健，有力，柔中带刚，观赏性强（图7－2）。

图7－2 长嘴壶茶艺男子动作技巧 （部分）

（二）女子基本动作技巧

　　女子技巧是由男子技巧发展而来，更显示了柔和美的一面。女子技巧看似简单但由于特别注重柔美，在学习中要求自身的素质比较高。同男子表演一样，女子长嘴壶茶艺已深得国内外朋友的肯定，在观赏性、表演性方面有独特的一面（图7-3）。

图7-3　长嘴壶茶艺女子动作技巧　（部分）

附录一　茶艺师国家职业标准

标准发文：劳厅发〔2002〕10 号
职业编码：4-03-03-02

1. 职业概况

1.1　职业名称
茶艺师。

1.2　职业定义
在茶艺馆里、茶室、宾馆等场所专职从事茶饮艺术服务的人员。

1.3　职业等级
本职业共设五个等级，分别为初级（国家职业资格五级）、中级（国家职业资格四级）、高级（国家职业资格三级）、技师（国家职业资格二级）、高级技师（国家职业资格一级）。

1.4　职业环境
室内、常温。

1.5　职业能力特征
具有较强的语言表达能力，一定的人际交往能力、形体知觉能力，较敏锐的嗅觉、色觉和味觉，有一定的美学鉴赏能力。

1.6　基本文化程度
初中毕业。

1.7　培训要求

1.7.1　培训期限
全日制职业学校教育，根据其培养目标和教学计划确定。晋级培训期限：初级不少于160标准学时；中级不少于140学时；高级不少于120标准学时；技师、高级技师不少于100标准学时。

1.7.2　培训教师
各等级的培训教师应具备茶艺专业知识和相应的教学经验。培训初级、中级茶艺师的教师应具有本职业高级以上职业资格证书；培训高级茶艺师的教师应具有本职业技师以上职业资格证书或相关专业中级以上专业技术职务任职资格；培训技师的教师应具有本职业高级技师职业资格证书或相关专业技术职务任职资格；培训高级技师的教师应具有本职业高级技师职业资格证书2年以上或相关专业高级专业技术职务任职资格。

1.7.3 培训场地设备

满足教学需要的标准教室及实际操作的品茗室。教学培训场地应分别具有讲台、品茗台及必要的教学设备和品茗设备；有实际操作训练所需的茶叶、茶具、装饰物，采光及通风条件良好。

1.8 鉴定要求

1.8.1 适用对象

从事或准备从事本职业的人员。

1.8.2 申报条件

——初级（具备以下条件之一者）

（1）经本职业初级正规培训达规定标准学时数，并取得毕（结）业证书。

（2）在本职业连续见习工作2年以上。

——中级（具备以下条件之一者）

（1）取得本职业初级资格证书后，连续从事本职业工作3年以上，经本职业中级正规培训达规定标准学时数，并取得毕（结）业证书。

（2）取得本职业初级资格证书后，连续从事本职业工作5年以上。

（3）取得经人力资源和社会保障行政部门审核认定的，以中级技能为培养目标的中等以上职业学校本职业（专业）毕业证书。

——高级（具备以下条件之一者）

（1）取得本职业中级资格证书后，连续从事本职业工作3年以上，经本职业高级正规培训达规定标准学时数，并取得毕（结）业证书。

（2）取得本职业中级职业资格证书后，连续从事本职业工作7年以上。

（3）取得高级技工学校或经人力资源和社会保障行政部门审核认证的，以高级技能为培养目标的高等职业学校本职业（专业）毕业证书。

（4）取得本职业中级职业资格证书的大专以上本专业或相关专业毕业生，连续从事本职业工作2年以上。

——技师（具备以下条件之一者）

（1）取得本职业高级资格证书后，连续从事本职业工作5年以上，经本职业技师正规培训达规定标准学时数，并取得毕（结）业证书。

（2）取得本职业高级职业资格证书后，连续从事本职业工作7年以上。

（3）取得本职业高级职业资格证书后的高级技工学校本专业（职业）毕

业生，连续从事本职业工作满 3 年。

——高级技师（具备以下条件之一者）

（1）取得本职业技师资格证书后，连续从事本职业工作 4 年以上，经本职业高级技师正规培训达规定标准学时数，并取得毕（结）业证书。

（2）取得本职业技师职业资格证书后，连续从事本职业工作 5 年以上。

1.8.3　鉴定方式

分为理论知识考试和技能操作考核。理论知识考试采用闭卷笔试方式；技能操作考核采用实际操作、现场问答等方式，由 2～3 名考评员组成考评小组，考评员按照技能考核规定各自分别打分，取平均分为考核得分。理论知识考核和技能操作考核均实行百分制，成绩皆达 60 分以上者为合格。技师和高级技师鉴定还需进行综合评审。

1.8.4　考评人员与考生配备比例

理论知识考试考评员与考生配比为 1∶15，每个标准教室不少于 2 名考评员；技能操作考核考评员与考生配比为 1∶3，且不少于 3 名考评员。综合评审委员不少于 5 人。

1.8.5　鉴定时间

各等级理论知识考试时间不超过 120 分钟。初、中、高级技能操作考核时间不超过 50 分钟，技师、高级技师技能操作考核时间不超过 120 分钟；综合评审时间不少于 30 分钟。

1.8.6　鉴定场所设备

理论知识考试在标准教室内进行。技能操作考核在品茗室进行。品茗室设备及用具应包括：品茗台，泡茶、饮茶主要用具；辅助用品，备水器；备茶器，盛运器，泡茶席；茶室用品，泡茶用水，冲泡用茶及相关用品，茶艺师用品。鉴定场所设备可根据不同等级的考核需要增减。

2. **基本要求**

2.1　职业道德

2.1.1　职业道德基本知识（略）

2.1.2　职业守则

（1）热爱专业，忠于职守。

（2）遵纪守法，文明经营。

（3）礼貌待客，热情服务。

（4）真诚守信，一丝不苟。

（5）钻研业务，精益求精。

2.2 基础知识

2.2.1 茶文化基本知识

(1) 中国用茶的源流。

(2) 饮茶方法的演变。

(3) 茶文化的精神。

(4) 中外饮茶风俗。

2.2.2 茶叶知识

(1) 茶树基本知识。

(2) 茶叶种类。

(3) 名茶及其产地。

(4) 茶叶品质鉴别知识。

(5) 茶叶保管方法。

2.2.3 茶具知识

(1) 茶具的种类及产地。

(2) 瓷器茶具。

(3) 紫砂茶具。

(4) 其他茶具。

2.2.4 品茗用水知识

(1) 品茶与用水的关系。

(2) 品茗用水的分类。

(3) 品茗用水的选择方法。

2.2.5 茶艺基本知识

(1) 品饮要义。

(2) 冲泡技巧。

(3) 茶点选配。

2.2.6 科学饮茶

(1) 茶叶主要成分。

(2) 科学饮茶常识。

2.2.7 食品与茶叶营养卫生

(1) 食品与茶叶卫生基础知识。

(2) 饮食业食品卫生制度。

2.2.8 相关法律、法规知识

(1) 劳动法相关知识。

(2) 食品卫生法相关知识。

(3) 消费者权益保障法相关知识。

（4）公共场所卫生管理条例相关知识。

（5）劳动安全基本知识。

3. 工作要求

本标准对初级、中级、高级、技师及高级技师的技能要求依次递进，高级别包括低级别的要求。

3.1 初级

职业功能	工作内容	技能要求	相关知识
一、接待	（一）礼仪	1. 能够做到个人仪容仪表整洁大方 2. 能够正确使用礼貌服务用语	1. 仪容仪表仪态常识 2. 语言应用基本常识
	（二）接待	1. 能够做好营业环境准备 2. 能够做好营业用具准备 3. 能够做好茶艺人员准备 4. 能够主动、热情地接待客人	1. 环境美常识 2. 营业用具准备的注意事项 3. 茶艺人员准备的基本要求 4. 接待程序基本常识
二、准备与演示	（一）茶艺准备	1. 能够识别主要茶叶品类并根据泡茶要求准备茶叶品种 2. 能够完成泡茶用具的准备 3. 能够完成泡茶用水的准备 4. 能够完成冲泡用茶相关用品的准备	1. 茶叶的分类、品种、名称 2. 茶具的种类和特征 3. 泡茶用水的知识 4. 茶叶、茶具和水质鉴定的知识
	（二）茶艺演示	1. 能够在茶叶冲泡时选择合适的水质、水量、水温和冲泡器具 2. 能够正确演示绿茶、红茶、乌龙茶和花茶的冲泡 3. 能够正确解说上述茶艺的每一步骤 4. 能够介绍茶汤的品饮方法	1. 茶艺器具应用知识 2. 不同茶艺演示要求及注意事项
三、服务与销售	（一）茶事服务	1. 能够根据顾客状况和季节不同推荐相应的茶饮 2. 能够适时介绍茶的典故、艺文，激发顾客品茗的兴趣	1. 人际交流基本技巧 2. 有关茶的典故和艺文
	（二）销售	1. 能够揣摩顾客心理，适时推荐茶叶与茶具 2. 能够正确使用茶单 3. 能够熟练使用茶叶茶具的包装 4. 能够完成茶艺馆的结账工作 5. 能够指导顾客进行茶叶的储存和保管 6. 能够指导顾客进行茶具的养护	1. 茶叶茶具的包装知识 2. 结账的基本程序知识 3. 茶具的养护知识

3.2　中级

职业功能	工作内容	技能要求	相关知识
一、接待	（一）礼仪	1. 能保持良好的仪容仪表 2. 能有效地与顾客沟通	1. 仪容仪表知识 2. 服务礼仪中的语言表达艺术 3. 服务礼仪中的接待艺术
	（二）接待	能够根据顾客特点，进行针对性的接待服务	
二、准备与演示	（一）茶艺准备	1. 能够识别主要茶叶品级 2. 能够识别常用茶具的质量 3. 能够正确配置茶艺茶具和布置表演台	1. 茶叶质量分级知识 2. 茶具质量知识 3. 茶艺茶具配备基本知识
	（二）茶艺演示	1. 能够按照不同茶艺要求，选择和配置相应的音乐、服饰、插花、熏香、茶挂 2. 能够担任三种以上茶艺表演的主泡	1. 茶艺表演场所布置知识 2. 茶艺表演基本知识
三、服务与销售	（一）茶事服务	1. 能够介绍清饮法和调饮法的不同特点 2. 能够向顾客介绍中国各地名茶、名泉 3. 能够解答顾客有关茶艺的问题	1. 艺术品茗知识 2. 茶的清饮法和调饮法知识
	（二）、销售	能够根据茶叶、茶具销售情况，提出货品调配建议	货品调配知识

3.3　高级

职业功能	工作内容	技能要求	相关知识
一、接待	（一）礼仪	保持形象自然、得体、高雅，并能正确运用国际礼仪	1. 人体美学基本知识及交际原则 2. 外宾接待注意事项 3. 茶艺专用外语基本知识
	（二）接待	能用外语说出主要茶叶、茶具品种的名称，并能用外语对外宾进行简单的问候	
二、准备与演示	（一）茶艺准备	1. 能够介绍主要名优茶产地及品质特征 2. 能够介绍主要瓷器茶具的款式及特点 3. 能够介绍紫砂壶主要制作名家及其特色 4. 能够正确选用少数民族茶饮的器具、服饰 5. 能够准备饮茶的器物	1. 茶叶品质知识 2. 茶叶产地知识
	（二）茶艺演示	1. 能够掌握各地风味茶饮和少数民族茶饮的操作（3种以上） 2. 能够独立组织茶艺表演并介绍其文化内涵 3. 能够配制调饮茶（3种以上）	1. 茶艺表演美学特征知识 2. 地方风味茶饮和少数民族茶饮基本知识

续表

职业功能	工作内容	技能要求	相关知识
三、服务与销售	（一）茶事服务	1. 能够掌握茶艺消费者需求特点，适时营造和谐的经营气氛 2. 能够掌握茶艺消费者的消费	1. 顾客消费心理学基本知识 2. 茶文化旅游基本知识
	（二）销售	能够根据季节变化、节假日等特点，制定茶艺馆消费品调配计划	茶事展示活动常识

3.4 技师

职业功能	工作内容	技能要求	相关知识
一、茶艺馆布局、设计	（一）提出茶艺馆设计要求	1. 能够提出茶艺馆选址的基本要求 2. 能够提出茶艺馆的设计建议 3. 能够提出茶艺馆装饰的不同特色	1. 茶艺馆选址基本知识 2. 茶艺馆设计基本知识
	（二）茶艺馆布置	1. 能够根据茶艺馆的风格，布置陈列柜和服务台 2. 能够主持茶艺馆的主题设计，布置不同风格的品茗室	1. 茶艺馆布置风格基本知识 2. 茶艺馆氛围营造基本知识
二、茶艺表演与茶会组织	（一）茶艺表演	1. 能够担任仿古茶艺表演的主泡 2. 能够掌握一种外国茶艺的表演 3. 能够熟练运用一门外语介绍茶艺 4. 能够策划组织茶艺表演活动	1. 茶艺表演美学特征基本知识 2. 茶艺表演器具配套基本知识 3. 茶艺表演动作内涵基本知识 4. 茶艺专用外语知识
	（二）茶会组织	能够设计、组织各类中小型茶会	茶会基本知识
三、茶艺培训	（一）茶事服务	1. 能够编制茶艺服务程序 2. 能够制定茶艺服务项目 3. 能够组织实施茶艺服务 4. 能够对茶艺馆的茶叶、茶具进行质量检查 5. 能够正确处理顾客投诉	1. 茶艺服务管理知识 2. 有关法律知识
	（二）茶艺培训	能够制定并实施茶艺人员培训计划	培训计划和教案的编制方法

3.5 高级技师

职业功能	工作内容	技能要求	相关知识
一、茶艺服务	（一）茶饮服务	1. 能够根据顾客要求和经营需要设计茶饮 2. 能够品评茶叶的等级	1. 茶饮创新基本原理 2. 茶叶品评基本知识
	（二）茶叶保健服务	1. 掌握茶叶保健的主要技法 2. 能够根据顾客的健康状况和疾病配制保健茶	茶叶保健基本知识
二、茶艺创新	（一）茶艺编制	1. 能够根据需要编创不同茶艺表演，并达到茶艺美学要求 2. 能够根据茶艺主题，配置新的茶具组合 3. 能够根据茶艺特色，选配新的茶艺音乐 4. 能够根据茶艺需要，安排新的服饰布景 5. 能够用文字阐释新编创的茶艺表演的文化内涵 6. 能够组织和训练茶艺表演队	1. 茶艺表演编创基本原理 2. 茶艺队组织训练基本知识
	（二）茶会创新	能够设计并组织大型茶会	大型茶会创意设计基本知识
三、管理与培训	（一）技术管理	1. 能够制订茶艺馆经营管理计划 2. 能够制订茶艺馆营销计划并组织实施 3. 能够进行成本核算，对茶饮合理定价	1. 茶艺馆经营管理知识 2. 茶艺馆营销基本法则 3. 茶艺馆成本核算知识
	（二）人员培训	1. 能够主持茶艺培训工作并编写培训讲义 2. 能够对初、中、高级茶艺师进行培训 3. 能够对茶艺技师进行指导	1. 培训讲义的编写要求 2. 技能培训教学法基本知识 3. 茶艺馆人员培训知识

4. 比重表

4.1 理论知识

项目			初级（%）	中级（%）	高级（%）	技师（%）	高级技师（%）
基本要求		职业道德	5	2	2	1	1
		基础知识	45	38	28	24	14
相关知识	接待	礼仪	5	5	5	—	—
		接待	10	10	10	—	—
	准备与演示	茶艺准备	5	5	10	—	—
		茶艺演示	20	25	30	—	—
	服务与销售	茶树服务	5	10	10	—	—
		销售	5	5	5	—	—

续表

项目		初级（%）	中级（%）	高级（%）	技师（%）	高级技师（%）
相关知识	茶艺馆布局设计 — 提出茶艺馆设计要求	—	—	—	10	—
	茶艺馆布局设计 — 茶艺馆布置	—	—	—	10	—
	茶艺服务 — 茶饮表演	—	—	—	—	10
	茶艺服务 — 茶叶保健服务	—	—	—	—	10
	茶艺表演与茶会组织 — 茶艺表演	—	—	—	25	—
	茶艺表演与茶会组织 — 茶会组织	—	—	—	10	—
	茶艺创新 — 茶艺编创	—	—	—	—	30
	茶艺创新 — 茶会创新	—	—	—	—	10
	管理与培训 — 服务管理（技术管理）	—	—	—	10	15
	管理与培训 — 茶艺培训（人员管理）	—	—	—	10	10
合计		100	100	100	100	100

4.2 技能操作

项目		初级（%）	中级（%）	高级（%）	技师（%）	高级技师（%）
技能要求	接待 — 礼仪	5	5	5	—	—
	接待 — 接待	10	10	15	—	—
	准备与演示 — 茶艺准备	20	20	20	—	—
	准备与演示 — 茶艺演示	50	50	40	—	—
	服务与销售 — 茶树服务	10	10	10	—	—
	服务与销售 — 销售	5	5	5	—	—
	茶艺馆布局设计 — 提出茶艺馆设计要求	—	—	—	10	—
	茶艺馆布局设计 — 茶艺馆布置	—	—	—	10	—
	茶艺服务 — 茶饮表演	—	—	—	—	10
	茶艺服务 — 茶叶保健服务	—	—	—	—	10
	茶艺表演与茶会组织 — 茶艺表演	—	—	—	30	—
	茶艺表演与茶会组织 — 茶会组织	—	—	—	25	—
	茶艺创新 — 茶艺编创	—	—	—	—	30
	茶艺创新 — 茶会创新	—	—	—	—	25
	管理与培训 — 服务管理（技术管理）	—	—	—	15	15
	管理与培训 — 茶艺培训（人员管理）	—	—	—	10	10
合计		100	100	100	100	100

附录二　茶艺服务常用英语

一、煮水 （Boiling water）

1. 泡好一杯茶，要做到茶好、水好、火好、器好，这叫"四合其美"。

To prepare a good of tea, you need fine tea, good water, proper temperature and suitable tea sets. Each of these four elements is indispensable.

2. 烧水时，一沸为蟹眼，二沸为鱼眼，三沸称为腾波鼓浪。

There are three stages when water is boiling. At the first stage, the bubbles look like crab eyes; at the second, the bubbles look like fish eyes; finally, they look like surging waves.

3. 泡茶用的沸水，一般以蟹眼已过鱼眼生时为最好，水老则不理想。

The water boiling between the crab-eye stage and the fish-eye stage is the best for preparing tea. The water that has been boiling for a long time is not good.

4. 烧水要做到活火快煎。

We should use high fire to make water boil quickly.

5. 泡茶用的水以天然泉水为上。

Natural mountain spring water is best for tea.

6. 今天我们选用的是虎跑泉水。

Today, we prepare tea with water from Hupao spring.

二、绿茶 （Green tea）

1. 今天我为大家冲泡的是龙井茶。

Today, I will prepare Longjing tea for you.

2. 龙井茶以色绿、香郁、味纯、形美著称。

Longjing tea is famous for its green color, delicate aroma, mellow taste and beautiful shape.

3. 龙井茶的外形特点是光、扁、平、直、色如翡翠。

The appearance of Longjing tea is characterized by smoothness, flatness, straightness and its jade-green color.

4. "龙井茶、虎跑水"称为杭州的"双绝",请品尝虎跑泉水。

Longjing tea and Hupao spring water are known as "the double best" of Hangzhou, Please help yourself to some Hupao spring water.

5. 用玻璃杯泡茶时,可以欣赏到嫩芽飘动沉浮的美丽姿态。

When we make tea in a glass, we can appreciate the beautiful dancing of the tender tea leaves and buds.

6. 用盖碗或瓷杯冲泡细嫩茶时,以不加杯盖为宜。

It is better not to cover the tea cups when we make tea with tender teas.

7. 冲泡普通绿茶可选加盖的杯子。

Usually, we can use a teacup with a lid for preparing ordinary green tea.

8. 冲泡普通茶时可选用紫砂壶。

Usually, we use a Zisha teapot to prepare ordinary tea.

9. 通常1克茶用50毫升的水冲泡。

Usually we use 50 milliliters of water for 1 gram of tea.

10. 细嫩绿茶一般以80℃左右的开水冲泡为宜。如果使用水的温度过高,会使茶叶泡熟,茶汤很快变黄。如果使用水的温度过低,茶汁不易浸出,还会使茶叶浮出汤面。

Water at 80 degrees centigrade is preferred for tender green tea. If the water for making tea is too hot, tea leaves will be spoiled and tea liquor will turn to dark yellow very quickly. If the water is not hot enough, tea will be not easy to infuse and the leaves will float on the surface of the water.

11. 首先进行浸润泡,有利于茶叶的舒展和茶叶的浸出。

First, soak the tea leaves with a little boiling water. The soaking process can make the leaves unfold and make it easy to infuse。

12. 一杯茶的冲泡时间一般需要二三分钟。

It usually takes two or three minutes to make a cup of tea.

13. 龙井茶和其他细嫩绿茶一般都只能冲泡2~3次。

Usually, Longjing tea and other kinds of tender green tea can be drawn for only two or three times.

14. 品饮龙井茶时,应先闻茶香,后观汤色和茶叶的形态,再尝茶汤滋味。

When you drink Longjing tea, it is better to enjoy the aroma first, then appreciate the liquor color and the moving of tea leaves in the glass and finally taste the liquor.

三、茉莉花茶 （Jasmine tea）

1. 花茶是由含苞待放的鲜花与花坯混合窨制而成。

Jasmine tea is made through scenting tea with fresh flower buds.

2. 窨制花茶的花坯以烘青绿茶为主，常见的为茉莉花茶。

Baked green tea mainly selected for jasmine tea scenting, Jasmine tea is the most popular flower-scented tea.

3. 玫瑰花茶较为特殊，它的花坯不是绿茶，而是红茶。

Rose tea is something different. The tea used for scenting is not green tea but black tea.

4. 花茶的特点是既有茶的滋味，又有花的香气，特别为北方茶人喜爱。

Jasmine tea is characterized by tea flavor as well as the fragrance of jasmine flowers, It is popular among tea lovers in the north of China.

5. 花茶以花香鲜灵持久，茶味醇厚回甘为上品。

Top-grade Jasmine tea always has enduring fragrance and unforgettable aftertaste.

6. 品饮花茶，主要是欣赏香味，现在请您闻一下。

To enjoy Jasmine tea is to enjoy its fragrance, please smell it.

7. 花茶一般采用有盖瓷杯和盖碗冲泡，以利于保香。

Jasmine tea is usually prepared in a covered porcelain cup or other kinds of cups with lid in order to keep its aroma.

8. 花茶用90℃的开水冲泡为宜。

The best water temperature is 90 degrees centigrade for infusing jasmine tea leaves.

9. 花茶一般可以冲泡2~3次。

Usually Jasmine tea can be drawn two or three times.

10. 饮花茶时，除闻茶汤香气外，还可闻杯的盖香。

When enjoying Jasmine tea, one can smell not only the fragrance of the tea liquor but also the fragrance on the lid.

四、乌龙茶 （Oolong tea）

1. 乌龙茶属于半发酵茶，有"绿叶红镶边"之称。

Oolong tea is a kind of semi-fermented tea, People describe it as "green leaves with red edges".

2. 乌龙茶既有绿茶的清香，又有红茶的甘醇。

Oolong tea has both the delicate fragrance of green tea and the sweetness and mellowness of black tea.

3. 铁观音产于福建安溪，品质好，有观音韵，人称"七泡有余香"。

The Tieguanyin Oolong tea is from Anxi, Fujian province, It has a high quality and has a "Guanyin" flavor, It is said that it is still fragrant after seven infusions.

4. 凤凰水仙产于广东潮安。

"Phoenix Narcissus" Oolong tea is from Chao'an, Guangdong province.

5. 凤凰水仙品质特点是条索挺直、肥大，有天然花香，耐冲泡。

"Phoenix Narcissus" is characterized by its and plump leaves and natural flower aroma, The tea can endure repeated infusions。

6. 冻顶乌龙产于台湾冻顶山。

Dongding Oolong tea grows in Dongding mountain in Taiwan province。

7. 冻顶乌龙发酵轻，具有"香、浓、醇、韵、美"五大特点。

Dongding Oolong is slightly fermented and it has five characteristics：fragrant, mellow, fermentative, rhythmic and beautiful。

8. 冲泡乌龙茶的茶具除辅助器具外，主要的有烧水壶、茶壶、茶杯和茶船。

Besides some supplementary tea wares, the main tools used to prepare Oolong tea are kettle, teapot, teacup, and pitcher.

9. 用台湾方法冲泡乌龙茶时，还增加闻香杯和公道杯。公道杯的作用，是使乌龙茶汤的浓度、香气、色泽达到一致，公平待人。

To make Oolong tea in Taiwan style, we need two more tools：a cup for smelling fragrance and a gongdao mug (or a fair for everybody mug). The fair mug ensures that every guest can drink the Oolong tea with same concentration, same aroma and same color. So it is fair to everybody.

10. 冲泡乌龙茶，水以刚烧沸为佳。

Water that just reaches the boiling point is best for infusing Oolong tea.

11. 泡茶时，要做到高冲低斟。高冲使茶在水中翻滚，促使茶汁尽快溶于茶汤；低斟是为了茶香不易散失，茶汤不会外溅。

When pouring water, hold the kettle high, so the down-pouring water can make tea leaves stirring in the pot and speed up the process of dissolving, and, keep the teapot close to the tea cup in order to prevent the loss of tea fragrance and the splashing of tea water.

12. 冲泡乌龙茶，要先温杯洁具。

Warm up the teacup, and clean the tea sets before you making Oolong tea.

13. 茶叶的用量一般为壶容积的三分之一。

Usually, the dose of tea leaves is in one-third of the teapot's volume.

14. 第一泡为洗茶，不饮用。

The first infusion is for washing the tea leaves and it is not for drinking.

15. 用第一泡的茶水润壶，称作养壶。

The first infusion is used for moistening the teapot. We call this "warming up the teapot".

16. 第二泡，称之为正泡。

The second infusion is called "actual infusion".

17. 半球形乌龙茶，正泡的冲泡时间在 45～60 秒。

The first actual infusion of "half-ball" Oolong tea should last 45 to 60 seconds.

18. 半球形乌龙茶，正泡之后的冲泡时间在前一壶的冲泡时间上增加 15 秒，以后各泡，以此类推。

For "half-ball" Oolong tea, the infusion after the first actual infusion should last 15 seconds longer than the previous infusion.

19. 条索形乌龙茶，正泡的冲泡时间以 45 秒左右为宜。

As for strip-shaped Oolong tea, it is better that the first actual infusion last about 45 seconds.

20. 把茶壶中的茶汤来回分别注入各个饮杯中，称为"关公巡城"。

You pour tea into the guests' teacups one by one and this act has a nickname, that is, "the fabled Lord Guan making an inspection of the city".

21. 把茶壶中最后残留的茶汤分别一一滴入杯中，称为"韩信点兵"。

You drip the leftover tea respectively into the cups drop and this act is called "The fabled General Han Xin mustering troops for inspection".

22. 品茶时，一般先闻茶香，后品茶味。

When people drink tea, usually they smell the tea fragrance first and then taste the flavor.

23. 中国的"品"字，由三个口字组成，品尝乌龙茶时，以三口品为妙。

The Chinese character "pin", which means "to taste", is made up of three "kou" (mouth). Taste Oolong tea, you won't feel its excellence before three sips.

24. 上品的乌龙茶喝过之后，口腔有无穷余韵的感觉。

Top-grade Oolong tea will bring a marvelous and enduring aftertaste into your mouth.

25. 好的铁观音滋味醇厚，喝过之后回甘持久。

Tieguanyin of high quality tastes mellow and the sweet aftertaste lasts long.

26. 上等冻顶乌龙啜过之后，鼻口生香，舌有余甘。

A sip of high-quality Dongding Oolong will bring aroma to your mouth and nose, and sweetness to your tongue.

27. 乌龙茶一般可冲泡 5～6 次。

Generally, Oolong tea can be drawn 5 or 6 times.

五、其他茶类 （Other kinds of tea）

1. 银针白毫产于福建福鼎、政和。

Yinzhenbaihao, or Silver-needle with White Hair, grows in Fuding and Zhenghe, Fujian province.

2. 银针白毫的特点是挺直如针，色白如银。

The leaves of Yinzhenbaihao look as straight as needles (Zhen) and as white as silver (Yin).

3. 白牡丹的特点是绿叶夹银芽，形似花朵。

The Baimudan, White Peony tea, looks like a peony flower, with silver bud in the middle of its green leaves.

4. 白毫银针和白牡丹茶冲泡后，香气清雅，色泽杏黄，滋味醇和。

Baihaoyinzhen and White Peony tea give out delicate fragrance with an apricot yellow color and taste mellow and mild.

5. 君山银针产于湖南洞庭山（又称君山）。

Junshanyinzhen, which means "Silver needle in Junshan mountain", grows in Dongting mountain, Hunan province (Dongting mountain is also called Junshan mountain).

6. 君山银针的特点是色形似针，满披白毫，色泽金黄泛光，有"金镶玉"之称。

Junshanyinzhen looks like silver needles with soft fuzz on it and it takes on a glimmering golden color. That's why it is also called "jade set in gold".

7. 冲泡后的君山银针，茶芽竖立，如群笋出土，汤色茶影，相映成趣。

After infusion, all the tea buds of Junshanyinzhen stand straight like bamboo shoots springing out of the earth or spears standing in great numbers. The color of tea water and the shape of tea leaves make a pleasant scene.

8. 莫干黄芽产于浙江莫干山。

Mogan Yellow Buds grows in Mogan mountain in Zhejiang province.

9. 莫干黄芽的特点是形如莲心，香气清新，滋味醇爽，汤色橙黄。

Mogan Yellow Buds look like heart of lotus seed. The tea has fresh aroma, mellow taste and clear yellow tea liquor.

10. 品饮白毫银针、君山银针等茶，重在观赏，因此，用白瓷杯或玻璃杯冲泡最佳。

The main purpose of drinking Baihaoyinzhen and Junshanyinzhen is to enjoy the sight, so it's best to use a white porcelain cup or a glass.

11. 冲泡白毫银针、君山银针等茶的水温以70℃左右为宜。

It's better to use warm water about 70 degrees centigrade water to infuse Baihaoyinzhen and Junshanyinzhen.

12. 冲泡白毫银针、君山银针的水温切不可偏高，否则茶芽泡熟，茶叶不能在茶汤中直立，缺乏观赏性。水温如太低，会使茶叶浮于茶汤表面，无法浸出茶汤。

Be sure not to use too hot water to infuse Baihaoyinzhen and Junshanyinzhen, otherwise the tea buds will be overdone and the leaves can't stand up in the water, and won't look beautiful. If the water temperature is too low, the leaves will float on the tea juice cannot be sufficiently extracted.

13. 红茶的特点是汤色浓艳、滋味鲜爽、刺激性强。

Black tea is characterized by bright and lustrous color, fresh flavor and strong taste.

六、茶具 （Tea sets）

1. 冲泡乌龙茶的茶具，既有实用性，又有观赏性，广东潮汕地区俗称"烹茶四宝"。

The set for making Oolong tea is both practical and pleasing to eyes, so they are called "four treasures for preparing tea" in the area of Chaozhou and Shantou in Guangdong province.

2. 紫砂茶具的特点是"泡茶不走味，贮茶不变色，盛夏不宜馊"。

The typical advantages of Zisha teapot are that they can prevent the tea from losing its flavor and fresh color. In summer, Zisha teapot can prevent the tea from decaying quickly.

3. 瓷器茶具的特点是传热、保温适中，色彩缤纷，造型多变。

Porcelain tea sets can provide moderate heat transfer and preservation. And they can have various shapes and colors.

4. 玻璃茶具的特点是透明度高，能增加茶的观赏性。

Glass tea sets have a high degree of transparency, so it is convenient for people to appreciate the beauty of tea.

5. 盖碗杯，有托、盅和盖，所以又称"三件套"。

A "cover-bowl cup" consists of a saucer, a cup and a cover, so it is also called "a three-piece set".

6. 脱胎漆器茶具以产于福建福州的最为著名，除实用外，主要以摆设为主。

The most famous Lacquered tea sets come from Fuzhou in Fujian province. Beside their usefulness it is mainly intended for decorative purposes.

7. 竹编茶具，以四川产的最负盛名。它既是一种工艺品，又具有实用性。

The bamboo-woven tea set produced in Sichuan province is the most famous among its kind. It is a work of art as well as a useful container.

8. 茶具选择要因茶、因人、因地制宜。

The choice of tea sets varies as there are different kinds of tea, different personal taste and different local tradition.

9. 煮水器包括烧水壶、风炉、酒精炉以及随手泡（电烧水壶）。

Tools used for making tea include kettle, stove, alcohol burner, electric stove and so on.

10. 备茶器包括茶罐、茶则、茶漏、茶匙等。

Tools for tea preparation include tea caddy, tea scoop, funnel, tea spoon etc..

11. 泡茶器包括茶壶、茶杯、茶盏（盖碗）。

Tools for drawing tea include teapot, teacup, cover-bowl cup etc..

12. 盛茶器包括茶海、茶杯、杯托、茶盘（茶船）。

Tea containers include boat-shape bowls, teacups, cup saucers, tea tray and so on.

13. 涤洁器包括茶池、水盂、茶巾等。

Washing appliances include a special sink for washing tea sets, basins, tea towels and so on.

14. 杯具包括玻璃杯、盖碗、白瓷杯、闻香杯、紫砂杯、花瓷杯、公道杯等。

Cups for drinking tea include glasses, cover-bowl cups, white porcelain cups, and cups for sniffing scent, Zisha cups, colorful porcelain cups, and fair mugs and so on.

七、茶俗 （Tea custom）

1. 中国是茶叶的故乡和茶文化的发源地。

China is the hometown of tea and cradle of tea culture.

2. 陆羽《茶经》中提出茶能"精行俭德"。

In book of tea, Lu Yu pointed out that drinking tea can refine one's morals and behavior.

3. 客来敬茶是中国人的美德。

It's virtue of Chinese people to serve tea to guests.

4. 品茶以三人为趣。

Three persons drinking tea together gives the most pleasure.

5. 今天，我们以茶为友，大家能够聚在一起，真是太高兴了。

It's a pleasure that today we gather here to make friends and enjoy tea together.

6. 今天，我以茶代酒敬你一杯。

Today, I propose a toast to you with a cup of tea instead of wine.

7. 中国是礼仪之邦，现在我以茶示礼。

China is a country of ceremony and propriety. Now, allow me to use tea to show my courtesy.

8. 天下茶人是一家。

All the tea drinkers in the world belong to one big family.

9. 饮茶有养生保健的作用。

Drinking tea is good for one's health.

10. 泡茶时，由低向高连拉三次，称之为"凤凰三点头"，这也表示向客人三鞠躬的意思。

When pouring water into teacup, we lift the kettle from a lower position to a higher position for three times. It's called "phoenix nodding for three times" and it also means "bowing to guests for three times".

11. 斟茶要浅，中国有"浅茶满酒"之说。

Do not pour tea the full of the cup, for in China, there is a saying – "A wine cup should be full and a teacup half full".

12. 茶满以七分为宜，这叫"七分茶，三分情"。

A teacup should be 70% full. This is called "70 percent tea, 30 percent affection".

八、茶艺单词及词组

separate room 包厢、隔间

infusion 开汤、茶汤、浸渍

infuse tea 沏茶

infused leaf 浸泡叶、叶底

light aroma 高香、郁香

characterize 表示……的特征

flatness 平扁地

smoothness 光滑地

smooth flavor 爽口

straightness 直、挺直

jade green color 翡翠色

enjoy the aroma 闻香

smell the tea fragrance 闻（茶）香

taste the tea fragrance 品茶汤

taste the flavor 品茶汤

liquor color 汤色

surface of the water 水面、使……浮出水面

float 漂浮

delicate fragrance 清香

delicate aroma 嫩香

delicate floral note 优雅花香

delicate green note 优雅清香

delightfully fresh taste 滋味鲜爽

full taste 滋味醇厚

taste mellow and mild 滋味醇厚

fragrant tea 香茗

fragrant taste 香味

fragrant aroma and mellow taste 香高味浓

fragrance 香气、芬芳、馥郁

turn to dark yellow 汤色变黄

tender green tea 细嫩绿茶

whole-fermented tea 全发酵

semi-fermented tea 半发酵

light yellow 嫩黄

light yellow liquor 汤色淡黄

twist-bar Oolong tea 条形乌龙

twist tea leaf 卷紧的条茶

twist tea leaf light 揉紧的条茶

tea bud 茶芽

apricot yellow color 杏黄色

kettle 烧水壶

pitcher 大水罐、茶船

stove 风炉

alcohol burner 酒精炉

electric stove 电炉

zisha teapot 紫砂壶

tea caddy 茶罐

tea tray 茶盘

参考文献

[1] 陈宗懋. 中国茶经. 上海：上海文化出版社，1992.

[2] 张堂恒. 中国茶学辞典. 上海：上海科学技术出版社，1995.

[3] 王泽农. 中国农业百科全书：茶业卷. 北京：中国农业出版社，1988.

[4] 王镇恒. 中国名茶志. 北京：中国农业出版社，2000.

[5] 阮浩耕. 茶之初四种. 杭州：浙江摄影出版社，2001.

[6] 张堂恒. 中国制茶工艺. 北京：中国轻工业出版社，1989.

[7] 叶羽. 茶书集成. 哈尔滨：黑龙江人民出版社，2001.

[8] 叶羽. 茶艺词典. 哈尔滨：黑龙江人民出版社，2002.

[9] 童启庆. 影像中国茶道. 杭州：浙江摄影出版社，2002.

[10] 童启庆，寿英姿. 生活茶艺. 北京：金盾出版社，2001.

[11] 林治. 中国茶道. 北京：中华工商联合出版社，2000.

[12] 林治. 中国茶艺. 北京：中华工商联合出版社，2000.

[13] 余悦. 中国茶韵. 北京：中央民族大学出版社，2002.

[14] 劳动和社会保障部中国就业培训技术指导中心. 茶艺师. 北京：中国劳动和社会保障部出版社，2004.

[15] 连振娟. 中国茶馆. 北京：中央民族大学出版社，2002.

[16] 蔡烈伟. 茶学应用知识. 厦门：厦门大学出版社，2014.

[17] 张涛. 茶艺基础. 桂林：广西师范大学出版社，2014.

[18] 蔡荣章. 中国人应知的茶道常识. 北京：中华书局，2012.

[19] 蔡荣章. 茶席茶会. 合肥：安徽教育出版社，2011.

[20] 江用文，童启庆. 茶艺技师培训教材. 北京：金盾出版社，2008.

[21] 屠幼英. 茶与健康. 广州：世界图书出版公司广东有限公司，2011.

[22] 乔木森. 茶席设计. 上海：上海文化出版社，2005.

[23] 程启坤，姚国坤，张莉颖. 茶及茶文化二十一讲. 上海：上海文化出版社，2011.

[24] 周世根，朱永兴. 茶学概论. 北京：中国中医药出版社，2007.

[25] 周才琼，周玉林. 食品营养学. 北京：中国计量出版社，2012.

[26] 骆少君. 饮茶与健康. 北京：中国农业出版社，2003.

[27] 蔡荣章. 无我茶会180条. 台北：中华国际无我茶会推广协会出版，1999.

[28] 阮逸明. 天福茶博物院年鉴（2002—2009）. 北京：国际华文出版社，2010.

[29] 阮逸明. 世界茶文化大观——漫步天福茶博物院. 北京：国际华文出版社，2002.

[30] 王同和. 茶叶鉴赏. 合肥：中国科学技术大学出版社，2008.

[31] 刘勤晋. 茶文化学. 北京：中国农业出版社，2007.

[32] 梁田庚. 茶叶加工工. 北京：中国农业出版社，2008.

[33] 蔡荣章. 茶道入门：识茶篇. 北京：中华书局，2008.

[34] 林瑞萱. 韩国茶道九讲. 台北：坐忘谷茶道中心，2012.

[35] 许玉莲. 喝茶慢. 吉隆坡：紫藤集团，2001.